ARNOLD SOMMERFELD

ZU SEINEM 75. GEBURTSTAG

AM 5. DEZEMBER 1943

GEWIDMET

KOSMISCHE STRAHLUNG

VORTRÄGE

GEHALTEN IM MAX PLANCK-INSTITUT

BERLIN-DAHLEM

VON

E. BAGGE · F. BOPP · S. FLÜGGE · W. HEISENBERG
A. KLEMM · J. MEIXNER · G. MOLIÈRE · H. VOLZ
C. F. v. WEIZSÄCKER · K. WIRTZ

HERAUSGEGEBEN VON

WERNER HEISENBERG

MIT 37 ABBILDUNGEN

BERLIN
SPRINGER-VERLAG
1943

ISBN-13:978-3-642-89820-4 e-ISBN-13:978-3-642-91677-9
DOI: 10.1007/978-3-642-91677-9

Inhaltsverzeichnis.

Einleitung.

Kaskaden.

Mesonen.

Kernteilchen.

Geomagnetische Effekte.

Vorwort.

Die Forschungen über kosmische Strahlung werden von der Ungunst der Zeiten besonders stark betroffen. Denn einerseits müssen sie in den meisten physikalischen Laboratorien naturgemäß hinter anderen Problemen zurückstehen, andererseits ist auch die Information über Forschungsergebnisse, die im Ausland gewonnen worden sind, durch die fehlende Nachrichtenübermittlung sehr erschwert. Schließlich sind ausführliche Referate im Kriege in Deutschland einfach deswegen nicht erschienen, weil der Physiker, der im Kriegseinsatz steht, zu einer umfangreicheren Arbeit dieser Art nicht die Zeit findet. In Anbetracht der grundsätzlichen Wichtigkeit dieses Zweiges der Physik scheint es mir daher gerechtfertigt, wenn man eine Reihe von Kolloquiumsvorträgen, die einen Überblick über den jetzigen Stand der Höhenstrahlungsforschung geben sollen, zusammenfaßt und in Buchform veröffentlicht.

Die vorliegenden Vorträge wurden in den Jahren 1941 und 1942 im Kaiser Wilhelm-Institut für Physik gehalten; sie geben zum größeren Teil eine Übersicht über den Stand bestimmter Einzelfragen, wobei die amerikanische Literatur nur etwa bis zum Sommer 1941 zugänglich war. Zum kleineren Teil enthalten sie auch Ergebnisse, die noch nicht an anderer Stelle veröffentlicht worden sind. Ich erwähne die Untersuchung von MOLIÈRE über die großen Luftschauer, Rechnungen von FLÜGGE über die Neutronenverteilung in der Atmosphäre, und eine vereinfachte Kaskadentheorie, die aus einer Vorlesung stammt, die ich im Sommer 1939 in Leipzig und in Lafayette (U.S.A.) gehalten habe. Im Ganzen dürften die Vorträge ein einigermaßen zutreffendes Bild der Kenntnisse über die Ultrastrahlung etwa Ende des Jahres 1941 geben. Dieses Bild ist nicht sehr befriedigend, die Genetik der einzelnen Strahlenarten ist noch nicht genügend geklärt, und der Mechanismus der Umwandlung ist nur bei den Elektronen und Lichtquanten genauer bekannt. Man kann also nur hoffen, daß das hier gezeichnete Bild möglichst bald durch ein klareres und richtigeres ersetzt werde.

Es war der Wunsch aller Mitarbeiter, dieses Buch ARNOLD SOMMERFELD zu seinem 75. Geburtstag zu widmen. Der Dank an den Lehrer der Atomphysik in Deutschland sollte durch die Tatsache zum Ausdruck gebracht werden, daß die Art von Gemeinschaftsarbeit, die SOMMERFELD in seiner Münchener Schule begonnen hat, auch von den Jüngeren weitergeführt wird und Früchte trägt.

Für die Mühe bei der Ausarbeitung und Korrektur der Vorträge möchte ich allen Mitarbeitern danken, insbesondere auch dem Verlag, der die Herausgabe der Vorträge bereitwillig unterstützt und alle praktischen Schwierigkeiten erfolgreich überwunden hat.

Berlin-Dahlem, den 2. Juni 1943.

W. HEISENBERG.

Einleitung.

1. Übersicht über den jetzigen Stand unserer Kenntnisse von der kosmischen Strahlung.

Von W. HEISENBERG-Berlin-Dahlem.

Mit 1 Abbildung.

Seit den Versuchen von HESS (H 11) und KOLHÖRSTER (K 3) ist bekannt, daß eine von dem Weltraum auf die Erde einfallende Strahlung in der Atmosphäre verwickelte Sekundärerscheinungen auslöst, die sich im Auftreten einer allgemeinen Ionisation, hervorgerufen durch Elementarteilchen verschiedener Art (Elektronen, Lichtquanten, Mesonen, Protonen, Neutronen) sichtbar äußern und die schließlich bei tieferem Eindringen in die Atmosphäre oder in die Erde immer schwächer werden, bis sie in etwa 1000 m Wassertiefe praktisch völlig verschwinden (vgl. auch die zusammenfassenden Darstellungen bei MIEHLNICKEL (M 3a), STEINKE (S 18a), STEINMAURER (S 18b) und in Rev. of mod. Phys. **11**, 122, 1939). Zur Ordnung dieser Erscheinungen der sogenannten „Ultrastrahlung" oder „Höhenstrahlung" oder „kosmischen Strahlung" ist es seit längerer Zeit üblich, die Strahlung in der Atmosphäre in Komponenten einzuteilen. Die einzelnen Komponenten unterscheiden sich durch die verschiedenen Arten der Teilchen und ihre Entstehung.

Beim gegenwärtigen Stand unserer Kenntnisse kann man deutlich vier Komponenten auseinanderhalten. Die Existenz einer fünften Komponente, die sich in sehr großer Tiefe bemerkbar macht, ist nach einigen Versuchen wahrscheinlich. Die vier Komponenten lassen sich kurz in folgender Weise beschreiben:

1. Die weiche Strahlung (Kaskadenstrahlung). Sie besteht aus Elektronen, Positronen und Lichtquanten, die sich in der Atmosphäre nach den Gesetzen der Kaskadentheorie ineinander umwandeln, und stellt von etwa 7 km Höhe ab bis in sehr große Höhen den Hauptanteil der kosmischen Strahlung dar. Auch das bekannte Maximum der Ionisation in etwa 16 bis 20 km Höhe wird wahrscheinlich von dieser Elektronenstrahlung erzeugt. Auf Meeresniveau ist die Intensität dieser Komponente schon auf einen sehr kleinen Bruchteil der Anfangsintensität gesunken.

2. Die durchdringende Strahlung. Sie besteht aus Mesonen, die durch eine andere Strahlung (in erster Linie wohl Protonen, Lichtquanten) in der Atmosphäre erzeugt werden. Ihre Intensität nimmt nach den bisherigen Messungen bis zu den größten bisher erreichten Höhen dauernd zu, ohne ein Maximum zu erreichen — obwohl ein Maximum schließlich wohl irgendwo vorhanden sein muß, da die Mesonen als radioaktive Teilchen nicht vom Weltraum auf die Erde kommen können. Vielleicht gibt es verschiedene Arten von Mesonen, die sich durch den Wert des Drehimpulses und durch ihre Lebensdauer unterscheiden und die in verschiedenen Höhen in verschiedener relativer Häufigkeit die durchdringende Komponente bilden. Diese Komponente nimmt mit wachsender Tiefe viel langsamer ab als die weiche Komponente und kann bis zu Tiefen von 400 m Wasser und mehr nachgewiesen werden.

3. Die weiche Sekundärstrahlung der Mesonen. Sie besteht aus Elektronen, Positronen und Lichtquanten, die von den Mesonen durch Stoßprozesse und durch radioaktiven Zerfall gebildet werden. Sie steht im allgemeinen mit der Mesonenkomponente im Gleichgewicht und nimmt mit wachsender Tiefe etwas langsamer ab als die Mesonenintensität, was auf die mit der Tiefe zunehmende Härte der Mesonenstrahlung zurückzuführen ist.

4. Die Protonen- und Neutronenstrahlung. Ihre Intensität verläuft bis zu großen Höhen der Intensität der weichen Komponente parallel; diese Tatsache spricht dafür, daß die Proton-Neutron-Komponente — zum mindesten in tieferen Atmosphärenschichten — zu einem erheblichen Teil von der weichen Komponente gebildet wird. Allerdings sprechen auch starke Argumente dafür, daß Protonen vom Weltraum auf die Erde treffen — vielleicht sogar den Hauptteil der Primärstrahlung darstellen —, daß also die Protonenkomponente in großer Höhe zum größten Teil eine Primärstrahlung ist, die dort erst die Mesonenkomponente und die Kaskadenstrahlung erzeugt. — Die Intensität der Neutronen ist viel größer als die der Protonen, was offenbar mit der viel größeren Reichweite der Neutronen zusammenhängt.

Im folgenden sollen die wichtigsten der bisher bekannten Eigenschaften der vier Komponenten in einem kurzen Überblick zusammengefaßt werden.

1. Die Kaskadenstrahlung.

Wenn man das Spektrum der weichen Komponente von den Höhen, in denen Messungen vorgenommen worden sind, bis zum Gipfel der Atmosphäre extrapoliert — die Multiplikation und die Absorption dieser Komponente wird ja durch die Kaskadentheorie vollständig beherrscht —, so kommt man zu einem einfachen Spektrum, das man lange Zeit als das Primärspektrum der kosmischen Strahlung betrachtet hat. Wenn man nämlich annimmt, daß — oberhalb einer Energie von etwa 3 bis $4 \cdot 10^9$ eV — eine Anzahl $F(E)$ von Elektronen einer Energie $> E$, gegeben durch

$$F(E) \approx 0{,}05 \cdot \left(\frac{10^{10}\,\mathrm{eV}}{E}\right)^{1{,}8} (\mathrm{sec}^{-1}\,\mathrm{cm}^{-2}), \tag{1}$$

vom Weltraum auf die Erde trifft, so kann man mit dieser Annahme den Verlauf der weichen Komponente mit der Höhe, das Maximum der Ionisation, und den Breiteneffekt — das Magnetfeld der Erde schneidet das Spektrum (1) je nach der geographischen Breite bei einer bestimmten Energie ab —, schließlich auch die Häufigkeit der großen Luftschauer und der HOFFMANNschen Stöße ungefähr richtig deuten.

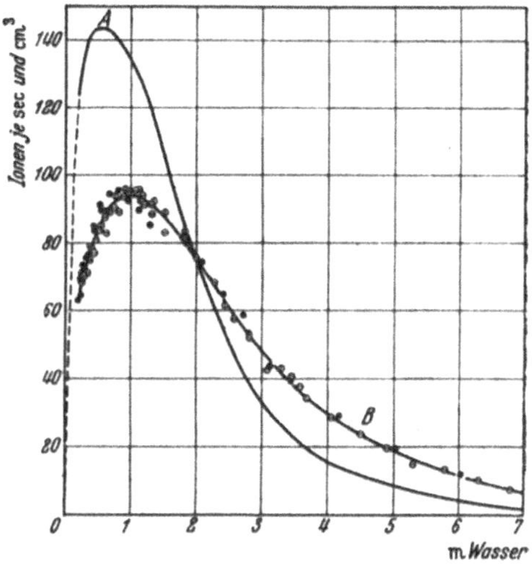

Abb. 1. Intensität der kosmischen Strahlung als Funktion der durchlaufenen Schichtdicke nach BOWEN, MILLIKAN und NEHER.
Kurve *B*: Intensität in Madras (3° nördl. magn. Breite).
Kurve *A*: Differenz der Intensitäten in Fort Sam Houston (38,5° nördl. Breite) und Madras.

Nach dieser Deutung sollte das Primärspektrum (1) je nach der geographischen Breite bei einer bestimmten Energie, z. B. in unseren Breiten bei etwa $5 \cdot 10^9$ eV beginnen, also keine Elektronen niedrigerer Energie enthalten. Diese Elektronen würden sich vom Gipfel der Atmosphäre ab nach der Kaskadentheorie multiplizieren und so das Maximum der Ionisation hervorrufen, dann würde das gesamte Spektrum nach dieser Theorie unter Beibehaltung seiner Form (1) exponentiell absorbiert werden. In nördlichen Breiten ist das Maximum verhältnismäßig hoch und steil, da das Primärspektrum aus vielen relativ energiearmen Teilchen besteht, am Äquator ist es erheblich niedriger, da es durch relativ wenige energiereiche Teilchen erzeugt wird (vgl. die bekannten Messungen von MILLIKAN, BOWEN und NEHER (B 32, 33, 34) und die Abb. 1). Auf Meeresniveau ist die weiche Komponente schon auf einen kleinen Bruchteil der Primärintensität gesunken, die weiche Komponente macht auf Meereshöhe wohl nur etwa 5 bis 10% der gesamten dort beobachteten kosmischen Strahlung aus.

Die weiche Strahlung löst dann, wenn sie viel Energie enthält, beim Auftreffen auf Materie stets Kaskaden aus. So bilden sich erstens in der Atmosphäre die großen Luftschauer, zweitens in festem Material die von ROSSI (R 5) beobachteten Schauer und die HOFFMANNschen (H 12)

Stöße. Die Luftschauer, die von sehr energiereichen Elektronen herrühren, reichen bis in größere Tiefen hinab und sind von AUGER (A 10), KOLHÖRSTER (K 4, 5) und ihren Mitarbeitern beobachtet worden. Sie erfüllen eine Säule von etwa 50 m Radius mit Elektronen, die Dichte und die Höhe der Säule hängen von der Primärenergie ab. Die beobachteten Schauer rühren zum Teil von Elektronen von mehr als 10^{15} eV her. Die Häufigkeit dieser Schauer bietet daher eine Möglichkeit, das Spektrum (1) bis zu sehr hohen Energien zu prüfen, und bestätigt den Wert 1,8 des Exponenten in (1). Nach EULER (E 5) ergibt sich hier als Exponent $1{,}8 \pm 0{,}17$.

Die HOFFMANNschen Stöße in der Ionisationskammer hinter dünnen Schichten festen Materials sind ebenfalls als Wirkung der Luftschauer anzusehen, die in den Materialschichten durch Multiplikation noch verdichtet werden. Die Stöße hinter dicken Schichten rühren jedoch nicht unmittelbar von der weichen Komponente her. Die von ROSSI (R 5) beobachteten kleinen Schauer hinter verschiedenen Schichten festen Materials sind zum Teil auf die Kaskadenkomponente, zum Teil auf die Sekundärstrahlung der Mesonen zurückzuführen.

Die Deutung der weichen Komponente als Primärstrahlung wird aber neuerdings in Zweifel gezogen durch die Messungen von SCHEIN, JESSE und WOLLAN (S 4, 5, 6), nach denen in sehr großen Höhen, oberhalb des Maximums der Ionisation, schnelle Elektronen nicht oder nur in sehr geringer Zahl vorhanden sind. Wenn diese Beobachtungen sich bestätigen, dann kann die weiche Komponente jedenfalls nicht die Primärstrahlung sein. Die Deutung des Breiteneffekts auf Grund eines primären Elektronenspektrums (1) muß dann fallengelassen werden, und es bleibt etwas merkwürdig, daß der Breiteneffekt so gut hatte dargestellt werden können. Freilich war auch diese Darstellung wohl nicht allzu genau gewesen.

Dagegen muß immer noch angenommen werden, daß *unterhalb* des Maximums der Ionisation die weiche Komponente im wesentlichen die Form hat, die aus (1) nach der Kaskadentheorie folgt. Das wird durch die Luftschauer, die Stöße und den Verlauf der Intensität mit der Höhe bewiesen. Man muß dann wohl annehmen, daß diese Kaskadenstrahlung durch andere Komponenten in der höchsten Atmosphäre erzeugt wird; z. B. durch die Bremsstrahlung einer primären Protonenkomponente, oder durch Bremsstrahlung und radioaktiven Zerfall einer Mesonenstrahlung, oder bei explosionsartigen Prozessen, die von energiereicheren Protonen herrühren und zur Entstehung vieler Mesonen und vieler Lichtquanten und Elektronen führen. Über die Einzelheiten dieser Prozesse ist bisher nichts bekannt.

Da bei allen derartigen Prozessen ein Teil der Primärenergie *nicht* im höchsten Teil der Atmosphäre in Kaskadenstrahlung überginge, so müßte die Primärstrahlung *mehr* Energie enthalten als das Spektrum (1). Daher müßte der Breiteneffekt beim Maximum der Ionisation, wenn dieses durch die weiche Komponente hervorgerufen wird, geringer sein als nach der bisherigen Theorie. Hierdurch entsteht eine Schwierigkeit, die die Frage aufwirft, ob das Maximum der Ionisation überhaupt durch Elektronen erzeugt wird und, wenn dies der Fall ist, durch welche Prozesse diese Elektronen entstanden sind.

2. Die Mesonenkomponente.

Die Mesonen entstehen in der Atmosphäre; sie kommen nicht vom Weltraum auf die Erde. Dies folgt aus der radioaktiven Instabilität der Mesonen, die durch eine Reihe von Experimenten sichergestellt ist. JOHNSON (J 9) hat aus dem Ost-West-Effekt der durchdringenden Komponente sowie aus dem Überwiegen der positiven Mesonen geschlossen, daß die meisten Mesonen aus einer primären Protonenkomponente entstehen. Eine derart intensive Protonenkomponente ist allerdings bisher nicht beobachtet worden, und man muß daher dann annehmen, daß die energiereichen Protonen in den höchsten Schichten der Atmosphäre sehr schnell absorbiert werden. In tieferen Schichten der Atmosphäre, bis herunter zu etwa 7 km Höhe, ist allerdings auch noch die Erzeugung von Mesonen beobachtet worden. Diese Mesonenerzeugung verläuft nach den Beobachtungen parallel zur Intensität der weichen Komponente, es ist daher sehr wahrscheinlich, daß die weiche Komponente für sie verantwortlich ist. Außerdem scheinen bei diesen Prozessen vorzugsweise *langsame* Mesonen zu entstehen [vgl. die Messungen von SCHEIN, WOLLAN und GROETZINGER (S 8) und HERTZOG und BOSTICK (H 8, 9)]. Man wird daher an Prozesse denken, die der gewöhnlichen Paarerzeugung analog sind und bei denen ein Lichtquant an einem Kern ein Mesonenpaar bildet. Energiereichere Lichtquanten scheinen explosionsartige Prozesse auslösen zu können, bei denen unter Umständen viele Mesonen auf einmal entstehen. Prozesse dieser Art sind von FUSSELL (F 7), POWELL (P 6), WOLLAN (W 16), DAUDIN (D 1) in der WILSON-Kammer beobachtet worden, auch die Beobachtungen von SANTOS, POMPEJA und WATAGHIN (W 2) und JÁNOSSY und INGLEBY (J 3) über durchdringende Schauer weisen in die gleiche Richtung.

Die Mesonenkomponente wird bei ihrem Weg durch die Atmosphäre geschwächt einerseits durch die bekannte Ionisationsbremsung, andererseits durch den radioaktiven Zerfall der Mesonen. Die Bremsung kann nach den bekannten Formeln von BETHE (B 10) und BLOCH (B 26) behandelt werden; FERMI (F 1) hat neuerdings gezeigt, daß diese Formeln bei ihrer Anwendung auf feste Materialien zu verbessern sind, und daß die Bremsung pro g/cm² im dichten Material etwas geringer ist als im dünnen. Ferner hat KEMMER (K 1) aus der YUKAWAschen Theorie abgeleitet, daß die Übertragung sehr großer Energiebeträge von Mesonen hoher Energie an Elektronen mit einem Wirkungsquerschnitt erfolgen kann, der sehr viel größer ist als der entsprechende Wirkungsquerschnitt für den Stoß zweier Elektronen. Durch solche Stöße wird daher die Absorption energiereicher Mesonen erhöht.

Der radioaktive Zerfall des Mesons erfolgt nach der YUKAWAschen Theorie in der Weise, daß das Meson in ein Elektron und ein Neutrino zerfällt, wobei diese beiden Teilchen im Ruhsystem des Mesons ungefähr je die halbe Ruhmasse des Mesons, d. h. etwa 40 bis 50 MeV als kinetische Energie mitnehmen. Die mittlere Zerfallszeit beträgt für die Mesonen auf Meereshöhe nach den vorliegenden Experimenten im Ruhsystem des Mesons etwa 1,5 bis $2{,}5 \cdot 10^{-6}$ sec und nimmt für schnell bewegte Mesonen nach der Zeitdilatation der Relativitätstheorie im Verhältnis der Energie zur Ruhenergie zu. Sie kann experimentell aus der Absorption der Mesonen in Luft, aus den sich hierbei ergebenden Temperatur- und Barometereffekten, aus der Gestalt des Spektrums bei kleinen Energien und aus der Anzahl der Zerfallselektronen ermittelt werden. Der radioaktive Zerfall ist durch Aufnahmen in der WILSON-Kammer von WILLIAMS (W 12) direkt nachgewiesen worden.

Das Spektrum der Mesonen scheint bei seiner Entstehung in der höchsten Atmosphäre auch ziemlich genau einem Gesetz der Form

$$G(E) = \text{const}\, E^{-\gamma} \tag{2}$$

zu folgen [$G(E)$ = Anzahl der Mesonen einer Energie $> E$], wobei der Exponent γ innerhalb der Meßgenauigkeit ebenso groß ist wie bei der weichen Komponente ($\gamma \sim 1{,}8$). Dies folgt erstens aus der Abnahme der Mesonenintensität mit der Tiefe T in Schichten bis zu 300 m Wasser, die nach dem Gesetz $T^{-\gamma}$ erfolgt, zweitens aus der Energieverteilung der von den Mesonen erzeugten Kaskadenstöße. In Tiefen unter 300 m Wasser wird allerdings die Absorption stärker, doch beruht dies wohl nicht auf Abweichungen vom $E^{-\gamma}$-Gesetz, sondern auf der von KEMMER abgeleiteten zusätzlichen Absorption, die dadurch zustande kommt, daß sehr energiereiche Mesonen mit einem von der Energie unabhängigen Wirkungsquerschnitt einen erheblichen Teil ihrer Energie an ein Elektron übertragen können, vielleicht auch noch auf anderen zusätzlichen Sekundärprozessen. [Vgl. auch die Arbeiten von OPPENHEIMER, SNYDER u. SERBER (O 2) und LYONS (L 12)].

Die Ähnlichkeit der Spektren (1) und (2) läßt einen genetischen Zusammenhang zwischen beiden Spektren vermuten. Wahrscheinlich entsteht also entweder die Mesonenkomponente aus der weichen Komponente, oder die weiche Komponente aus der Mesonenkomponente, oder schließlich beide aus der gleichen Primärkomponente. Früher hat man die erste Annahme für die wahrscheinlichste gehalten. Wenn sich jedoch die Beobachtungen von SCHEIN, JESSE und WOLLAN (S 4, 5. 6) über den sekundären Charakter der weichen Komponente bestätigen, so ist die zweite oder dritte Annahme wahrscheinlicher.

Eine interessante Deutungsmöglichkeit hat sich hier aus verschiedenen Arbeiten von OPPENHEIMER, SNYDER und SERBER (O 2), MÖLLER und ROSENFELD (M 5) und ROZENTAL (R 11) ergeben: Die Theorie der Kernkräfte fordert die Existenz von Mesonen vom Spin 1 oder von zwei Mesonensorten vom Spin 1 und vom Spin 0. OPPENHEIMER hat jedoch aus der Häufigkeit der von Mesonen hervorgerufenen Kaskadenstöße geschlossen, daß die auf Meeresniveau beobachteten Mesonen wahrscheinlich den Spin 0 besitzen. Man kann daher vermuten, daß in der höchsten Atmosphäre aus der primären Protonenkomponente die beiden Mesonensorten vom Spin 1 und Spin 0 mit vergleichbarer Häufigkeit entstehen; daß jedoch die Mesonen vom Spin 1 eine sehr kurze Lebensdauer besitzen, wie es die YUKAWAsche Theorie fordert, etwa von der Größenordnung 10^{-8} sec, während die Mesonen vom Spin 0 die beobachtete größere Lebensdauer haben. Die Mesonen vom Spin 1 würden daher schon in der höchsten Atmosphäre absorbiert, ihre Energie zum großen Teil in Kaskadenstrahlung übergeführt werden — bei den energiereicheren Mesonen durch Ausstrahlung, bei den energieärmeren durch Zerfall, und nur die Mesonen vom Spin 0 könnten in die tieferen Atmosphärenschichten dringen. Ob sich diese Deutung als Arbeitshypothese bewährt, kann freilich erst die Zukunft lehren. Einstweilen ist die Genetik der einzelnen Komponenten der kosmischen Strahlung noch ganz unsicher.

3. Die weiche Sekundärstrahlung der Mesonen.

Diese Strahlung besteht eigentlich wieder aus zwei Komponenten: den Elektronen (und ihren Kaskaden), die von den Mesonen durch Stoß eine hohe Energie erhalten haben [BHABHA (B 19)], und denen, die vom Zerfall des Mesons herrühren [EULER (E 4)]. Für beide Komponenten wird die Form des Spektrums theoretisch näherungsweise durch

$$H(E) = \text{const}\, E^{-2,8} \tag{3}$$

dargestellt; beide Spektren verhalten sich also gleich und fallen um eine Potenz stärker ab als das Mesonenspektrum oder die weiche Komponente. Die KEMMERschen Stoßprozesse geben allerdings noch ein schwaches zusätzliches Spektrum etwa der Form $\text{const}\, E^{-1,8}$.

Die weiche Sekundärstrahlung ist im allgemeinen schon nach verhältnismäßig geringen Schichtdicken (von der Ordnung der „Strahlungseinheit" der Kaskadentheorie) mit der Mesonenstrahlung im Gleichgewicht. Die relative Gesamtmenge der Stoßelektronen, die mit der Mesonenkomponente im Gleichgewicht steht, ist in größerer Tiefe größer als auf Meeresniveau, da die mittlere Energie der Mesonen dort größer ist. Auf Meeresniveau dürften (in Luft) die Mesonen 75 bis 80%, die Stoßelektronen etwa 5%, die Zerfallselektronen 10 bis 15%, die weiche Primärstrahlung etwa 5 bis 10% der gesamten ionisierenden Strahlung ausmachen. Hinter dicken Schichten von dichtem Material verschwindet praktisch der Anteil der Zerfallselektronen, da die in Luft gebildeten Zerfallselektronen durch die dicke Schicht absorbiert worden sind, auf der relativ kurzen Strecke im dichten Material aber keine neuen gebildet werden konnten. Die Gleichgewichtsmenge der Stoßelektronen sollte theoretisch hinter Material von hoher Atomnummer größer sein als hinter Stoffen geringen Atomgewichts.

Da sich die weiche Sekundärstrahlung der Mesonen physikalisch wie die weiche Primärstrahlung verhält, bildet sie auch Schauer und Stöße wie diese. Auf Meeresniveau werden allerdings praktisch alle *größeren* Schauer oder Stöße der weichen Primärstrahlung zugeschrieben werden müssen, da das Spektrum der weichen Sekundärstrahlung viel rascher abfällt, also weniger energiereiche Elektronen enthält als das Primärspektrum. Anders ist es hinter dicken Schichten dichten Materials. Hier kann das Primärspektrum keine Rolle mehr spielen, und die auch hier noch beobachteten Stöße werden wohl nach OPPENHEIMER, SNYDER und SERBER (O 2) auf solche Stoßprozesse, wie KEMMER (K 1) sie untersucht hat, zurückzuführen sein. Die Häufigkeit der beobachteten Stöße paßt jedenfalls nach OPPENHEIMER, SNYDER und SERBER (O 2) qualitativ zu dieser Annahme. Allerdings gehören die hier angenommenen Stoßprozesse schon zu den Vorgängen, bei denen die Strahlungskräfte der YUKAWAschen Theorie eine entscheidende Rolle spielen müssen, bei denen also die Anwendung der bisherigen quantentheoretischen Formeln sehr problematisch ist. Es muß daher mit der Möglichkeit gerechnet werden, daß bei diesen Prozessen gleichzeitig mit dem Stoß eine Anzahl von Mesonen erzeugt wird, wie es beim Auftreten einer starken YUKAWAschen Strahlung plausibel ist. Es würde sich dann um echte explosionsartige Schauer handeln, deren Existenz, wie schon erwähnt, sowohl aus einigen WILSON-Aufnahmen von FUSSELL (F 7), POWELL (P 6), WOLLAN (W 16) und DAUDIN (D 1), wie aus Koinzidenzmessungen von POMPEJA, SANTOS und WATAGHIN (W 2), JÁNOSSY und INGLEBY (J 3) hervorzugehen scheint.

4. Die Proton-Neutron-Komponente.

JOHNSON (J 9) hat die Hypothese ausgesprochen und begründet, daß die Mesonen aus einer primären Protonenkomponente entstehen, und die Beobachtungen über den sekundären Charakter der weichen Komponente sprechen dann dafür, daß die ganzen Erscheinungen der kosmischen Strahlung auf eine aus Protonen bestehende Primärstrahlung aus dem Weltraum zurückzuführen sind. Wenn man diese Arbeitshypothese zugrunde legt — erst zukünftige Experimente können hier endgültig Klarheit schaffen —, so wird man über die primäre Protonenkomponente folgende Annahme machen können: Die primäre Protonenkomponente ist hinsichtlich ihrer Energieverteilung ebenfalls durch ein Spektrum der Form (1)

$$F(E) = \text{const}\, E^{-1,8} \tag{4}$$

gegeben, wobei die Konstante sicher größer ist als in Gleichung (1). Dieses Protonenspektrum verwandelt sich in der höchsten Atmosphäre in andere Komponenten, ein großer Teil seiner Energie wird sich also schon in etwa 20 km Höhe in der weichen bzw. in der Mesonenkomponente [(1) bzw. (2)] wiederfinden. Die Gestalt (4) des Spektrums dürfte notwendig sein, um die entsprechende Form der Sekundärspektren (1) und (2) zu erklären. Dieses primäre Protonenspektrum wird offenbar in der Atmosphäre sehr stark absorbiert; denn in den höchsten Höhen, in denen bisher nach Protonen gesucht wurde, fand sich nur eine relativ schwache Protonenkomponente. Der Grund für diese starke Absorption muß wohl in Kernprozessen und in der Bremsstrahlung gesucht werden. Nebenbei sei festgestellt, daß Neutronen jedenfalls *nicht* als Primärteilchen für die kosmische Strahlung in Frage kommen, da sie nach der Theorie des β-Zerfalls radioaktiv zerfallen können. Experimentell ist der Zerfall der Neutronen bisher allerdings nicht nachgewiesen worden.

In größeren Höhen bis herunter zum Meeresniveau findet man eine verhältnismäßig schwache Protonen- und etwa hundertmal stärkere Neutronenkomponente. Diese Strahlung hat wohl nicht direkt mit der Primärstrahlung zu tun. Ihre Intensität verläuft nach FÜNFER (F 6) und KORFF (K 6) als Funktion der Höhe ganz ähnlich wie die Intensität der weichen Komponente und kann daher wahrscheinlich — ausgenommen die obersten Schichten der Atmosphäre — als Sekundärstrahlung der weichen Komponente angesehen werden. Die Anzahl der Neutronen ist dabei mit der der Elektronen dieser Komponente vergleichbar; die der langsamen Protonen ist etwa um den Faktor 100 geringer. Gleichzeitig mit einzelnen Protonenspuren werden auf photographischen Platten, die in großer Höhe exponiert sind, häufig Kernzertrümmerungen hoher Energie beobachtet [BLAU und WAMBACHER (B 25), SCHOPPER (S 12)], bei denen aus einem Kern mehrere (bis zu zwölf) Kerntrümmer herausgeschlagen werden. Hier handelt es sich offenbar entweder um Prozesse, bei denen — etwa durch primäre Lichtquanten — die energiereichen Protonen und Neutronen aus den Atomkernen herausgeschlagen werden, oder um Sekundärprozesse, die selbst durch schnelle schwere Teilchen hervorgerufen werden [BAGGE (B 1)]. Es liegt nahe, diese Prozesse auch mit der Entstehung von Mesonen in Verbindung zu bringen und anzunehmen, daß hier im Kern durch ein Photon explosionsartige Prozesse hervorgerufen werden, bei denen gleichzeitig Mesonen und schwere Teilchen entstehen, die ihrerseits wieder im gleichen Kern weitere Sekundärprozesse hervorrufen können. Die Annahme, daß die Mesonen in mittleren Atmosphärenschichten und die schweren Teilchen durch die gleichen Prozesse und häufig in einem Akt entstehen, ist mit der Häufigkeit der Kernprozesse und der verschiedenen Teilchensorten verträglich [Bagge (B 1)]. Auch sprechen die Aufnahmen von Fussell (F 7) sowie prinzipielle Gründe dafür, daß die Mesonenerzeugung meistens mit Kernprozessen verbunden sein wird. Doch reicht das bisher vorliegende experimentelle Material noch nicht aus, um diese Frage endgültig zu entscheiden.

Die Absorption der Neutron-Proton-Komponente erfolgt für die beiden Teilchensorten ganz verschieden. Die Protonen werden, wenn sie nicht eine sehr hohe Anfangsenergie haben, durch Ionisation sehr rasch gebremst. Die Neutronen dagegen werden durch Kernprozesse absorbiert oder häufiger durch Zusammenstöße mit Kernen gebremst, bis sie schließlich als langsame Neutronen in irgendwelchen Kernen (z. B. N oder H) eingefangen werden.

5. Weitere Komponenten.

Die Mesonenkomponente kann bis zu Tiefen von mehr als 400 m Wasser verfolgt werden, in größeren Tiefen wird sie verhältnismäßig rasch schwächer. Aber selbst in 1000 m Wassertiefe kann eine durch kosmische Strahlung verursachte Ionisation deutlich nachgewiesen werden [vgl. z. B. Untersuchungen von Clay (C 4) und seinen Mitarbeitern]. Messungen von Barnothy und Forro (B 6) deuten darauf hin, daß hier die Ionisation in der Hauptsache von weicher Strahlung herrührt. Wenn dies richtig ist, so kann an das Ergebnis die Vermutung geknüpft werden, daß die kosmische Strahlung in diese Tiefen durch eine neue elektrisch neutrale Komponente transportiert wird, als deren Träger man etwa neutrale Yukawasche Teilchen oder Paulis Neutrinos ansetzen kann. Aber auch diese Frage kann erst durch weitere Messungen entschieden werden.

2. Die Kaskadentheorie.

Von W. Heisenberg[1]-Berlin-Dahlem.

Elektronen und Positronen erzeugen beim Durchgang durch Materie Lichtquanten; Lichtquanten erzeugen beim Durchgang durch Materie Elektronen und Positronen. Im Wechselspiel dieser Prozesse verteilt sich die Energie eines schnellen Teilchens nach und nach auf zahlreiche

[1] Der vorliegende Text wurde nach einem Vortrag von W. Heisenberg, unter Benutzung einer Ausarbeitung von D. Lyons, von C. F. v. Weizsäcker abgefaßt. Dabei wurden weitergehende Rechnungen von S. Flügge und G. Molière verwendet.

langsamere Teilchen: es entsteht eine „Kaskade". Die Vermehrung und Bremsung der weichen Komponente der kosmischen Strahlung und die Bildung der Schauer und Stöße beruht auf diesem Vorgang. Der nachfolgende Bericht soll die mathematische Theorie der Kaskadenbildung deduktiv darstellen. Der Vergleich mit der Erfahrung ist den späteren Berichten überlassen.

1. Die Elementarprozesse.

a) Bremsstrahlung. Fliegt ein Elektron[1] an einem geladenen Teilchen vorbei, so wird es aus seiner Flugrichtung abgelenkt. Mit dieser Ablenkung ist eine Energieübertragung an das ablenkende Teilchen verbunden. Für Elektronen, deren Geschwindigkeit sich noch merklich von der Lichtgeschwindigkeit unterscheidet, ist dieser Vorgang die wichtigste Ursache ihrer allmählichen Bremsung beim Durchgang durch Materie. Die Hauptrolle spielt dabei die Energieübertragung an die Hüllenelektronen der Atome, welche meist zur Ionisation der Atome führt. Wir nennen diese Art der Energieabgabe kurz „Ionisation".

Bei sehr schnellen Elektronen wird ein anderer Energieabgabeprozeß wichtiger als die Ionisation: die Bremsstrahlung. Mit der Änderung der Flugrichtung des Elektrons ist eine Änderung des elektromagnetischen Feldes in der Umgebung des Elektrons verbunden. Das Elektron wird dadurch zum Ausgangspunkt einer elektromagnetischen Welle oder quantenmäßig gesprochen, es emittiert ein Lichtquant oder mehrere Lichtquanten. Die Wahrscheinlichkeit dieses Prozesses ist von SAUTER (S 1a), BETHE und HEITLER (B 16) berechnet worden. Der Wirkungsquerschnitt dQ für die Emission eines Lichtquants, dessen Energie zwischen k und $k+dk$ liegt, beim Vorübergang eines Elektrons der Energie E an einem Kern der Ladung Ze ist

$$dQ = 4\frac{Z^2 e^2}{\hbar c}\left(\frac{e^2}{m c^2}\right)^2 \frac{dk}{k}\left\{\left[\frac{4}{3}\left(1-\frac{k}{E}\right)+\left(\frac{k}{E}\right)^2\right]\log\frac{183}{Z^{1/3}} + \text{kleinere Glieder}\right\}. \quad (1)$$

Da der Wirkungsquerschnitt proportional zu Z^2 ist, kann, außer für die allerleichtesten Elemente, die für die Höhenstrahlung keine Rolle spielen, die Wirkung des Atomkerns als groß gegen die Wirkung der Hüllenelektronen angesehen werden. Der Einfluß der Hülle ist in der obigen Formel nur in dem logarithmischen Glied summarisch berücksichtigt; dieses Glied verdankt seine Form der Berechnung der Abschirmung des Kernfeldes nach außen nach der Methode von THOMAS und FERMI.

Die eckige Klammer in (1) hat den Wert $4/3$ für $k=0$, $11/12$ für $k=E/2$ und 1 für $k=E$. Man begeht somit nur einen geringen Fehler, wenn man sie konstant gleich 1 setzt. Das ist die Näherung, in der wir im

[1] Unter „Elektronen" verstehen wir, solange nicht ausdrücklich das Gegenteil ausgesprochen wird, sowohl positive wie negative Teilchen.

folgenden rechnen wollen. Der Fehler ist geringer als die Fehler, welche durch die Annäherungen der weiteren Rechnung auftreten. Wir erhalten dann für die Anzahl der Lichtquanten im Intervall dk, die auf der Strecke dx von einem Elektron mit einer Energie $E \gg mc^2$ durch Bremsstrahlung erzeugt werden:

$$dn(k) = \frac{dx}{x_0} \cdot \frac{dk}{k}. \tag{2}$$

Dabei ist die Länge x_0, welche wir als „Strahlungseinheit" bezeichnen wollen, definiert durch

$$\frac{1}{x_0} = 4 N Z^2 \frac{e^2}{\hbar c} \cdot \left(\frac{e^2}{mc^2}\right)^2 \log \frac{183}{Z^{1/3}}. \tag{3}$$

N ist die Anzahl streuender Atomkerne im Kubikzentimeter. Wir wollen von nun an alle Längen in Strahlungseinheiten messen. Eine in Strahlungseinheiten gemessene Länge soll mit dem Buchstaben l bezeichnet werden. Gleichung (2) nimmt dann die einfache Form an:

$$dn(k) = dl \cdot \frac{dk}{k}. \tag{4}$$

Der reziproke Wert der Strahlungseinheit wächst nahezu quadratisch mit der Ordnungszahl und linear mit der Dichte der bremsenden Substanz; für Blei ist die Strahlungseinheit $^1/_2$ cm, für Luft über 300 m. Eine Tabelle für verschiedene Stoffe gibt der nachfolgende Bericht von G. Molière (Seite 32).

Die Strahlungseinheit ist die Strecke, auf der die Energie eines Elektrons im Mittel auf den e-ten Teil absinkt. Der mittlere Energieverlust pro cm ist

$$\frac{dE}{dx} = -\frac{1}{x_0} \int_0^E \frac{dk}{k} \cdot k = -\frac{E}{x_0} \tag{5}$$

und daher ist

$$E = E_0 e^{-x/x_0}. \tag{6}$$

Anschaulich kann man sagen: die Anzahl der Lichtquanten zwischen k und $k + dk$, die auf der Strecke x_0 erzeugt werden, ist zu $1/k$ proportional, ihre Energie also zu $k \cdot 1/k$, d. h. konstant. D. h. die Wahrscheinlichkeit für jeden Energieverlust ist ungefähr gleich groß. Da die pro Wegstrecke durch Ionisation verlorene Energie von der Primärenergie nahezu unabhängig ist, ist damit auch das Überwiegen des Energieverlustes durch Bremsstrahlung bei großen Primärenergien verständlich.

b) Paarbildung. Lichtquanten, deren Energie nicht sehr groß gegen mc^2 ist, verlieren ihre Energie beim Durchgang durch Materie vorzugsweise durch den Compton-Effekt und den Photoeffekt, also durch Zusammenstöße mit Elektronen. Die Lichtquanten der Höhenstrahlung verlieren ihre Energie hingegen überwiegend durch die Bildung von

Elektronenpaaren. Dieser Vorgang hat eine gewisse Analogie zur Bremsstrahlung; nach der DIRACschen Theorie des Positrons kann er als der inverse Prozeß zur Bremsstrahlung betrachtet werden. Bei der Bremsstrahlung geht ein Elektron anläßlich des Vorübergangs an einem Kern aus einem Zustand höherer Energie in einen Zustand geringerer Energie über. Die Umkehrung dieses Vorgangs ist, daß ein Lichtquant beim Vorübergang an einem Kern (der bei dem Prozeß notwendig ist, um den aus den Erhaltungssätzen folgenden Impulsüberschuß zu übernehmen) von einem Elektron absorbiert wird, das dabei in einen Zustand höherer Energie übergeht. Paarbildung tritt nun ein, wenn das absorbierende Elektron ursprünglich in einem der nach der DIRACschen Theorie möglichen Zustände negativer Energie war. Dieses Elektron selbst war dann nämlich, solange seine Energie negativ war, eines aus einer unendlichen Dichte von Elektronen negativer Energie, die nach der Annahme von DIRAC keine physikalischen Wirkungen ausüben. Wenn es aber positive Energie angenommen hat, so ist es erstens selbst wahrnehmbar, und zweitens tritt das zurückbleibende „Loch" in der Verteilung von Elektronen negativer Energie als Positron in Erscheinung.

Der Wirkungsquerschnitt für die Erzeugung eines Elektronenpaares, dessen eines Elektron die Energie E hat, durch ein Lichtquant der Primärenergie k (das andere Elektron hat dann die Energie $k-E$) ist für $k \gg mc^2$ nach BETHE und HEITLER (B 16):

$$dQ = 4Z^2 \frac{e^2}{\hbar c}\left(\frac{e^2}{mc^2}\right)^2 \frac{dE}{k}\left[\left(\frac{E}{k}\right)^2 + \left(1-\frac{E}{k}\right)^2 + \frac{2}{3}\frac{E}{k}\left(1-\frac{E}{k}\right)\right] \log\frac{183}{Z^{1/3}} \quad (7)$$
$$+ \text{ kleinere Glieder.}$$

Die eckige Klammer ist gleich eins für $E=0$ und $E=k$; sie hat den Wert $2/3$ für $E=k/2$. Man kann sie also wieder ohne allzu großen Fehler konstant setzen, d. h. annehmen, daß die Primärenergie des Lichtquants mit gleicher Wahrscheinlichkeit in jedem Verhältnis auf die beiden Elektronen aufgeteilt wird. Integriert man die Formel über E und multipliziert mit N, so erhält man für die Wahrscheinlichkeit dafür, daß auf der Wegstrecke dx bzw. dl überhaupt ein Paar von dem Lichtquant erzeugt wird:

$$dn = \frac{7}{9}\frac{dx}{x_0} = \frac{7}{9}dl = \delta\, dl. \quad (8)$$

Wir haben für $7/9$ zur Abkürzung δ gesetzt.

c) Ionisation. Durch das Wechselspiel von Bremsstrahlung und Paarbildung entsteht aus einem energiereichen Primärteilchen eine Kaskade, die so lange anwächst, bis die Energie der einzelnen Teilchen zu klein geworden ist. Die Grenzenergie ist definiert durch das beginnende Überwiegen des Energieverlustes der Elektronen durch Ionisation gegenüber dem Energieverlust durch Bremsstrahlung. Wenn nämlich ein soeben durch Paarbildung entstandenes Elektron nur noch so wenig Energie hat, daß es auf der nächsten Strahlungslänge x_0, die es durchläuft, den größeren Teil seiner Energie bereits durch Ionisation verliert, so ist sein weiterer Beitrag zur Kaskade in der Näherung, in der wir hier rechnen wollen, zu vernachlässigen. Wir betrachten also die Kaskadenentwicklung als abgebrochen, wenn die Energie der Elektronen gleich dem Ionisations-Energieverlust pro Strahlungslänge wird. Diesen nennen wir E_J. Wir rechnen in der einfachen Näherung, daß für $E > E_J$ der Ionisationsverlust und für $E < E_J$ die Strahlung vernachlässigt wird. Genauere Untersuchungen von Arley haben gezeigt, daß man mit dieser Näherung Fehler bis zu 50% begehen kann.

Es ist also

$$E_J = x_0 \left(\frac{dE}{dx}\right)_{\text{Ion.}} = \left(\frac{dE}{dl}\right)_{\text{Ion.}} \tag{9}$$

Der Ionisationsverlust pro cm ist proportional zur Elektronenzahl pro cm^3, also etwa zu Z, x_0 hingegen ist umgekehrt proportional zu Z^2. Also ist E_J genähert proportional zu $1/Z$. Eine genäherte Interpolationsformel ist

$$E_J = \frac{1600\, m c^2}{Z}. \tag{10}$$

Eine Tabelle von E_J ist im nachfolgenden Bericht von G. Molière (Seite 32) gegeben.

2. Die Grundgleichungen der Kaskadentheorie.

Wir betrachten nun die Ausbildung einer Kaskade. Wir vereinfachen die Rechnung durch die Annahme, daß alle Teilchen genau nach vorne emittiert werden, so daß die Teilchenzahl nur als Funktion des durchlaufenen Wegs und nicht auch des Ablenkungswinkels betrachtet wird. Die Winkelstreuung ist in dem nachfolgenden Artikel von G. Molière behandelt. Unser Verfahren schließt sich eng an eine Arbeit von Landau und Rumer (L 2) an. Wir führen folgende Bezeichnungen ein:

$F(E, l)$ = Anzahl der Elektronen einer Energie $> E$ im Abstand l vom Ausgangspunkt der Kaskade.

$G(E, l)$ = Anzahl der Lichtquanten einer Energie $> E$ im Abstand l.

Die Anzahlen von Elektronen bzw. Lichtquanten zwischen den Energien E und $E + dE$ sind dann gegeben durch

$$\left.\begin{aligned} f(E,l)\, dE &= -\frac{\partial F(E,l)}{\partial E}\, dE, \\ g(E,l)\, dE &= -\frac{\partial G(E,l)}{\partial E}\, dE. \end{aligned}\right\} \tag{11}$$

Wenn diese Teilchen nun die Strecke dl weiterlaufen, ändert sich die Anzahl der Elektronen nach der Gleichung

$$F(E, l + dl) = F(E, l) - dF(E, l)_{\text{Str.}} + dF(E, l)_{\text{Paar}}, \tag{12}$$

$dF(E,l)_{\mathrm{Str}}$ ist dabei die Anzahl der Elektronen, deren Energie auf der Strecke dl durch Bremsstrahlung unter den Wert E sinkt; $dF(E,l)_{\mathrm{Paar}}$ ist die Anzahl der Elektronen oberhalb E, die auf dieser Strecke durch Paarbildung neu entstehen. Da ein Elektron der Energie $E' > E$ eine Energie $> E' - E$ mit der Wahrscheinlichkeit $dl \int\limits_{E'-E}^{E'} dk/k$ verliert, ist

$$dF(E,l)_{\mathrm{Str}} = \int\limits_E^\infty dE' f(E',l) \cdot dl \cdot \int\limits_{E'-E}^{E'} \frac{dk}{k}. \tag{13}$$

Andererseits erzeugt ein Lichtquant der Energie E' auf dl nach (8) $2\delta\, dl$ Elektronen, deren Energien mit gleicher Wahrscheinlichkeit im Intervall von 0 bis E' liegen. Uns interessiert hier aber nur der Bruchteil, dessen Energie im Intervall von E bis E' liegt. Also wird

$$dF(E,l)_{\mathrm{Paar}} = \int\limits_E^\infty dE' g(E',l) \cdot 2\delta\, dl \frac{E'-E}{E'}. \tag{14}$$

Analog erhalten wir für die Änderung der Lichtquantenzahl

$$G(E, l+dl) = G(E,l) - \delta \cdot dl\, G(E,l) + \int\limits_E^\infty dE' f(E',l) \cdot dl \int\limits_E^{E'} \frac{dk}{k}. \tag{15}$$

Setzen wir in (12) und (15) für f und g die Ableitungen $\partial F/\partial E$ und $\partial G/\partial E$ ein, dividieren durch dl und formen die entstehenden Ausdrücke durch partielle Integration um, wobei vorausgesetzt ist, daß F und G für $E' = \infty$ verschwinden, so erhalten wir die Grundgleichungen der Kaskadentheorie:

$$\frac{\partial F(E,l)}{\partial l} = -\int\limits_E^\infty [F(E',l) - F(E,l)]\, dE' \left(\frac{1}{E'} - \frac{1}{E'-E}\right) + 2\delta \int\limits_E^\infty G(E',l)\, dE' \frac{E}{E'^2}, \tag{16}$$

$$\frac{\partial G(E,l)}{\partial l} = -\delta \cdot G(E,l) + \int\limits_E^\infty F(E',l) \frac{dE'}{E'}.$$

3. Lösung für ein Potenzspektrum.

Diese Integro-Differentialgleichungen haben zwei Eigenschaften, die es ermöglichen, eine spezielle Lösung leicht aufzufinden: 1. sie sind linear in G und F, daher ist die Summe zweier Lösungen wieder eine Lösung, 2. sie sind homogen in E und E', daher kann man

$$\frac{E'}{E} = \xi \tag{17}$$

setzen und erhält dann Gleichungen, die nur von ξ und l abhängen.

Wir setzen

$$F(E,l) = F(l) \cdot E^{-s}, \qquad s > 0 \qquad (18)$$
$$G(E,l) = G(l) \cdot E^{-s},$$

und erhalten für $F(l)$ und $G(l)$ die Differentialgleichungen

$$\left.\begin{aligned} \frac{dF(l)}{dl} &= F'(l) = -\sigma(s)F(l) + 2\delta\frac{G(l)}{s+1}, \\ \frac{dG(l)}{dl} &= G'(l) = -\delta G(l) + \frac{F(l)}{s}. \end{aligned}\right\} \qquad (19)$$

Diese Gleichungen hängen nicht mehr von ξ ab. Wenn also ein Potenzspektrum für $l = 0$ vorgegeben ist, so behält es für alle l diese Form bei. $\sigma(s)$ ist das folgende Integral:

$$\sigma(s) = \int\limits_1^\infty \left(\frac{1}{\xi^s} - 1\right)\left(\frac{1}{\xi} - \frac{1}{\xi - 1}\right) d\xi = C + \psi(s). \qquad (20)$$

$C = 0{,}577\ldots$ ist die EULERsche Konstante, ψ ist die logarithmische Ableitung der Gammafunktion:

$$\psi(s) = \frac{\partial}{\partial s}\log\Gamma(s+1). \qquad (21)$$

Es gilt

$$\psi(s+1) = \psi(s) + \frac{1}{s}. \qquad (22)$$

Dabei ist

$$\sigma(1) = 1, \quad \sigma(2) = \tfrac{3}{2}, \quad \sigma(3) = \tfrac{11}{6}$$

und

$$\lim_{s\to\infty}\sigma(s) = \log s + 0{,}577. \qquad (23)$$

Um die Gleichungen (19) zu lösen, setzen wir

$$\left.\begin{aligned} F(l) &= a_1 e^{-\varkappa_1 l} + a_2 e^{-\varkappa_2 l}, \\ G(l) &= b_1 e^{-\varkappa_1 l} + b_2 e^{-\varkappa_2 l}. \end{aligned}\right\} \qquad (24)$$

Eingesetzt in (19) ergibt dies die Bedingungsgleichungen

$$\left.\begin{aligned} [\varkappa - \sigma(s)]\,a + \frac{2\delta}{s+1}\,b &= 0, \\ \frac{a}{s} + (\varkappa - \delta)\,b &= 0, \end{aligned}\right\} \qquad (25)$$

welche jeweils a_1, b_1 und $\varkappa_1$ bzw. a_2, b_2 und $\varkappa_2$ untereinander verknüpfen. Es folgt

$$\frac{a}{b} = s(\delta - \varkappa), \qquad (26)$$

mit den beiden Lösungen:

$$\varkappa_{1;2} = \frac{\sigma + \delta}{2} \pm \sqrt{\left(\frac{\sigma - \delta}{2}\right)^2 + \frac{2\delta}{s(s+1)}}. \qquad (27)$$

Den Verlauf der Lösungen deutet die Tabelle an:

s	0	1	∞
$\varkappa_1$	$+\infty$	$1+\delta$	$\log s + 0{,}577$
$\varkappa_2$	$-\infty$	0	δ

Drückt man a durch b und $\varkappa$ aus, so folgt

$$\left.\begin{aligned} F(l) &= b_1 s(\delta-\varkappa_1)\,e^{-\varkappa_1 l} + b_2 s(\delta-\varkappa_2)\,e^{-\varkappa_2 l}, \\ G(l) &= b_1 e^{-\varkappa_1 l} + b_2 e^{-\varkappa_2 l}. \end{aligned}\right\} \tag{28}$$

Anschaulich bedeutet unser Ergebnis folgendes: Die Teilchenzahl in einer Kaskade, die von vornherein ein Potenzspektrum hat, ist gegeben durch die Summe zweier Exponentialfunktionen. Von den beiden Exponenten ist der größere, $\varkappa_1$, immer positiv, der ihm entsprechende Summand fällt also jedenfalls mit wachsendem l ab, und zwar immer schneller als der andere Summand. Er entspricht den Einstellvorgängen, die auftreten, wenn des Mengenverhältnis von Elektronen und Lichtquanten anfangs nicht dasjenige ist, das sich in einer fertigen Kaskade von selbst ausbildet. Z. B. kann man eine Kaskade, in der anfangs nur Elektronen, aber keine Lichtquanten vorkommen, darstellen, indem man $b_1 = -b_2$ setzt. Dem raschen Abfall des Summanden mit $\varkappa_1$ entspricht dann zunächst ein Ansteigen von $G(l)$ mit wachsendem l, bis dieser erste Summand verschwindend klein geworden ist und der Verlauf von G nur noch durch den zweiten Summanden geregelt wird. $\varkappa_2$ ist negativ für $s < 1$, positiv für $s > 1$, für $s = 1$ hat es den Wert Null. Je nach dem Wert des Exponenten nimmt die Kaskade also schließlich ständig an Teilchen zu oder ab. Dies ist physikalisch begreiflich. Die im ganzen in einer Kaskade enthaltene Energie ist

$$E_K = \int [f(E) + g(E)]\,E\,dE \sim \int E^{-s}\,dE\,. \tag{29}$$

Dieses Integral divergiert für $s = 1$ logarithmisch, für $s < 1$ divergiert es an der oberen, für $s > 1$ an der unteren Grenze. Die Divergenz an der unteren Grenze ist physikalisch belanglos, da in Wirklichkeit das Kaskadenspektrum bei E_J aufhört. Eine Kaskade mit $s > 1$ hat also einen endlichen Energieinhalt, der sich wegen des ständigen Verlustes derjenigen Teilchen, deren Energie kleiner wird als E_J, mit wachsendem l allmählich erschöpfen muß. Eine Kaskade mit $s < 1$ hätte hingegen oberhalb des gegebenen Energiewertes noch einen unendlich großen Energievorrat, aus dem stets mehr Energie in das gerade betrachtete Energieintervall von obenher nachgeliefert wird, als es nach unten verliert. In der Natur kommen natürlich nur Kaskaden mit endlicher Gesamtenergie vor, d. h. Spektren mit $s < 1$ können nicht bis zu beliebig hohen Energien reichen. Nach anfänglichem Anwachsen der Teilchenzahl muß schließlich wieder eine Abnahme folgen.

Das primäre Spektrum der Höhenstrahlung läßt sich wahrscheinlich in guter Näherung durch ein Potenzgesetz mit $s \approx 1{,}8$ darstellen. Die Höhenstrahlung in der Atmosphäre müßte also eine Kaskade mit exponentiell nach unten abfallender Teilchenzahl sein. Nach (27) ist für $s = 1{,}8$ $\varkappa_1 = 1{,}74$ und $\varkappa_2 = 0{,}46$. Der schließliche Abfall müßte also durch $e^{-0{,}46 l}$ dargestellt sein, d. h. ein Absinken auf den e-ten Teil auf je 2 Strahlungslängen ($^3/_4$ m H_2O) zeigen. Für die weiche Komponente unterhalb des Maximums ist diese Bedingung recht gut erfüllt und bestätigt damit die Vorstellung vom Kaskadencharakter dieser Komponente. Daß ein Maximum der Intensität in hohen Luftschichten auftritt, muß von einer Abweichung des Primärspektrums vom Potenzcharakter herrühren. Eine hinreichende Erklärung würde schon die Tatsache bieten, daß geladene Teilchen unterhalb einer bestimmten Energie das erdmagnetische Feld nicht mehr durchdringen können. Nach neueren Untersuchungen scheint aber die Primärstrahlung überhaupt nicht aus Elektronen, sondern aus Protonen zu bestehen, und damit wäre die Kaskadentheorie in der hier entwickelten Form überhaupt nur auf denjenigen Teil der Strahlung anzuwenden, der sicher aus Elektronen und Lichtquanten besteht, d. h. auf die weiche Komponente etwa vom Maximum an abwärts.

4. Die Ausbildung einer Einzelkaskade.

Wir lassen nun die Voraussetzung, daß das Spektrum von vornherein den Potenzcharakter habe, fallen und berechnen die Ausbildung einer Kaskade, die von einem einzelnen Elektron bestimmter Energie ausgelöst wird. Wir folgen dabei dem von Landau und Rumer (L 2) eingeschlagenen Weg.

Wir führen zwei neue Funktionen einer Hilfsvariablen s ein durch die Gleichungen

$$\left.\begin{aligned} f(s,l) &= \int_0^\infty dE\, E^s f(E,l)\,, \\ g(s,l) &= \int_0^\infty dE\, E^s g(E,l)\,. \end{aligned}\right\} \qquad (30)$$

Diese Funktionen haben für die Zerlegung der Funktionen $f(E,l)$ und $g(E,l)$ in Potenzspektren E^{-s} eine ähnliche Bedeutung wie die Fourierkoeffizienten für die Zerlegung in trigonometrische Funktionen. Die neuen Funktionen $f(s,l)$ und $g(s,l)$ genügen denselben Differentialgleichungen wie unsere früheren Funktionen $F(l)$ und $G(l)$, also den Gleichungen (19). Die Lösungen können wir also nach (28) sofort hinschreiben:

$$\left.\begin{aligned} f(s,l) &= b_1 s\cdot(\delta - \varkappa_1)\, e^{-\varkappa_1 l} + b_2 s\cdot(\delta - \varkappa_2)\, e^{-\varkappa_2 l}\,, \\ g(s,l) &= b_1 e^{-\varkappa_1 l} + b_2 e^{-\varkappa_2 l}\,. \end{aligned}\right\} \qquad (31)$$

Dabei ist nur zu beachten, daß b_1 und b_2 Funktionen des Parameters s sind. Sind zu Anfang ($l = 0$) keine Lichtquanten vorhanden, so ist

$$b_2 = -b_1 = b(s). \tag{32}$$

Ist zu Anfang gerade ein Elektron der Energie E_0 da, so lautet das einfallende Spektrum

$$f(E, l = 0) = \delta(E - E_0). \tag{33}$$

Die Funktion $\delta(x)$ bedeutet dabei die DIRACsche singuläre δ-Funktion, welche durch die beiden Gleichungen

$$\left.\begin{aligned} \delta(x) &= 0 \quad \text{für} \quad x \neq 0, \\ \int_{-\varepsilon}^{+\varepsilon} \delta(x)\,dx &= 1 \quad \text{für jedes } \varepsilon \end{aligned}\right\} \tag{34}$$

definiert ist. Daher ist

$$f(s, 0) = E_0^s. \tag{35}$$

Aus (31) folgt dann

$$b(s) = \frac{E_0}{s(\varkappa_1 - \varkappa_2)}. \tag{36}$$

Dies in (31) wieder eingesetzt, ergibt

$$\left.\begin{aligned} f(s, l) &= \frac{E_0^s}{\varkappa_1 - \varkappa_2}\left[-(\delta - \varkappa_1)\,e^{-\varkappa_1 l} + (\delta - \varkappa_2)\,e^{-\varkappa_2 l}\right], \\ g(s, l) &= \frac{E_0^s}{s(\varkappa_1 - \varkappa_2)}\left[-e^{-\varkappa_1 l} + e^{-\varkappa_2 l}\right]. \end{aligned}\right\} \tag{37}$$

In den eckigen Klammern können wir die Glieder mit $e^{-\varkappa_1 l}$ vernachlässigen. Denn da anfangs nur ein Teilchen vorhanden ist und $\varkappa_1$ stets positiv ist, sind sie immer kleiner als 1; wir interessieren uns aber nur für wirkliche Kaskaden, in denen die Teilchenzahl groß gegen eins ist.

Wir führen die folgenden Abkürzungen ein:

$$\left.\begin{aligned} \log\frac{E_0}{E} &= y, \\ E \cdot f(E, l) &= e^{\varphi(y, l)} \end{aligned}\right\} \tag{38}$$

und erhalten aus (37) unter Vernachlässigung von $e^{-\varkappa_1 l}$ und aus (30):

$$\int_0^\infty dy\, e^{\varphi(y, l) - ys} = \frac{\delta - \varkappa_2}{\varkappa_1 - \varkappa_2}\, e^{-\varkappa_2 l}. \tag{39}$$

Wir wollen nun zur Bestimmung von φ bzw. f aus dieser Integralgleichung eine Näherungsrechnung durchführen. Der Integrand hat bei einem y-Wert, den wir y_m nennen wollen, ein steiles Maximum. Wie wir später sehen werden, ist dieses Maximum um so steiler, je mehr Teilchen gebildet werden. y_m bestimmt sich aus der Bedingung

$$\left(\frac{\partial\varphi}{\partial y}\right)_m - s = 0. \tag{40}$$

Wir entwickeln $\varphi(y)$ in der Nähe dieses Maximums („Sattelpunktmethode"):

$$\varphi(y) - y s = \varphi(y_m) - s y_m + \tfrac{1}{2}\varphi''(y_m)(y - y_m)^2, \tag{41}$$

berücksichtigen nur die hingeschriebenen Glieder und integrieren statt von 0 von $-\infty$ an. So erhalten wir näherungsweise für das Integral

$$e^{\varphi(y_m) - s y_m}\sqrt{\frac{2\pi}{-\varphi''(y_m)}} = \frac{\delta - \varkappa_2}{\varkappa_1 - \varkappa_2}\, e^{-\varkappa_2 l} \tag{42}$$

und logarithmiert

$$\varphi(y_m) - s y_m + \varkappa_2 l = \chi(s, y_m), \tag{43}$$

mit

$$\chi(s, y_m) = \log\left[\frac{\delta - \varkappa_2}{\varkappa_1 - \varkappa_2}\sqrt{\frac{-\varphi''(y_m)}{2\pi}}\right]. \tag{44}$$

Wir lassen nun den Index m fort. Differenzieren wir (43) nach s, so erhalten wir mit (43) selbst und (40) drei Gleichungen

$$\left.\begin{aligned}
&\text{I.} && \varphi(y, l) - s y + \varkappa_2(s)\, l = \chi(s, y), \\
&\text{II.} && -y + \varkappa_2'(s)\, l = \frac{\partial \chi(s, y)}{\partial s}, \\
&\text{III.} && \frac{\partial \varphi(y, l)}{\partial y} - s = 0.
\end{aligned}\right\} \tag{45}$$

Ehe wir diese Gleichungen auflösen, vergegenwärtigen wir uns ihre Bedeutung. Die Ausgangsgleichungen (30) gelten für jedes s. Die Gleichungen (45) nun verknüpfen jeden Wert von s mit einem bestimmten Wert von y. Die Gleichung (45, III) bedeutet nämlich, daß y diejenige Stelle ist, an der $F(E, l)$ sich als Funktion von E verhält wie E^{-s}. Aus den Gleichungen (II) und (III) können wir s als Funktion von y und l berechnen. Wir wissen damit, durch welche Potenz von E die Funktion F an jeder Stelle l und in der Umgebung jedes Energiewertes E approximiert wird. Setzen wir diesen Wert von s in (I) ein, so erhalten wir einen Ausdruck für $\varphi(y, l)$ selbst und können damit auch f und F direkt berechnen. Da wir schließlich nur F zu kennen wünschen, rechnen wir s, φ und f hier nicht aus, sondern bilden gleich die richtige Kombination dieser Größen.

$\chi(s, y)$ ist als Logarithmus langsam veränderlich mit s. Wir vernachlässigen daher zunächst die rechte Seite von (II). Indem wir (II) nach s differenzieren, erhalten wir

$$\frac{\partial y}{\partial s} = \varkappa_2'' l \quad \text{kleine Glieder.} \tag{46}$$

Durch Differentiation von (III) nach y folgt unter Berücksichtigung von (46)

$$\frac{\partial^2 \varphi}{\partial y^2} = \frac{\partial s}{\partial y} = \frac{1}{\varkappa_2'' l}. \tag{47}$$

Dies setzen wir in (44) ein und erhalten

$$\chi(s, y) = \log\left[\frac{\delta - \varkappa_2}{\varkappa_1 - \varkappa_2}\sqrt{\frac{1}{2\pi l\,|\varkappa_2''|}}\right]$$

und

$$\frac{\partial \chi(s, y)}{\partial s} = \frac{\partial}{\partial s}\log\frac{\delta - \varkappa_1}{\varkappa_1 - \varkappa_2} + \frac{1}{2}\frac{\varkappa_2'''}{\varkappa_2''}, \tag{49}$$

was, in (45 II) eingesetzt, eine Gleichung für s ergibt.

Wir interessieren uns im folgenden für die Gesamtzahl $n_{el}(l)$ der Elektronen in einer Kaskade nach Durchlaufung der Schichtdicke l

$$n_{el}(l) = F(E_J) = \int_{E_J}^{\infty} f(E, l)\, dE = \int_0^{y_J} e^{\varphi(y, l)}\, dy, \tag{50}$$

wo

$$y_J = \log\frac{E_0}{E_J}. \tag{51}$$

Für $E \geq 10^{10}\,eV$ ist $y_J \gtrsim 5$. $\varphi(y, l)$ steigt steil mit y an; wir können daher mit guter Näherung schreiben

$$n_{el}(l) = \int_0^{y_J} dy \cdot \exp\left[\varphi(y_J, l) + \left(\frac{\partial\varphi}{\partial y}\right)_{y_J}(y - y_J)\right] = \frac{e^{\varphi(y_J, l)}}{\left(\frac{\partial\varphi}{\partial y}\right)_{y_J}}\left(1 - e^{-\left(\frac{\partial\varphi}{\partial y}\right)_{y_J}\cdot y_J}\right). \tag{52}$$

Nach (45 III) ist $(\partial\varphi/\partial y)_{y_J} = s(y_J, l)$. Da s von der Größenordnung Eins und y_J merklich größer als Eins ist, können wir in genügender Näherung das zweite Glied in der Klammer vernachlässigen und erhalten

$$n_{el}(l) = \frac{e^{\varphi(y_J, l)}}{s(y_J, l)}. \tag{53}$$

5. Auswertung des Ergebnisses.

a) Die Lage des Kaskadenmaximums. Die Elektronenzahl einer Kaskade muß als Funktion von l zunächst zunehmen und dann wieder abnehmen. Wir bestimmen den Wert l_{max}, bei dem sie ihr Maximum erreicht. $s(y_J, l)$ ist eine langsam veränderliche Funktion von l. Daher stimmt das Maximum von $n_{el}(l)$ ungefähr mit dem von $e^{\varphi(y_J, l)}$ überein. Übrigens kommt es nicht sehr auf den genauen Wert von l_{max} an, da die Funktion n_{el} am Maximum sehr flach verläuft. Wir fordern also

$$\left(\frac{\partial\varphi(y_J, l)}{\partial l}\right)_{l_{max}} = 0. \tag{54}$$

Aus (45 I) folgt unter Vernachlässigung der rechten Seite

$$\frac{\partial\varphi(y_J, l)}{\partial l} = y\frac{\partial s}{\partial l} - \varkappa_2 - \frac{\partial\varkappa_2}{\partial s}\, l\, \frac{\partial s}{\partial l}. \tag{55}$$

Die Summe des ersten und des letzten Gliedes der rechten Seite von (55) ist nach (45 II) genähert gleich Null. Also bleibt

$$\varkappa_2(l_{max}) \approx 0. \tag{56}$$

Nach (27) bedeutet das

$$s(y_J, l_{\max}) \approx 1. \tag{57}$$

Dies ist anschaulich einleuchtend: solange bei $E = E_J$ noch $s < 1$ ist, nimmt die Teilchenzahl dort noch zu, für $s > 1$ nimmt sie ab, nach den Ergebnissen für reine Potenzspektren. Das Gebiet nahe E_J trägt aber am meisten zur Teilchenzahl der ganzen Kaskade bei. Für $s = 1$ ist

$$\varkappa_1 = 1{,}78, \quad \varkappa_2 = 0, \quad \varkappa_2' = 0{,}98, \quad \varkappa_2'' = -1{,}41, \quad \varkappa_2''' = 2{,}83 \tag{58}$$

$$\frac{\partial \chi}{\partial s} = +0{,}6.$$

Setzen wir die obigen Werte in (45 II) ein, wobei in der verwandten Näherung die rechte Seite konsequenterweise zu vernachlässigen ist, so folgt

$$l_{\max} = \frac{1}{\varkappa_2'} y_J = 1{,}02 \log \frac{E_0}{E_J}. \tag{59}$$

b) Die Anzahl der Elektronen und Lichtquanten am Maximum. Aus (45 I) folgt

$$\varphi(y_J, l_{\max}) = [s y_J - \varkappa_2 l_{\max} + \chi(s)]_{s=1} = y_J + \log 0{,}13 - \log \sqrt{l_{\max}}. \tag{60}$$

Daher wird

$$n_{el}(l_{\max}) = \frac{0{,}13}{\sqrt{l_{\max}}} \cdot \frac{E_0}{E_J}. \tag{61}$$

Während sich also $l_{\max}$ nur logarithmisch mit der Anfangsenergie ändert, ist die Größe der Kaskade am Maximum zum Verhältnis der Anfangsenergie zur Ionisationsenergie proportional. Beides ist anschaulich zu erwarten. Die Entfernung des Maximums vom Ausgangspunkt ist proportional zur Anzahl von Stößen, durch die das ursprüngliche Energiequantum E_0 in Quanten der Größenordnung E_J aufgeteilt wird; da jeder Stoß die Energie ungefähr halbiert, ist diese Stoßzahl zu $\log(E_0/E_J)$ proportional. Hingegen ist die Größe der Kaskade am Maximum eben durch die Anzahl der Quanten der Größe E_J gegeben, in welche E_0 zerfällt.

Nach (37) ist das Verhältnis der Lichtquantenanzahl zur Elektronenanzahl

$$\frac{n_q}{n_{el}} \approx \frac{1}{s(\delta - \varkappa_2)}. \tag{62}$$

Am Maximum ist aber $s = 1$ und $\varkappa_2 = 0$ und daher wegen $\delta = 7/9$

$$n_q(\max) \approx \tfrac{9}{7}\, n_{el}(\max). \tag{63}$$

c) Näherungsformel für die Entwicklung einer Kaskade. Nach (53) und (45 I) ist, wenn wir für y_J kurz y schreiben:

$$n_{el}(l) = \frac{e^{\varphi(y, l)}}{s} \tag{64}$$

mit

$$\varphi(y, l) = s y - \varkappa_2(s) l + \chi(s). \tag{65}$$

Nach (45 II) ist

$$y = \varkappa_2'(s) l - \chi'(s). \tag{66}$$

Für x_s und $\chi(s)$ machen wir nun Näherungsansätze, die in dem Gebiet $1 \leqq s \leqq 3$, das uns interessiert, hinreichend genau sind:

$$x_s = 1 - \frac{1}{s} \qquad \chi = -\frac{\alpha}{s} - \beta s - \frac{1}{2}\log l \tag{67}$$

mit

$$\alpha = 1,4, \qquad \beta = 0,56.$$

Damit folgt

$$s = \sqrt{\frac{l-\alpha}{y-\beta}}, \tag{68}$$

und

$$n_{el}(l) = \sqrt{\frac{y-\beta}{l-\alpha}} \cdot \frac{1}{\sqrt{l}} \cdot e^{-l+2\sqrt{(l-\alpha)(y-\beta)}}. \tag{69}$$

Der wesentliche Teil dieses Ausdrucks ist der Exponentialfaktor. Der ganze Ausdruck gilt nur für größere Werte von l. Dabei überwiegt bei wachsendem l zunächst die Wurzel im Exponenten, und zwar um so stärker, je größer y ist; die Elektronenzahl wächst dann exponentiell an. Schließlich aber überwiegt das Glied $-l$, und die Kaskade wird wie e^{-l} absorbiert. Für die Lichtquantenzahl folgt nach (62) und (67)

$$n_q = \frac{n_{el}}{1 - \frac{1}{s}}. \tag{70}$$

Im Anfang der Kaskade sind also etwa ebenso viele Lichtquanten wie Elektronen vorhanden; vom Maximum an überwiegen die Lichtquanten immer mehr.

d) Anzahl der Elektronen mit $E < E_J$. Nach Arley (A 5) kann man die folgende Abschätzung machen: Wir nehmen an, daß ein Elektron, das die Energie E_J erreicht hat, von nun an nicht mehr durch Strahlung, sondern nur noch durch Ionisation Energie verliert. Da E_J gerade definiert war als die Stelle, an der (nach strenger Rechnung) der Energieverlust durch Ionisation gleich dem durch Strahlung wird, muß also nunmehr das Elektron gerade noch eine Strahlungslänge weit laufen können, ehe es seine ganze Energie E_J durch Ionisation verloren hat. Die Elektronen, welche eine Energie $E < E_J$ haben, haben also, da der Energieabfall durch Ionisation proportional dem durchlaufenen Weg ist, gerade den Bruchteil $\varepsilon = 1 - E/E_J$ einer Strahlungslänge durchlaufen, seit sie die Energie E_J hatten. So folgt

$$\underset{(E<E_J)}{f(E,l)\,dE} = dE \cdot \begin{cases} f\left(E_J, l - \left[1 - \frac{E}{E_J}\right]\right) & \text{für} \quad l \geqq 1 - \frac{E}{E_J} \\ 0 & \text{für} \quad l < 1 - \frac{E}{E_J} \end{cases} \tag{71}$$

Entwickeln wir f in der Umgebung von l, so ergibt sich

$$f(E,l) = f(E_J, l)\left\{1 - \varepsilon \frac{\partial}{\partial l} \ln f(E_J, l)\right\}. \tag{72}$$

Wir bilden die Anzahl n_{el}^{*} aller Elektronen unter E_J:

$$n_{el}^{*} = \int\limits_{0}^{E_J} f(E, l)\, dE = E_J f(E_J, l)\left\{1 - \frac{1}{2}\frac{\partial}{\partial l}\ln f(E_J, l)\right\} = e^{\varphi(y,l)}\left(1 + \frac{\varkappa_2}{2}\right). \quad (73)$$

Mit der oben verwendeten Näherung für $\varkappa_2$ ergibt dies die zu (53) analoge Formel

$$n_{el}^{*} = \left(\frac{3}{2} - \frac{1}{2s}\right) e^{\varphi(y,l)} = \left(\frac{3s}{2} - \frac{1}{2}\right) n_{el}. \quad (74)$$

Insbesondere ist also beim Kaskadenmaximum ($s \approx 1$) die Anzahl der Elektronen unterhalb E_J ungefähr ebenso groß wie die Anzahl der Elektronen oberhalb E_J.

3. Die großen Luftschauer.

Von G. Molière-Berlin-Dahlem.

Mit 2 Abbildungen

Im vorhergehenden Bericht wurde die Kaskadentheorie geschildert, soweit sie von der eigentlichen Entwicklung der Kaskade, d. h. der Teilchenvervielfachung und der Aufteilung der Energie handelt. Dabei konnte von der Winkelstreuung ganz abgesehen und so gerechnet werden, als ob alle Kaskadenteilchen die Richtung des ursprünglichen, die Kaskade auslösenden Teilchens unverändert beibehielten. Die Berücksichtigung dieser Winkelstreuung und die Berechnung der durch sie bedingten Winkel- und räumlichen Verteilung der Kaskadenteilchen erfordert daher eine Erweiterung der Theorie, die uns im folgenden beschäftigen soll. Die wesentlichsten Anwendungen derselben betreffen Experimente, die sich mit den „ausgedehnten Luftschauern" als der wichtigsten Kaskadenerscheinung beschäftigen (siehe den Schlußteil 7 dieses Berichtes S. 34).

1. Qualitatives Bild des Schauers.

Bevor wir uns den Rechnungen selbst zuwenden, sei ein qualitatives Bild des Kaskadenschauers entworfen: Die vollständige Vernachlässigung der Winkelablenkungen stellt in der Tat den geeigneten Ausgangspunkt dar, und der Schauer als Ganzes behält genau die Fortpflanzungsrichtung des ihn auslösenden Primärteilchens bei. Damit ist nicht gesagt, daß stets nur kleine Winkelablenkungen vorkämen; vielmehr können, wie z. B. bei Kaskaden in Blei, durchaus große Winkeldivergenzen auftreten. Für die Fortentwicklung der Kaskade von Ort zu Ort sind jedoch in erster Linie die verhältnismäßig wenigen Teilchen höherer Energie maßgeblich, die praktisch noch kaum eine Winkelablenkung besitzen und die räumlich in dem dichten „Kern" des Schauers konzentriert sind. Die in überwiegender Anzahl vorhandenen Teilchen niedrigerer Energie dagegen, die am meisten zur räumlichen und Winkelablenkung des Schauers beitragen, nehmen an der weiteren Kaskadenentwicklung nur noch in geringem Maße teil. Beim Fortschreiten des Schauers von Ort zu Ort verlieren sie rasch weiter an Energie bis zum vollständigen Verlust derselben, während gleichzeitig aus dem Kern des Schauers durch Kaskadenprozesse neue Teilchen niedriger Energie nachgeliefert werden. Dieses Spiel setzt sich so lange fort, bis die im Kern vorhandene Energiereserve aufgebraucht ist. Aus dem Gesagten folgt, daß die räumliche und Winkelbreite des Schauers längs des von ihm zurückgelegten Weges nur wenig veränderlich ist. Die Dichte, mit der die Teilchen die Flächeneinheit durchsetzen, ist im Kern sehr groß und strebt im Zentrum sogar gegen unendlich; nach außen hin nimmt sie ständig ab, und das Entsprechende gilt auch für die Winkelverteilung.

2. Frühere Rechnungen.

Als erste haben EULER und WERGELAND (E 8) die Berechnung der Winkel- und räumlichen Verteilung der Teilchen im Kaskadenschauer in Angriff genommen. Diese Arbeit läßt die Verhältnisse im Schauer bereits in großen Zügen übersehen; im einzelnen sind ihre Ergebnisse allerdings in quantitativer und zum Teil auch qualitativer Hinsicht verbesserungsbedürftig wegen verschiedener Vernachlässigungen, deren Einfluß von den Verfassern unterschätzt wurde. Es sind dies:

a) die Vernachlässigung der großen statistischen Schwankungen des Energieverlustes, den die Schauerelektronen längs ihres Weges durch Emission von Bremsquanten erleiden;

b) die Vernachlässigung des Beitrages der früheren „Generationen" zur Ablenkung der Schauerteilchen letzter Generation;

c) die Annahme von GAUSS-Funktionen für die räumliche und Winkelverteilung der Teilchen gleicher Energie im Schauer.

Eine Methode zur Berechnung der mittleren Quadrate der räumlichen und Winkelablenkungen im Schauer, die von diesen Vernachlässigungen frei ist, wurde von L. LANDAU (L 1) angegeben; allerdings sind auch die Zahlenangaben dieses Verfassers infolge von Rechenfehlern bei der numerischen Auswertung unrichtig. Die Gestalt der Verteilungsfunktionen wurde von LANDAU nicht untersucht. — Wir haben daher die Rechnungen von EULER und WERGELAND nach einem genaueren Verfahren, das sich zum Teil an LANDAU anschließt, wiederholt [MOLIÈRE (M 4)]. Es ergab sich dabei vor allem eine um einen Faktor 3,4 größere räumliche Ausdehnung des Schauers und zugleich eine stärkere Ausprägung des Schauerkerns als nach der Arbeit von Euler und Wergeland. Ähnliche Ergebnisse sind auch in einer Notiz von H. A. Bethe (B 15) mitgeteilt worden.

3. Die Ursache der Winkelstreuung.

Die praktisch allein maßgebliche Ursache für die Winkelablenkung der Schauerteilchen, die übereinstimmend von den verschiedenen Autoren allein berücksichtigt wird, ist die Rutherford-Streuung der Schauerelektronen im elektrostatischen Felde der Atome. Das mittlere Quadrat der Winkeländerungen, welche Elektronen gegebener Energie E bei Zurücklegung einer gegebenen Wegstrecke infolge vielfacher Rutherford-Streuung erfahren, ist von Williams (W 9) berechnet worden und kann im Anschluß an Euler und Wergeland in der Form geschrieben werden:

$$d(\overline{\Theta^2}) = \frac{K^2}{E^2}\,dl \qquad (K \simeq 2 \cdot 10^7\,\mathrm{eV}). \tag{1}$$

Dabei bedeutet dl ein kleines von den Elektronen zurückgelegtes Wegstückchen gemessen in Strahlungseinheiten x_0. — Neben der Rutherford-Streuung existieren noch weitere Ursachen für die Winkelstreuung, nämlich die Prozesse der Paarerzeugung und Bremsquantenemission sowie die Compton-Prozesse der Lichtquanten auf ihrem Wege. Die durch diese Prozesse pro Strahlungseinheit auftretenden Winkelablenkungen sind nach der Abschätzung von Euler und Wergeland um eine Zehnerpotenz kleiner als diejenigen nach (1). Da es auf die Summe der Winkelquadrate ankommt, machen daher diese weiteren Streuursachen nur etwa 1% von (1) aus.

4. Die mittleren Ablenkungsquadrate.

Die Winkelablenkung und räumliche Entfernung der Teilchen von der Schauerachse seien durch die zweidimensionalen Vektoren $\vec{\Theta}$ und $\mathfrak{r}$ in der Ebene senkrecht zur Achse beschrieben. (Dabei ist angenommen, daß die praktisch auftretenden Winkel klein genug sind, so daß zwischen Winkel und Sinus nicht unterschieden zu werden braucht.) — Wegen der Zylindersymmetrie des Problems kann die Winkel- und räumliche Verteilung der Teilchen im Schauer in erster Linie charakterisiert werden durch die mittleren Quadrate ihrer Ablenkungen $\vec{\Theta}$ und $\mathfrak{r}$ (zu denen wir auch das „gemischte mittlere Ablenkungsquadrat" $\overline{(\vec{\Theta}, \mathfrak{r})}$ rechnen wollen, das die Kopplung zwischen räumlicher und Winkelablenkung charakterisiert). Das Zustandekommen dieser mittleren Ablenkungsquadrate der Teilchen gleicher Energie E an einer Schauerstelle sei im folgenden kurz angedeutet.

Ähnlich wie bei einem Geschoß, das aus einiger Entfernung auf eine Scheibe abgefeuert wird, äußert sich eine kleine Winkeländerung $\delta\vec{\Theta}$, die ein Elektron in einer Entfernung l vor der ins Auge gefaßten Schauerstelle erfahren hat, an dieser Stelle zugleich durch eine räumliche Ablenkung $\delta\mathfrak{r} = l \cdot \delta\vec{\Theta}$. Die Beiträge eines in der Entfernung l vor der betrachteten Stelle liegenden Wegelementes dl zu den mittleren Ablenkungsquadraten eines Elektrons der Energie E sind daher nach (1):

$$d(\overline{\Theta^2}) = K^2 \overline{E'^{-2}}(l)\, dl\,, \tag{2a}$$

$$d\left(\overline{\vec{\Theta}, \mathfrak{r}}\right) = K^2 \overline{E'^{-2}}(l)\, l\, dl \tag{2b}$$

und

$$d(\overline{r^2}) = K^2 \overline{E'^{-2}}(l)\, l^2\, dl\,. \tag{2c}$$

Dabei ist $E'(l)$ ($> E$) diejenige Energie, die das Elektron an der um die Strecke l zurückliegenden Stelle hatte, da es ja auf seinem Wege bis zu der betrachteten Stelle durch Emission von Bremsstrahlung Energie verloren hat. Die Ausdrücke (2) sind daher mit Hilfe der Wahrscheinlichkeit für den Energieverlust durch Bremsstrahlung über alle möglichen Werte der Energie $E'(l)$ zu mitteln. (Bei EULER und WERGELAND wurde dies dadurch vereinfacht, daß der Mittelwert $\overline{E'^{-2}}(l)$ durch $E'^{-2}(l)$ ersetzt wurde, worin die erste der genannten Vernachlässigungen besteht. An der Stelle maximaler Schauerentwicklung ist $\overline{E'^{-2}}(l) = e^{-5/6\, l} E^{-2}$ und $E'^{-2}(l) = e^{-2l} E^{-2}$.) Bei der Summierung der von den einzelnen Wegelementen dl herrührenden Beiträge zu den mittleren Ablenkungsquadraten ist noch zu berücksichtigen, daß das Elektron einmal durch die Paarerzeugung eines Lichtquants entstanden ist. Die Ausdrücke (2) müssen daher noch mit der „Lebensalterwahrscheinlichkeit" $Q(l)$ ($= e^{-l}$ an der Maximumstelle des Schauers) multipliziert werden. Integriert man die so entstehenden Ausdrücke zwischen den Grenzen $l = 0$ und $l = \infty$, so erhält man die Beiträge der letzten Generation zu den mittleren Ablenkungsquadraten der Elektronen der Energie E. — Schließlich ist noch zu berücksichtigen, daß jedes Teilchen an seiner Entstehungsstelle bereits eine räumliche und Winkelablenkung besitzt, die ihm von seinem „Eltern"-Teilchen mitgegeben wurde, und die gleichsam das Erbe seiner sämtlichen „Vorfahren" darstellt. Wir gehen darauf hier nicht näher ein und stellen in der folgenden Tabelle 1 die Ergebnisse für die mittleren Ablenkungsquadrate der Schauerteilchen einer Energie E zusammen (siehe Tab. 1).

Dabei ist Θ in Bogenmaß und r in Strahlungseinheiten x_0 zu verstehen; K ist die nach (1) für die Winkelstreuung maßgebliche Konstante. — Der Unterschied der zweiten gegenüber der ersten Spalte der Tabelle 1 beruht allein auf der verbesserten Energiestatistik. Der Vergleich zwischen der zweiten und dritten Spalte zeigt, daß besonders bei $\overline{r^2}$ der

Beitrag der Vorfahren sehr wesentlich ist. — Die eingangs erwähnte Methode von Landau ergibt nach Richtigstellung der Landauschen Rechenfehler die gleichen bzw. ähnliche Zahlenwerte, wie sie in Spalte 3 und 4 der Tabelle 1 angegeben sind, je nachdem, welche Form der Bethe-Heitlerschen Gleichungen zugrunde gelegt wird [vgl. 2. Bericht, Heisenberg, S. 11 bis 13, Gleichung (1 und 7); Landau selbst benutzt diese Gleichungen in einer etwas komplizierteren Form].

Tabelle 1.

	Nach Euler und Wergeland: Elektronen	Genaue Rechnung		
		Elektronen		Lichtquanten
		Anteil der letzten Generation	Gesamt	Gesamt
$\frac{E^2}{K^2}\overline{\Theta^2}(E)$	0,333	0,545	0.6	0,2
$\frac{E^2}{K^2}\overline{(\vec{\Theta},\mathfrak{r})}(E)$	—	0,298	0,437	0,403
$\frac{E^2}{K^2}\overline{r^2}(E)$	0,074	0,162	0,835	1,314

5. Die Verteilungsfunktionen $f(E,\Theta)$ und $f(E,r)$.

Zur Berechnung der Verteilungsfunktionen für die Winkel- und räumliche Ablenkung der Kaskadenteilchen sind wir ausgegangen von den in der zitierten Arbeit von L. Landau aufgestellten Integro-Differentialgleichungen:

$$\left.\begin{aligned} \frac{\partial f}{\partial l} &= -Af + Bg + \frac{K^2}{4E^2}\Delta_\Theta f - (\vec{\Theta}, \nabla_\mathfrak{r})f, \\ \frac{\partial g}{\partial l} &= Cf - \frac{7}{9}g - (\vec{\Theta}, \nabla_\mathfrak{r})g. \end{aligned}\right\} \tag{3}$$

Dabei sind f und g Funktionen von E, $\vec{\Theta}$ und $\mathfrak{r}$; im einzelnen bedeutet in (3):

$f(E, \vec{\Theta}, \mathfrak{r})\, dE\, d\tau_\Theta\, d\tau_\mathfrak{r}$ die Anzahl der Elektronen, die mit einer Energie im Bereich dE bei E in einer Richtung im Raumwinkelbereich $d\tau_\Theta$ bei $\vec{\Theta}$ auf das Flächenelement $d\tau_\mathfrak{r}$ bei $\mathfrak{r}$ treffen;

$g(E, \vec{\Theta}, \mathfrak{r})\, dE\, d\tau_\Theta\, d\tau_\mathfrak{r}$ das Entsprechende für die Lichtquanten;

l den vom Schauer zurückgelegten Weg in Strahlungseinheiten;

A, B und C Integraloperatoren, die auf E wirken;

Δ_Θ den Laplace-Operator in der $\vec{\Theta}$-Ebene;

$\nabla_\mathfrak{r}$ den Gradienten in der $\mathfrak{r}$-Ebene und

K die Konstante in Gleichung (1).

Die Gleichungen (3) sind die Integro-Differentialgleichungen der Kaskadentheorie (ähnlich Gleichung (16), S. 15 im 2. Bericht, Heisen-

BERG; aber für das differentielle Spektrum), ergänzt um Glieder, die die Änderung von f und g infolge der Winkel- und Ortsänderung der Teilchen beschreiben. Das Zusatzglied für die Winkeländerung $\left(\frac{\partial f}{\partial t}\right)_\Theta = \frac{K^2}{4E^2}\Delta f$ hat anschaulicherweise die Gestalt einer Diffusionsgleichung; die Glieder mit dem Operator $\left(\vec{\Theta}, \nabla_\mathfrak{r}\right)$ berücksichtigen die Ortsänderung der Teilchen infolge der bereits vorhandenen Winkelablenkungen. — Für den Vergleich mit der Erfahrung genügt es, die Verteilungsfunktionen $f\left(E, \vec{\Theta}\right)$ (unabhängig von $\mathfrak{r}$) und $f(E, \mathfrak{r})$ $\left(\text{unabhängig von } \vec{\Theta}\right)$ für die Stelle maximaler Schauerentwicklung zu berechnen. Zu diesem Ziel haben wir folgenden Weg eingeschlagen:

Zunächst wird durch Einführung der neuen Variablen

$$\vec{\Theta}' = \frac{2E}{K}\vec{\Theta} \quad \text{und} \quad \mathfrak{r}' = \frac{2E}{K}\mathfrak{r}$$

an Stelle von $\vec{\Theta}$ und $\mathfrak{r}$ erreicht, daß E in den Integro-Differentialgleichungen nicht mehr explizit vorkommt. Zugleich wird durch diese Substitutionen die Bedingung erfüllt, daß im Grenzfall $K \to 0$ (d. h. bei verschwindender Winkelstreuung) die Verteilungsfunktionen f und g bezüglich der Variablen $\vec{\Theta}$ und $\mathfrak{r}$ δ-funktionsförmig werden (d. h. die Winkel- und räumlichen Ablenkungen sämtlicher Schauerteilchen verschwinden), wie es sein muß, da sich ja der Schauer aus einem einzigen in Materie eindringenden Teilchen entwickelt hat. Sodann wird die Funktion $f\left(E, \vec{\Theta}', \mathfrak{r}'\right)$ durch eine 4fache FOURIER-Transformation bezüglich der Variablen $\vec{\Theta}'$ und $\mathfrak{r}'$ auf eine Funktion $\varphi\left(E, \vec{\zeta}, \vec{\varrho}\right)$ [und entsprechend $g\left(E, \vec{\Theta}', \mathfrak{r}'\right)$ auf $\psi\left(E, \vec{\zeta}, \vec{\varrho}\right)$] zurückgeführt, wobei $\vec{\zeta}$ die zu $\vec{\Theta}'$ und $\vec{\varrho}$ die zu $\mathfrak{r}'$ gehörige neue Vektorvariable ist. Aus der Form $E^{-2}dE$ für das Energiespektrum an der Maximumstelle folgt, daß φ und ψ von E nur vermöge des Faktors $E^{-2}\cdot\left(\frac{2E}{K}\right)^4$ abhängen, den wir im folgenden abspalten. Für das Folgende genügt es ferner, φ und ψ in denjenigen Argumentbereichen zu kennen, in denen $\vec{\zeta}$ und $\vec{\varrho}$ gleiche Richtung haben. Wegen der Zylindersymmetrie des Problems kommt man daher mit zwei skalaren unabhängigen Variablen ζ und ϱ aus. Maßgeblich für die Winkelverteilung ist $\varphi(\zeta, 0)$ und für die räumliche Verteilung $\varphi(0, \varrho)$.

Am einfachsten liegen die Verhältnisse für die Winkelverteilung. Für diese folgt, indem man in den Integro-Differentialgleichungen $\varrho = 0$ setzt und $\psi(\zeta)$ eliminiert, für $\varphi(\zeta)$ die reine Integralgleichung

$$\int_0^{\zeta} \frac{\zeta\varphi(\zeta) - \zeta'\varphi(\zeta')}{\zeta - \zeta'}\,d\zeta' - \frac{2}{\zeta}\int_0^{\zeta} d\zeta' \int_0^{\zeta'} d\zeta''\varphi(\zeta'') + \zeta^3\varphi(\zeta) = 0, \qquad (4)$$

die wir folgendermaßen zur schrittweisen Bestimmung von $\varphi(\zeta)$ benutzen: Zunächst liest man aus ihr ab, daß $\varphi(\zeta)$ stets positiv und monoton fallend ist, und zwar bei großen ζ wie ζ^{-3}. Sodann leitet man aus (4) die Koeffizienten der Potenzreihenentwicklung von $\varphi(\zeta)$ ab, womit die Funktion in einem Anfangsbereich bekannt ist. Schließlich wird die Integralgleichung folgendermaßen zur Ausbildung eines numerischen *Konstruktionsverfahrens* zur Berechnung der Funktion $\varphi(\zeta)$ benutzt: Man teile die Koordinate ζ in Intervalle einer passenden Größe ε ein; es sei φ_n der Funktionswert beim Argument $\zeta = n\varepsilon$ $(n = 0, 1, 2, \ldots)$. Man drücke nun die Integrale in (4) näherungsweise durch Summen über den Index n aus. Die dadurch aus der Integralgleichung entstehende Summengleichung kann als Rekursionsformel für die Funktionswerte φ_n aufgefaßt werden, aus der, sobald eine Reihe $\varphi_0, \varphi_1, \varphi_2, \ldots \varphi_n$ derselben bekannt ist, der nächstfolgende φ_{n+1} bestimmt werden kann. Das Verfahren läßt sich sehr genau ausbilden und gestattet, trotz der komplizierten Form der Integralgleichung, die Funktion bequem bis zu beliebig großen Argumenten zu berechnen. Das Ergebnis dieser Rechnung läßt sich mit einer Genauigkeit von etwa 1% darstellen durch die Interpolationsformel:

$$\varphi(\zeta) = \frac{a}{(1+\alpha^2\zeta^2)^{3/2}} - \frac{a-1}{(1+\beta^2\zeta^2)^{5/2}} \tag{5}$$

mit $a = 3{,}473$, $\alpha = 1{,}05$ und $\beta = 0{,}912$. Daraus folgt durch Fourier-Transformation (die hier auf eine Transformation mit der Bessel-Funktion J_0 hinausläuft) für die Energie- und Winkelverteilung der Elektronen:

$$\boxed{f(E,\Theta) = \frac{2}{\pi K^2}\left[\frac{a}{\alpha^2}e^{-\frac{2E\Theta}{\alpha K}} - \frac{a-1}{3\beta^2}\left(1+\frac{2E\Theta}{\beta K}\right)e^{-\frac{2E\Theta}{\beta K}}\right]} \tag{6}$$

mit denselben Konstanten wie (5).

Komplizierter liegen die Verhältnisse im Fall der räumlichen Verteilung. Auch für diesen Fall läßt sich ein Konstruktionsverfahren entwickeln; es kann jedoch nicht von vornherein $\zeta = 0$ gesetzt werden, da die Funktionswerte bei $\zeta = 0$ mit vom Verlauf der Funktion $\varphi(\zeta; \varrho)$ bei $\zeta \neq 0$ abhängen. Es mußte daher zunächst mit Hilfe verschiedener Reihenentwicklungen der Funktionsverlauf in einem geeigneten Anfangsbereich der ζ, ϱ-Ebene ermittelt werden. Von diesem ausgehend konnte dann mit Hilfe des Konstruktionsverfahrens der weitere Verlauf der Funktion in der ζ, ϱ-Ebene bestimmt werden. Das Ergebnis dieser Rechnung bei $\zeta = 0$ wird mit einer Genauigkeit von etwa 3% durch die Interpolationsformel

$$\varphi(\varrho) = \frac{a}{(1+\alpha^2\varrho^2)^{5/6}} - \frac{a-1}{(1+\beta^2\varrho^2)^{11/6}} \tag{7}$$

mit $a = 2{,}8$, $\alpha^2 = 1{,}36$ und $\beta^2 = 0{,}71$ dargestellt. Durch FOURIER-Transformation folgt daraus für die Verteilungsfunktion der Elektronen über Energie und räumlichen Abstand von der Schauerachse:

$$\boxed{f(E,r) = \frac{2}{\pi K^2}\left[\frac{a}{\alpha^2} Q_{-1/6}\left(\frac{2Er}{\alpha K}\right) - \frac{a-1}{\beta^2} Q_{5/6}\left(\frac{2Er}{\beta K}\right)\right]} \tag{8}$$

mit der Abkürzung

$$Q_p(x) = \frac{\frac{\pi}{2}\cdot\left(\frac{x}{2}\right)^p}{\Gamma(p+1)}\, i^{p+1} H_p(ix),$$

wobei die H_p HANKELsche Funktionen (erster Art) bedeuten. Die Funktionen $f(E,\Theta)$ nach (6) und $f(E,r)$ nach (8) sind von GAUSS-Funktionen sehr verschieden, besonders die letztere, die sich bei $r = 0$ wie $r^{-1/3}$ verhält. — Es sei übrigens betont, daß sich alle bisherigen Rechnungen und insbesondere die Ergebnisse (6) und (8) auf Energiewerte $E > E_j$ beziehen, wobei E_j die Grenzenergie ist, unterhalb deren die kaskadenbildenden Prozesse aussetzen und durch die Ionisation abgelöst werden.

6. Die Verteilungsfunktionen $N(\Theta)$ und $N(r)$.

Im Anschluß an EULER und WERGELAND bezeichnen wir mit $N(\Theta)\,\Theta\, d\Theta$ bzw. $N(r)\, r\, dr$ die relative Anzahl der Elektronen mit einer Winkelablenkung zwischen Θ und $\Theta + d\Theta$ bzw. einem räumlichen Abstand von der Schauerachse zwischen r und $r + dr$. Die Dichten $N(\Theta)$ und $N(r)$ werden von EULER und WERGELAND angenähert dargestellt durch die Interpolationsformeln

$$N(\Theta) = \frac{\text{const}}{\Theta}\, 2^{-\frac{\Theta}{\Theta_h}}, \tag{9a}$$

und

$$N(r) = \frac{\text{const}}{r}\, 2^{-\frac{r}{r_h}}, \tag{9b}$$

die wir nun mit unseren genaueren Ergebnissen zu vergleichen haben. Der Halbwertswinkel Θ_h bzw. -abstand r_h in (9) bedeutet jeweils den Radius des Kreises, der die Hälfte der Schauerelektronen umschließt. — Für die folgenden Diskussionen benutzen wir zweckmäßig die von EULER und WERGELAND eingeführten Winkel- und Abstandseinheiten

$$\Theta_1 = \frac{K}{E_j} \quad \text{und} \quad r_1 = \Theta_1 x_0 = \frac{K x_0}{E_j},$$

wobei x_0 die Strahlungseinheit bedeutet. Der Anschaulichkeit halber seien in der folgenden Tabelle 2 die Zahlenwerte von E_j und x_0 sowie die daraus folgenden Werte von Θ_1 und r_1 (in Winkelgraden bzw. cm) für verschiedene Substanzen zusammengestellt:

Tabelle 2.

	Luft	H_2O	Al	Fe	(Pb)	Einheiten
$E_j =$	11,3	11,3	6,3	3,1	(1,0)	10^7 eV
$x_0 =$	33000	43	9,6	1,8	(0,51)	cm
$\Theta_1 =$	10,3°	10,3°	18,6°	37,7°	(116°)	Winkelgrad
$r_1 =$	5950	7,8	3,1	1,2	(1,0)	cm

Wie die in Klammern gesetzten Zahlen der letzten Kolonne zeigen, ist im Fall von Blei die Voraussetzung kleiner Winkel nicht mehr erfüllt.

Die Anteile der Elektronen mit Energien $E > E_j$ an den Dichten $N(\Theta)$ und $N(r)$ ergeben sich aus (6) bzw. (8) durch Integration über E zwischen den Grenzen E_j und ∞. Die von den Elektronen mit Energien $E < E_j$ herrührenden Anteile erfordern eine Sonderbehandlung, für die wir die Arleysche Näherung [Arley (A 5)] zugrunde gelegt haben; die Einzelheiten dieser etwas komplizierten Rechnung seien hier übergegangen. Schließlich wurden noch die Beiträge der Einfachstreuung zu $N(\Theta)$ und $N(r)$ berücksichtigt, die darauf beruhen, daß gelegentlich bei einem einzigen Streuakt ein großer Ablenkungswinkel auftreten kann [vgl. Williams (W 9)].

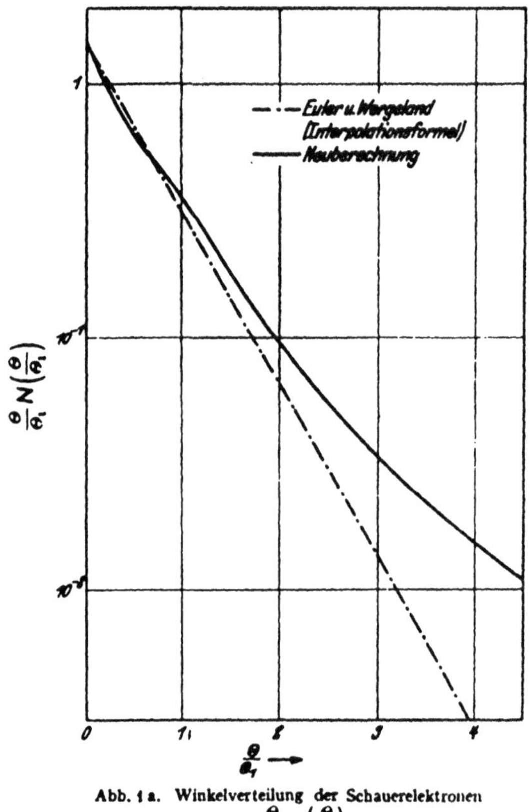

Abb. 1a. Winkelverteilung der Schauerelektronen $\frac{\Theta}{\Theta_1} N\left(\frac{\Theta}{\Theta_1}\right)$.

Die Ergebnisse dieser Rechnungen sind in den Abb. 1a und 1b dargestellt, in denen die Funktionen $\frac{\Theta}{\Theta_1} N\left(\frac{\Theta}{\Theta_1}\right)$ und $\frac{r}{r_1} N\left(\frac{r}{r_1}\right)$ (ausgezogene Kurven) in logarithmischem Maßstab aufgetragen sind. (Der Verlauf dieser Kurven sollte eigentlich etwas glatter sein, als in den Abbildungen wiedergegeben; die leichte Welligkeit rührt von den Annäherungen her, die bei der Berechnung der zu Energien $E < E_j$

gehörigen Anteile benutzt wurden.) Die absolute Höhe der Kurven und der Zahlenfaktoren in den folgenden asymptotischen Formeln ist so gewählt, daß die Normierungsgleichungen

$$\int_0^\infty N\left(\frac{\Theta}{\Theta_1}\right)\frac{\Theta}{\Theta_1}\, d\left(\frac{\Theta}{\Theta_1}\right) = 1 \quad \text{und} \quad \int_0^\infty N\left(\frac{r}{r_1}\right)\frac{r}{r_1}\, d\left(\frac{r}{r_1}\right) = 1$$

gelten.

a) Die Raumwinkeldichte $N\left(\frac{\Theta}{\Theta_1}\right)$: Die Kurve für $\frac{\Theta}{\Theta_1} N\left(\frac{\Theta}{\Theta_1}\right)$ in Abb. 1a wird im Bereich $0 \leq \frac{\Theta}{\Theta_1} \lesssim 3$ mit einer Genauigkeit von etwa 15% durch eine (nicht eingezeichnete) Gerade angenähert, die die Euler-Wergelandsche Interpolationsformel (9a) mit dem Halbwertswinkel

$$\Theta_h = 0{,}55\,\Theta_1$$

darstellt. [Die zum Vergleich eingetragene strichpunktierte Gerade entspricht der Formel (9a) mit dem bei Euler und Wergeland angegebenen Halbwertswinkel von $0{,}47\,\Theta_1$.] Das asymptotische Verhalten der Raumwinkeldichte bei großem Argument $\frac{\Theta}{\Theta_1}$ wird wiedergegeben durch

$$\frac{\Theta}{\Theta_1} N\left(\frac{\Theta}{\Theta_1}\right) \approx \left(\frac{\Theta}{\Theta_1}\right)^{-3}. \quad (10)$$

b) Die räumliche Dichte $N\left(\frac{r}{r_1}\right)$: Die die Funktion $\frac{r}{r_1} N\left(\frac{r}{r_1}\right)$ darstellende Kurve in Abb. 1b wird bei kleinem Argument ungefähr durch die Euler-Wergelandsche Interpolationsgerade entsprechend der Formel (9b) (strichpunktierte Gerade; Halbwertsabstand $r_h = 0{,}24\,r_1$) wiedergegeben. Bei größerem Argument zeigt sie jedoch einen wesentlich langsameren Abfall, der etwa dem Halbwertsabstand

$$r_h = 0{,}81\,r_1$$

entspricht.

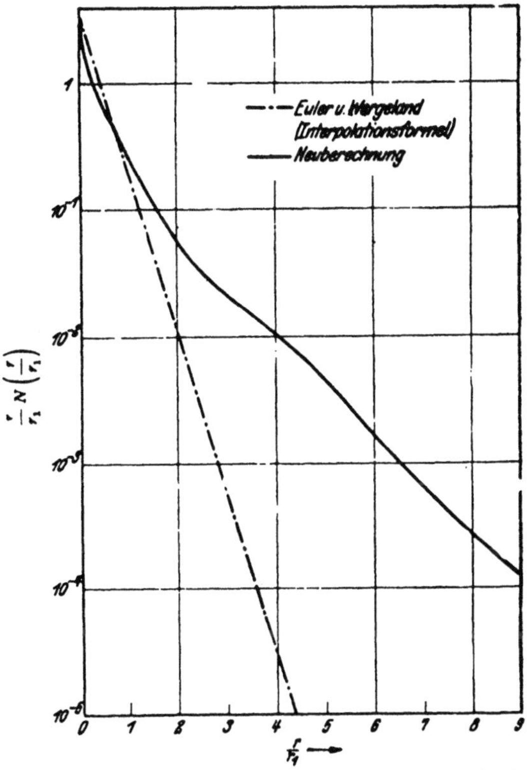

Abb. 1 b. Räumliche Verteilung der Schauerelektronen $\frac{r}{r_1} N\left(\frac{r}{r_1}\right)$

Ihr asymptotisches Verhalten bei kleinen r wird beschrieben durch[1]

$$\frac{r}{r_1} N\left(\frac{r}{r_1}\right) \approx 3{,}25 \left[1 - 4{,}9\left(\frac{r}{r_1}\right)^{-2/3}\right] \tag{11}$$

Bei großem Argument (>7) überwiegt der Beitrag der Einfachstreuung zur räumlichen Ablenkung. Dieser Beitrag, der somit zugleich das asymptotische Verhalten der gesamten Funktion bei großem Argument bestimmt, hat die Form

$$\frac{r}{r_1} N\left(\frac{r}{r_1}\right) \approx 0{,}1\left(\frac{r}{r_1}\right)^{-3} \tag{12}$$

Wie man sieht, ergibt die Neuberechnung neben einer stärkeren Ausprägung des Schauerkerns eine größere seitliche Ausdehnung des Schauers. — Es ist übrigens zu erwarten, daß eine bessere Berücksichtigung des auf Ionisation beruhenden Energieverlustes der Elektronen, als sie nach der bisher vorliegenden Theorie möglich ist, die Schauerbreite nochmals etwas erhöhen wird, aus folgendem Grunde: Die am stärksten seitlich abgelenkten Schauerteilchen sind diejenigen mit verhältnismäßig niedriger Energie, und das Verhältnis der Anzahl von Teilchen niedriger Energie zu derjenigen hoher Energie wird — wie von verschiedener Seite [Belenky (B 7) und Schönberg (S 10)] hervorgehoben wurde — durch die üblichen Approximationen, mit denen die Bremsung der Elektronen durch Ionisation berücksichtigt wird, unterschätzt. Denn einmal führt die übliche Vernachlässigung des durch Ionisation verursachten Energieverlustes bei Elektronenenergien $E > E_j$ zu einer zu großen Teilchenzahl in diesem Bereich hoher Energie; zum anderen [Belenky (B 7)] ergibt die Arleysche Näherung infolge der Vernachlässigung derjenigen Elektronen, die mit einer Anfangsenergie $E < E_j$ von den Lichtquanten erzeugt werden, eine zu geringe Anzahl von Elektronen im Bereich niedriger Energie.

7. Vergleich mit dem Experiment[2].

In die Atmosphäre eindringende sehr energiereiche Teilchen lösen dort ausgedehnte Kaskadenschauer, sogenannte „Luftschauer", aus, die u. a. durch Koinzidenzmessungen an zwei oder mehr räumlich getrennten

[1] In Übereinstimmung mit dem Ergebnis von Euler und Wergeland folgt aus (11), daß die Dichte $N(r)$ eine Singularität wie r^{-1} besitzt. Demgegenüber gibt H. A. Bethe an, die Dichte verhalte sich bei kleinen r wie $r^{-4/3}$ Diese Form der Singularität ergibt sich, wie man zeigen kann, wenn man die Euler-Wergelandsche Rechnung nur in dem einen Punkte verbessert, daß man statt der Annahme von Gauss-Funktionen für die Elektronen gleicher Energie jeweils nur die Elektronen gleicher Energie *und* gleicher zurückgelegter Wegstrecke nach Gauss-Funktionen verteilt annimmt. In Übereinstimmung mit uns weist Bethe allerdings auch darauf hin, daß der Einfluß der früheren Generationen mit berücksichtigt werden müsse.

[2] Die folgenden Diskussionen schließen sich eng an Euler und Wergeland an.

Zählrohren nachweisbar sind. Derartige Koinzidenzen wurden seit dem Jahre 1938 zuerst von SCHMEISER und BOTHE (S 9) mit Zählrohrabständen bis zu einigen Dezimetern und dann von AUGER (A 10), KOLHÖRSTER (K 4) und anderen mit Zählrohrabständen bis zu mehreren 100 m beobachtet. Daß diese Koinzidenzen durch Luftschauer ausgelöst werden, konnte durch WILSON-Aufnahmen von JANOSSY und LOVELL (J 4) sowie AUGER, MAZE, EHRENFEST und FREON (A 11) bestätigt werden. Obgleich diese WILSON-Aufnahmen nur Elektronenspuren und keine durchdringenden Teilchen zeigten, wurde von verschiedenen Seiten die Vermutung ausgesprochen, daß die Luftschauer neben den kaskadenbildenden Elektronen und Lichtquanten auch Mesonen enthalten könnten. Einen Anhaltspunkt für diese Annahme glaubte AUGER in seinen Absorptionsmessungen der Luftschauer zu besitzen, bei denen er ähnlich wie KOLHÖRSTER noch etwa 25% der Koinzidenzen unter einem Panzer von 15 cm Pb fand. Demgegenüber vertrat JANOSSY die Ansicht, daß die große Durchdringungsfähigkeit der Koinzidenzen auch unter der Annahme reiner Kaskadenschauer durch die hohe Energie der Teilchen erklärt werden kann. Diese Ansicht wurde von EULER und WERGELAND durch das weitere Argument gestützt, daß die bei den Absorptionsmessungen beobachteten Koinzidenzen in erster Linie von den dichten Schauerkernen ausgelöst werden, und daß die Ansprechwahrscheinlichkeit von Zählrohren gegenüber Bündeln von vielen gleichzeitig auftreffenden Strahlen durch die Abschirmung mit absorbierenden Schichten in sehr viel geringerem Grade herabgedrückt wird als die Strahlendichte. Ergänzend wäre hinzuzufügen, daß die Strahlendichte eines Schauers, der nach Durchdringung der Atmosphäre gerade etwa sein Maximum erreicht hat, durch weitere 15 cm Pb (die etwas mehr als der Schichtdicke der Atmosphäre äquivalent sind) keineswegs auf praktisch Null, sondern nur etwa auf 0,5% herabgedrückt wird, wie eine Überschlagsrechnung auf Grund der im vorhergehenden Bericht von W. HEISENBERG [Gl. (69) und (74)] angegebenen Näherungsformeln zeigt.

Obgleich sich somit die AUGERsche Begründung für die Annahme einer Beimengung von Mesonen in den Luftschauern als nicht stichhaltig erwiesen hat, sahen sich EULER und WERGELAND dennoch zu einer solchen Annahme gezwungen, um die von ihnen auf Grund der Kaskadentheorie berechnete Koinzidenzhäufigkeit von Zählrohrpaaren als Funktion des Zählrohrabstandes mit dem Experiment in Einklang zu bringen. Um diese Frage zu klären, wurde eine Neuberechnung durchgeführt, deren Ergebnis in Abb. 2 mit dem entsprechenden Ergebnis von EULER und WERGELAND einerseits und den Meßergebnissen von AUGER (A 9) andererseits verglichen ist. Wie man sieht, ergibt sich gute Übereinstimmung der neuberechneten Kurve mit dem Experiment für Zählrohrabstände zwischen etwa 20 und 150 Meter. Die

Abweichungen außerhalb dieses Bereichs beruhen wohl darauf, daß dort die der Rechnung zugrunde gelegten Voraussetzungen ungültig werden. Insbesondere werden die Koinzidenzen bei kleinen Zählrohrabständen überwiegend von Schauern erzeugt, die bereits ihr Maximum über-

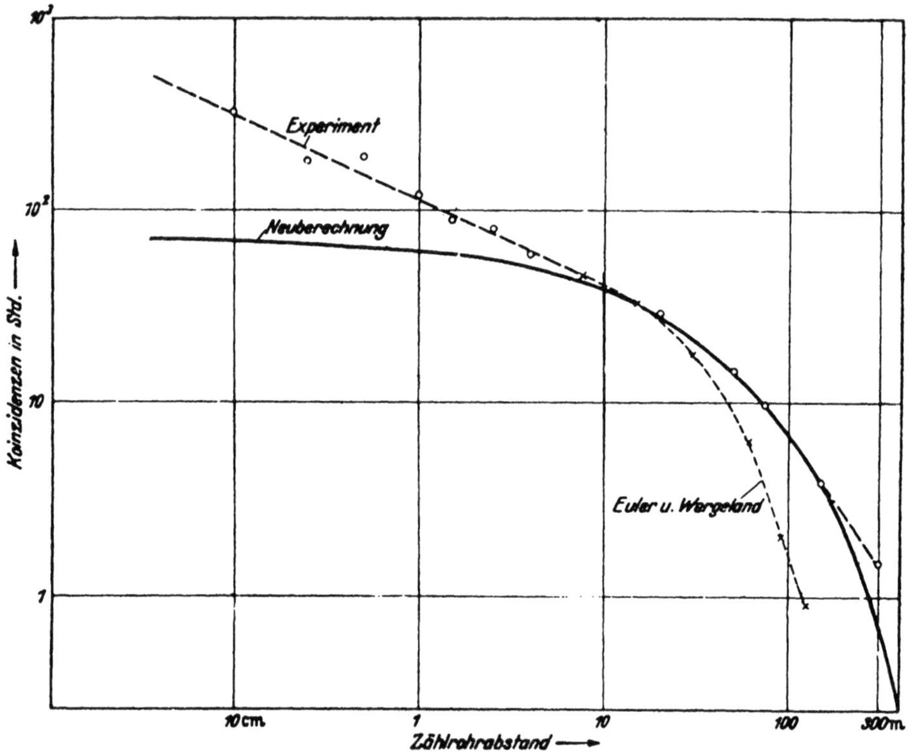

Abb. 2.

schritten haben und für die daher die für das Maximum berechnete räumliche Elektronenverteilung nicht mehr gültig ist. Die räumliche Verteilung der Teilchen im Schauer kann also *ohne* die Annahme einer den Schauer begleitenden harten Strahlung gedeutet werden. — Dies folgt auch bereits aus Experimenten von Hilberry und von Auger[1], durch die gezeigt werden konnte, daß die Strahlung in den Außenbereichen der großen Luftschauer viel weicher ist als im Schauerkern. Für die Rechnung wurde — genau wie bei Euler und Wergeland — ein Primärspektrum der Form

$$H(E_0) = 0{,}04\left(\frac{10^{10}\,\text{eV}}{E_0}\right)^{1{,}8} \tag{13}$$

zugrunde gelegt. Der Zahlenfaktor 0,04 wurde dabei nachträglich durch Vergleich mit dem Experiment bestimmt. $H(E_0)$ in (13) bedeutet die

[1] Erwähnt in der zitierten Notiz von H. A. Bethe (B 15).

Anzahl der pro Sekunde und cm^2 eintreffenden und richtungsmäßig gleichmäßig über die Einheitshalbkugel verteilten Weltraumelektronen mit einer Energie $> E_0$. (Wir stellen uns hier noch formal auf den Standpunkt, daß die Luftschauer primär von *Elektronen* erzeugt werden.) Ausgehend von (13) und mit Benutzung der im vorhergehenden Bericht von HEISENBERG angegebenen Näherungsformeln für die Größe der Schauer als Funktion von Primärenergie und Wegstrecke wurde die Häufigkeitsverteilung der Schauergrößen bestimmt. Die ungefähre Richtigkeit des Exponenten 1,8 in Gl. (13) bis hinauf zu Energiewerten $E_0 \approx 10^{15}$ eV wird durch die gute Übereinstimmung zwischen Rechnung und Experiment in dem maßgeblichen Bereich und durch die genäherte Übereinstimmung des Zahlenfaktors 0,04 mit der Bestimmung aus der Gesamtionisation bestätigt. — Es seien noch die Experimente von GEIGER und STUBBE (G 3) mit 5- und 6fach-Koinzidenzen erwähnt, bei denen eine unerwartet hohe Koinzidenzhäufigkeit bei kleinen Zählrohrabständen gefunden wurde, was zu der starken Ausprägung des Schauerkerns nach unserer Neuberechnung zu passen scheint.

Außer den Koinzidenzmessungen mit Zählrohren und den Experimenten mit der WILSON-Kammer existiert noch in der Ionisationskammer ein wichtiges Hilfsmittel zum Nachweis der Luftschauer, und zwar sind es die sogenannten HOFFMANNschen Stöße, d. h. das plötzliche Auftreten sehr großer Ionisationsbeträge in der Kammer, die fast ausschließlich durch Luftschauer ausgelöst werden. Die Messung der Häufigkeitsverteilung der Stoßgrößen stellt ein besonders direktes Mittel zur Bestimmung des Energiespektrums der die Schauer auslösenden Primärteilchen dar. Denn wie bereits erwähnt, ist die Größe der Luftschauer ungefähr proportional zur Energie der sie erzeugenden Primärteilchen, so daß sich das Energiespektrum derselben in der Häufigkeitsverteilung der Schauergrößen widerspiegelt. Andererseits wird durch die Luftschauer einer bestimmten Größe *im Mittel* auch eine bestimmte Größe von HOFFMANNschen Stößen erzeugt. Aus der Häufigkeitsverteilung der Stoßgrößen kann daher das Energiespektrum der Primärteilchen direkt abgelesen werden. Dieses Spektrum konnte hiernach bis hinauf zu Energiewerten von $3 \cdot 10^{10}$ eV bestimmt werden und ergab sich von der Form $E_0^{-\gamma}$ mit $\gamma = 1{,}85 \pm 0{,}2$ (nach EULER und WERGELAND).

H. EULER (E 5) hat diese Zusammenhänge auf Grund der Kaskadentheorie der Luftschauer genauer untersucht und seine Ergebnisse mit Stoßverteilungskurven nach Messungen von CARMICHAEL verglichen. Aus gewissen Einzelheiten im Verlauf dieser Kurven konnte er schließen, daß die *kleinen* HOFFMANNschen Stöße überwiegend nicht durch Luftschauer, sondern durch Kernzertrümmerungen verursacht werden, die durch harte Strahlung in den Wänden der Kammer ausgelöst werden. (Vgl. hierzu 13. Bericht, BAGGE.)

Mesonen.

4. Die Entstehung der Mesonen.

Von K. Wirtz-Berlin-Dahlem.

Mit 5 Abbildungen.

1. Experimentelle Argumente für die Existenz der Mesonen.

Bei der Diskussion der durchdringenden Komponente der Höhenstrahlung geht man heute von der Annahme aus, daß sie zum größten Teil aus *Mesonen* besteht. Die experimentellen Argumente, die zu dieser Annahme geführt haben, sind folgende [Euler und Heisenberg (E 7)]:

a) Es sind verschiedentlich Statistiken von Impulsmessungen an Wilson-Bahnen [Kunze (K 7), Blackett (B 22), Herzog und Scherrer (H 10) und Anderson (A 3)] ausgeführt worden, die sich zum Teil bis zu Impulsen von $2 \cdot 10^{10}$ eV hinauf erstrecken. Man findet ein Spektrum ionisierender Teilchen, das kontinuierlich zu den hohen Impulsen hin abfällt. Die Spuren der meisten Höhenstrahlen zeigen eine Ionisation, die sich nur wenig von der eines Elektrons unterscheidet. Auch wenn es sich um Teilchen mit Impulsen $pc \leqq 0{,}5 \cdot 10^9$ eV handelt, haben sie so schwache Spuren, daß ihre Masse sicher kleiner als die Protonenmasse ist. Ein kleiner Bruchteil, etwa $1^0/_{00}$ [Anderson (A 3), Neddermayer und Anderson (N 2)], zeigt starke Spuren; sie rühren von Protonen her. Dabei wird angenommen, daß die Ladung aller Teilchen gleich der elektrischen Elementarladung ist.

b) Bei niedrigen Impulsen, $< 0{,}2 \cdot 10^9$ eV, ist der beobachtete Impulsverlust in Blei so stark wie für strahlungsfähige Elektronen. Er nimmt jedoch mit wachsendem Impuls ab und beträgt bei $0{,}5 \cdot 10^9$ eV nur noch den 10. Teil des anfänglichen Wertes. Hieraus folgt, daß die meisten Teilchen oberhalb $0{,}2 \cdot 10^9$ eV schwerer sind als Elektronen.

Aus der Tatsache also, daß die Teilchen zwischen $0{,}2 \cdot 10^9 \leqq pc \leqq 0{,}5 \cdot 10^9$ eV schwächer ionisieren als Protonen, schwächer strahlen als Elektronen, folgt nach Neddermayer und Anderson (N 2), daß es Teilchen einer Zwischenmasse gibt, die die Elementarladung tragen. Diese Meinung ist heute allgemein angenommen worden im Gegensatz zu der früher auch vertretenen, daß die Strahlungstheorie bei Energien $> 10^8$ eV ihre Gültigkeit verliert.

Aus den Messungen der Bahnkrümmung und der Stärke der Ionisation längs der Bahn kann auf die Masse dieser intermediären Teilchen geschlossen werden. Sie wird heute zu 160 bis 240 Elektronenmassen angenommen (vgl. 8. Bericht, HEISENBERG). Es gibt einstweilen kein sicheres Kriterium dafür, daß bei sehr energiereichen Bahnen $> 0{,}5 \cdot 10^9$ eV nicht auch Protonen in größerer Anzahl vorkommen; ferner ist unsicher, ob es nicht Teilchen verschiedener intermediärer Massen gibt.

2. YUKAWAsche Theorie des Mesons und Abnahme der Mesonenintensität in großen Höhen.

Bekanntlich bringt man diese durchdringenden mittelschweren Teilchen mit den von YUKAWA (Y 2 bis Y 5) (vgl. 10. Bericht, v. WEIZSÄCKER) zur Deutung der Kernkräfte vorgeschlagenen Teilchen in Zusammenhang und pflegt sie an Hand dieser Theorie zu diskutieren. Eine wichtige Folgerung aus dieser Theorie ist, daß die Mesonen eine endliche Lebensdauer — deren experimenteller Wert etwa 1,2 bis $2{,}5 \cdot 10^{-6}$ sec ist (vgl. 8. Bericht, HEISENBERG) — haben und dann spontan in Elektron und Neutrino zerfallen. Dieser spontane Zerfall ist neuerdings von WILLIAMS und EVANS (W 11), WILLIAMS und ROBERTS (W 12) auch in der WILSON-Kammer beobachtet worden. Aus der endlichen Lebensdauer folgt, daß die Mesonen nicht aus dem Weltraum kommen können, sondern innerhalb der Atmosphäre durch Primäre erzeugt worden sein müssen. Diese Folgerung sollte direkt experimentell geprüft werden können. Wenn sie richtig ist, müßte nämlich die Mesonenhäufigkeit, von der man weiß, daß sie ebenso wie die der übrigen Schauerteilchen mit der Höhe zunächst zunimmt, am Rande der Atmosphäre wieder kleiner werden.

Dieser Frage wird in einigen neueren Arbeiten nachgegangen. Abb. 1 ist einer Arbeit von EHMERT (E 2) entnommen. Sie zeigt die harte (H) und die harte plus weiche Komponente der Höhenstrahlen [PFOTZER (P 2, P 3)] in Abhängigkeit von der durchlaufenen Materie, erstere gemessen in einer dreifachen Koinzidenzschaltung, die in der Abbildung skizziert ist. Das Gerät wurde in einem Ballon hochgeschickt und war selbstregistrierend. Die höchste Höhe entsprach 16 mm Hg. Man sieht, daß die Intensität der Mesonen zwischen 100 und 16 mm Hg nahezu konstant und etwa 12mal intensiver als an der Meeresoberfläche ist. Die Länge der Striche gibt das in 4 Minuten durchflogene Luftdruckgebiet an, während auf der Ordinate die in 4 Minuten registrierte Anzahl Koinzidenzen aufgetragen sind. EHMERT legt wegen der statistischen Schwankungen kein Gewicht darauf, daß sich am oberen Ende der Kurve ein Abfall der Intensität zu zeigen scheint. Man könnte versucht sein, aus der Abbildung ein Maximum der Mesonenintensität bei ungefähr 50 mm Hg abzulesen. EULER und HEISENBERG (E 7) vermuteten es theoretisch bei etwa 80 mm Hg, allerdings unter der neuerdings zweifelhaft gewordenen Annahme (vgl. Abschn. 3), daß die Mesonen in der Hauptsache aus den Lichtquanten der weichen Strahlung entstehen, die nach der Yukawaschen Theorie beim Zusammenstoß mit

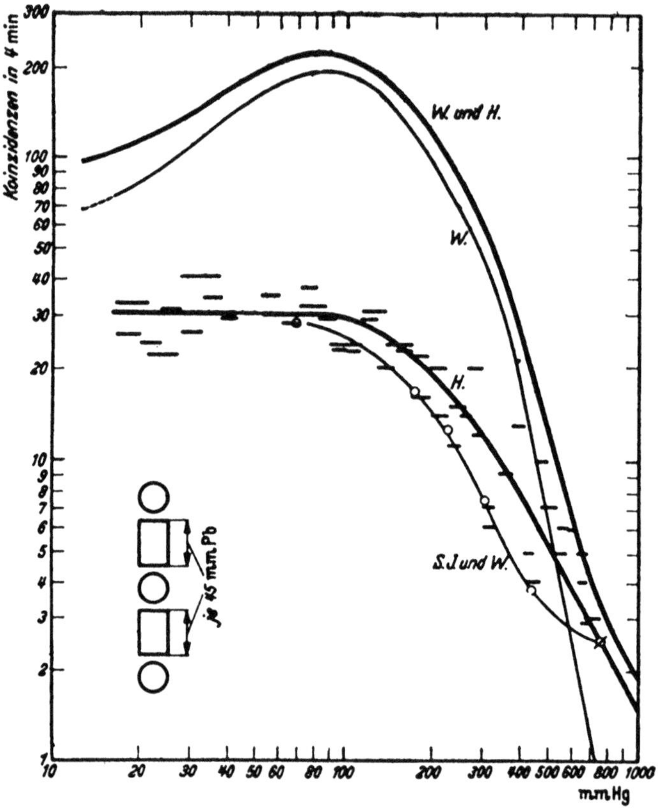

Abb. 1. Die Zahl „H" der 9 cm Blei durchdringenden Teilchen in Abhängigkeit vom Luftdruck nach Ehmert (E2) mit der links unten skizzierten Zählrohranordnung. Die Kreise und „S. J. u. W." geben die Messungen von Schein, Jesse, Wollan (S 5) mit 8 cm Blei wieder. „W + H" zeigt den Verlauf der gesamten vertikalen Strahlung nach Pfotzer (P 2, 3). „W" ist die Differenz der Kurven „W + H", und „H" stimmt gleichzeitig mit dem Verlauf der Schauerhäufigkeit nach Regener und Ehmert (R 2) überein.

einem schweren Teilchen (Neutron, Proton) ein oder mehrere Mesonen erzeugen können [Wentzel (W 4) und Heitler (H 6)].

Entsprechende Versuche wurden von Schein, Jesse und Wollan (S 5) angestellt. Sie verwendeten bei Ballonaufstiegen bis zu 20 mm Hg Zählrohranordnungen, wie sie in Abb. 2 skizziert sind. Die Kurve A (Abb. 2) zeigt die Ergebnisse von Messungen mit verschiedenen Bleiabsorbern (schraffiert), die zwischen 4 und 18 cm Dicke variierten. In allen Fällen steigt hier, im Gegensatz zu einer früheren Messung der gleichen Autoren, die Mesonenintensität bis zu den größten erreichten

Höhen an, und keine Andeutung einer Abflachung oder eines Maximums macht sich bemerkbar. Die Autoren stellen ferner fest, daß es Elektronen einer Intensität, die die Bleiabsorber hätten durchdringen und durch Schauerbildung harte Strahlen vortäuschen können, in merklicher Anzahl nicht gibt. Überhaupt geht aus der nahen Übereinstimmung der mit verschiedenen Bleiabsorbern erhaltenen Punkte hervor, daß Elektronen diese Messungen nicht beeinflußt haben. Hierauf kommen wir im nächsten Abschnitt zurück.

Es ist jedenfalls festzustellen, daß die Experimente bisher nicht die Erwartung bestätigen, daß die Mesonenintensität am Rande der At-

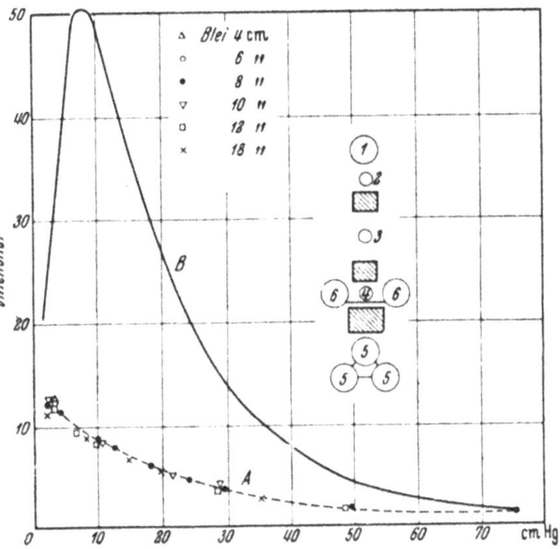

Abb. 2. Messungen von SCHEIN, JESSE und WOLLAN (S 5). Kurve *A*: Intensität der harten Komponente für verschiedene Bleidicken als Funktion des Druckes in cm Hg. Kurve *B*: Totale Intensität der kosmischen Strahlung nach PFOTZER (P 2, 3).

mosphäre wieder abnimmt. Das ist jedoch noch kein Argument gegen diese Annahme, sondern deutet darauf hin, daß die Mesonen offenbar nicht, wie EULER und HEISENBERG annahmen, nur aus der weichen Komponente entstehen, sondern ganz am Rande der Atmosphäre durch Primärteilchen erzeugt werden, die in der Atmosphäre sehr schnell absorbiert werden.

3. Protonen als Primäre.

a) Arbeiten von SCHEIN, JESSE und WOLLAN.

SCHEIN, JESSE und WOLLAN (S 5) kommen in der schon erwähnten Mitteilung zu Ergebnissen, die von großer Tragweite für die Auffassung von der Entstehung der Mesonen sind.

Früher ging man, wie oben erwähnt, bei der Diskussion der Mesonenentstehung von der Annahme aus (Euler, Heisenberg), daß sie von den Lichtquanten der in großer Höhe sehr intensiven weichen Komponente, also überwiegend im Maximum der Pfotzer-Kurve (Abb. 1) erzeugt werden. Hierfür gab es verschiedene Argumente.

Die Möglichkeit der Erzeugung der Mesonen aus Lichtquanten ist im Rahmen der Yukawaschen Theorie gegeben. Für diese Mesonen nahm man ein Spektrum an, das dem der erzeugenden Lichtquanten der weichen Schauer ähnlich ist. Letzteres glaubte man deshalb genau zu kennen, weil sich die beobachtete Gesamtintensität der Höhenstrahlung mit Hilfe der Schauertheorie verstehen ließ, wenn man ein entsprechendes Elektronenspektrum als primäre, aus dem Weltraum einfallende Strahlung voraussetzte. Das so erschlossene Mesonenspektrum erhielt eine Stütze durch die Tatsache, daß es mit den Messungen von Blackett (B 22) über das Mesonenspektrum verhältnismäßig gut in Einklang war, und daß das gleiche Spektrum sich auch durch die Verteilung großer Stöße bei dicken Schichten bestätigte. Diese Zusammenhänge sind bei Euler und Heisenberg ausführlich dargestellt.

Auch Schein, Jesse und Wollan (S 4) hatten Hinweise dafür gefunden, daß es Mesonen gibt, die aus Lichtquanten der Kaskadenstrahlung entstehen. Mit einer aus vier Zählrohren bestehenden Koinzidenzschaltung, in der das oberste Zählrohr nicht abgeschirmt, die unteren dagegen durch insgesamt 10 cm Blei getrennt waren, wurde gezeigt, daß es Strahlen gibt, die durch das obere Zählrohr ohne Ionisation hindurchgehen und dann offenbar im Blei ein hartes Teilchen erzeugen. Die Häufigkeit dieser Strahlen verlief in Abhängigkeit von der Höhe etwa ebenso wie die Intensität der weichen Komponente (vgl. hierzu Abschnitt 5 dieses Berichts).

Aus der Vorstellung, daß die Mesonen insgesamt aus der Kaskadenstrahlung entstehen, folgt nun aber, daß in der Höhe, in der die energiereichen Mesonen, die die durchdringende Strahlung (einige 10^9 eV) am Meeresspiegel bilden, erzeugt werden sollten, außer Lichtquanten und Mesonen auch Elektronen und Positronen vergleichbarer Energie und Menge vorhanden sein müßten.

Dieser Punkt wurde von Schein, Jesse und Wollan (S 5) in der schon erwähnten Arbeit einer Prüfung unterzogen. Derartige Elektronen müßten nämlich beim Durchgang durch Blei mit großer Wahrscheinlichkeit schon in den ersten Zählrohren Schauer auslösen. Diese Schauer versuchten sie nachzuweisen. In der in Abb. 2 skizzierten Anordnung registrierten die Zählrohre 1, 2, 3, 4 bzw. 2, 3, 4, 5 die vertikalen Intensitäten für 4 bzw. 6 cm Blei; die Zählrohre 1, 2, 6, 4 und 2, 6, 4, 5 registrierten Partikel, die von Schauern begleitet waren. In keinem Fall wurden mehr als einige wenige Prozente durchdringender Partikel gemessen, die von Schauerstößen in den Seitenzählern begleitet waren. Dieses Resultat steht in Widerspruch zu der Hypothese, daß die energiereichen Mesonen aus der weichen Komponente entstehen. Die Autoren knüpfen wörtlich folgende Bemerkungen an ihre Beobachtungen:

„Wegen der aus Kurve *A* (Abb. 2) folgenden, konstanten (vom Bleiabsorber unabhängigen) Härte der Teilchen, die wir messen, und aus der Tatsache, daß sie keine Schauer erzeugen, schließen wir, daß es keine Elektronen von Energien zwischen 10^9 und 10^{12} eV in den höchsten erreichten Höhen gibt. Da die Energie, die ein Elektron zum Durchdringen des Erdmagnetfeldes bei 51° geomagnetischer Breite (des Versuchsorts) braucht, etwa $3 \cdot 10^9$ eV ist, und da unsere Messungen innerhalb der ersten Strahlungseinheit (d. h. der Wegstrecke, auf der nach der Kaskadentheorie ein Elektron bzw. Lichtquant eine Multiplikation durchmacht) vom Rande der Atmosphäre ausgeführt wurden, scheint es schwierig, die Gegenwart von Elektronen, $E < 10^{12}$ eV, in der primären kosmischen Strahlung anzunehmen. Sie müssen deshalb durch irgendeine durchdringende, geladene Partikel ersetzt werden. Die Mesonen selbst können wegen ihres spontanen Zerfalls nicht die Primären sein. Es ist deshalb wahrscheinlich, daß die einfallende kosmische Strahlung aus Protonen besteht."

Bei diesem Ergebnis der Versuche von Schein, Jesse und Wollan muß man sich daran erinnern, daß ja trotz der verschiedenen angeführten Hinweise für die Entstehung der Mesonen aus der Kaskadenstrahlung die Meinungen über ihre Primären nicht einheitlich waren.

Wir hatten schon gesehen, daß der verhältnismäßig geringe Breiteneffekt der harten Komponente auf Seehöhe dadurch mit der Hypothese der Entstehung aus den Kaskaden verträglich wurde, daß mehr als 85% aus so energiereichen Primären entstehen sollten, daß sie vom Erdfeld nicht beeinflußt werden. Andererseits war gerade hierdurch die Möglichkeit offengelassen worden, daß zumindest ein Teil der Mesonen unbemerkt doch aus andern Primärkomponenten entsteht. Bei den feldempfindlichen gab es sogar deutliche Hinweise für andere Primäre als Elektronen, wie wir im folgenden sehen werden.

b) Arbeiten von Johnson.

Johnson (J 7) stellte schon im Jahre 1934 in einer Höhe von 45 cm Hg fest, daß Schauer der weichen Komponente eine Ost-West-Unsymmetrie von weniger als 1% besitzen. Gleichzeitig war bekannt, daß die weiche Strahlung einen Breiteneffekt aufweist, der zeigt, daß ihre Primären jedenfalls geladen sind. Hieraus mußte man unter Zugrundelegung der Kaskadentheorie und der aus ihr folgenden Erhaltung der Strahlrichtung (vgl. 3. Bericht, Molière) schließen, daß diese Primären zu gleichen Teilen aus positiven und negativen Teilchen ungefähr gleicher Häufigkeit zusammengesetzt sind. Die Gesamtintensität der Höhenstrahlung auf Seehöhe jedoch, die zum größten Teil durch die harte Komponente erzeugt wird, zeigt eine Ost-West-Unsymmetrie von etwa 15%, die beweist, daß ihre feldempfindlichen Primären *nahezu ausschließlich* aus positiven Teilchen bestehen sollten. Dieser Schluß folgt aus einem quantitativen Vergleich [JOHNSON (J 9)] der Ost-West-Unsymmetrie mit dem Breiteneffekt der harten Strahlung (und betrifft also nur den kleinen Bruchteil der harten, der breitenempfindlich ist). Diese Primären sollten demnach nicht mit denen der weichen Strahlung identisch sein. JOHNSON vermutete deshalb, daß es sich wahrscheinlich um Protonen handelt.

Diese Behauptung, die durch die neuen Versuche von SCHEIN, JESSE und WOLLAN bestätigt scheint, ist also schon sehr früh ausgesprochen worden. Es bleibt allerdings die Frage, wie die heute erörterte Ansicht, daß *alle* Primären, auch die der weichen Komponente, nur Protonen sind, sich mit der auch von JOHNSON stets angenommenen Tatsache verträgt, daß der fehlende Ost-West-Effekt der Kaskaden eine aus positiven und negativen Teilchen bestehende Primärstrahlung dieser Komponente zu verlangen scheint. Ehe wir auf diese Frage eingehen, wollen wir eine neuere Arbeit von JOHNSON u. BARRY (J 13), die seine früheren bestätigt und erweitert, etwas ausführlicher besprechen.

JOHNSON untersucht hier den Ost-West-Effekt der Gesamtstrahlung 20° nördlich vom Äquator in großer Höhe. Drei Zählrohre in Koinzidenzschaltung blendeten einen Strahlwinkel von 20° aus. Diese Strahlrichtung wurde außerdem 60° gegen den Zenith geneigt. Die Zählrohranordnung wurde mit Ballonen bis in Höhen von etwa 30 mm Hg geschickt. Die Untersuchungen wurden so nahe am magnetischen Äquator gemacht, weil dort die Ost-West-Unsymmetrie besonders groß sein sollte. Sowohl die Koinzidenzen als auch die mittels einer Photozelle registrierte Orientierung des Ballons relativ zur Sonne wurde drahtlos einer Bodenstation übermittelt. Die Resultate von 4 Flügen sind in der Tabelle angegeben:

Höhe in mm Hg	Ost			West			
	Anzahl Koinzidenzen	Zeit in Minuten	Koinzidenzen je Minute j_o	Anzahl Koinzidenzen	Zeit in Minuten	Koinzidenzen je Minute j_w	α
29,4	1100	28,3	38,9	1523	35,4	43	0,1
33	277	10,5	26,3	413	14,9	27,6	0,048
44	464	18,5	25,1	680	24,6	27,6	0,095
24,2	554	19,3	28,7	740	23,8	31,1	0,08
						Mittel:	0,072

$$\alpha = \frac{2(j_w - j_o)}{j_w + j_o} = 0{,}072\,.$$

Es kommen also rund 7% Strahlen mehr von Westen als von Osten. Zu diesem Resultat, das sich auf die gesamte, aus harter plus weicher Komponente bestehende Strahlung bezieht, macht JOHNSON folgende Überlegung.

Der Breiteneffekt der weichen bzw. gesamten Strahlung ist bekannt aus den Ballonmessungen von BOWEN, MILLIKAN und NEHER (B 34). Aus ihren Kurven der Gesamtionisation in Abhängigkeit von der durchstrahlten Atmosphäre schließt JOHNSON mit Hilfe einer von GROSS (G 11, [auch JOHNSON (J 9)] angegebenen Transformation auf die Intensität der Strahlung in der von ihm erreichten Höhe unter einem Winkel von 60° gegen den Zenith, vorausgesetzt, daß sich die Intensität bei Neigung gegen die Vertikale um den Winkel Θ mit $h/\cos\Theta$ ändert, wo h die Äquivalentdicke der noch über dem Zählrohr befindlichen Atmosphärenschicht in mm Hg ist. Die untere Energiegrenze der bei 20° nördlicher Breite einfallenden Strahlen kann man nach LEMAÎTRE und VALLARTA (15. Bericht, MEIXNER) bestimmen ($15 \cdot 10^9$ eV). Aus dieser unteren Energiegrenze kann man weiter nach LEMAÎTRE und VALLARTA auch die Veränderung der Gesamtintensität bei einer Drehung des Koinzidenzteleskops um 360° bei einer Neigung von 60° berechnen, wenn man annimmt, alle Primären seien beispielsweise positiv. Und zwar sollte die Unsymmetrie zwischen Ost und West in diesem Fall etwa 60% betragen, d. h. rund 10mal mehr als beobachtet wurde.

Da diese Überlegung vom Breiteneffekt ausgeht, folgert JOHNSON, daß in Wirklichkeit nur ein kleiner Überschuß der positiven über die negativen Primären vorhanden ist. Wenn heute andererseits Argumente dafür sprechen, daß dies nicht der Fall ist, so kann man das JOHNSONsche Ergebnis nur so deuten, daß die Kopplung zwischen Richtung der Primären und *den* Sekundären, die die Kaskaden bilden, nicht so eng ist, wie man bisher angenommen hat [JOHNSON (J 10)], und deswegen der Ost-West-Effekt fehlt. Dies könnte man so verstehen, daß das PFOTZERsche Maximum aus verhältnismäßig energiearmen Teilchen besteht, wofür die Messungen von SCHEIN, JESSE und WOLLAN sprechen, und daß infolgedessen die Richtungsänderung der Elektronen bei der Streuung so stark wird, daß die Primärrichtung nicht mehr ausgezeichnet ist (HEISENBERG), oder daß bei dem noch unbekannten Prozeß der Entstehung der Kaskaden aus den Primären die Primärrichtung verwischt wird.

JOHNSON schließt aus der Unsymmetrie von 7%, daß der Teil der Intensität, der durch überschüssige positive Strahlung erzeugt ist, etwa 12% der gesamten feldempfindlichen Strahlung ausmache. Hiervon, so vermutet JOHNSON auf Grund seiner auf Seehöhe beobachteten Ost-West-Unsymmetrie, sei ein Teil, wenn nicht alles, der harten Strahlung zuzuschreiben. Auch von dem Rest der Primären nimmt JOHNSON darüber hinaus an, daß sie aus positiven Primären, wahrscheinlich Protonen, erzeugt werde.

Die Ansicht JOHNSONS wird gestützt durch Untersuchungen von JONES (J 14) und HUGHES (H 13). Sie beobachteten auf Seehöhe

Mesonenbahnen in der Wilson-Kammer im Magnetfeld. Jones fand dabei 29% mehr positive Mesonen in einem Bereich von 0,2 bis $10 \cdot 10^9$ eV. Hughes, im selben Institut, beobachtete etwa 20% Überschuß der Positiven im gleichen Energiebereich. Außerdem wird ein Häufigkeitsmaximum der Mesonen bei etwa 1 bis $2 \cdot 10^9$ eV beobachtet. (Vgl. hierzu die im 5. Abschnitt beschriebenen Untersuchungen in mittleren Höhen!)

Die Johnsonschen Ergebnisse genügten wohl noch nicht, der Protonenhypothese Sicherheit zu verleihen. Ein naheliegendes Experiment, das eine zuverlässige Stütze liefern sollte, wäre, in großer Höhe den Ost-West-Effekt der harten Komponente allein zu bestimmen, der ja sehr bedeutend sein müßte[1].

Auch war das Bild, das sich aus den Johnsonschen Arbeiten in Verbindung mit der Theorie der Kaskadenbildung aus primären Elektronen ergab, noch nicht widerspruchsfrei. So bemerkte Nordheim [vgl. Johnson u. Barry (J 13)], daß man aus den Johnsonschen Messungen schließen müsse, daß offenbar auch die Kaskaden zum Teil aus einem Überschuß aus positiven Primären entstehen. Johnson hatte ja angenommen, die von ihm bei ungefähr 30—40 mm Hg beobachtete Unsymmetrie von 7% könnte von der harten Komponente allein, die dann ganz von positiven Primären (z. B. Protonen) erzeugt sein müßte, herrühren. Dagegen wendet Nordheim ein, daß sich in dieser Höhe und bei dieser Neigung des Koinzidenzteleskops nach der Kaskadentheorie die weiche Komponente ungefähr auf das 30fache der Anzahl der Primärteilchen multipliziert haben sollte, die harte Komponente jedoch gar nicht. Da die Gesamtzahl der harten Strahlen in dieser Höhe rund 10% der Gesamtstrahlung ist, würde die Gesamtzahl der Primären der harten rund 3mal größer als die der weichen. In Wirklichkeit jedoch betrug nach damaliger Ansicht die totale Energie der einfallenden harten Strahlung und mithin auch die Zahl der harten Strahlen nicht mehr als 10% der Gesamtstrahlung. Hieraus, so wurde von Nordheim geschlossen, kann nur folgen, daß entweder die Unsymmetriemessungen falsch sind, oder daß auch die harte Komponente einer starken Multiplikation unterworfen ist (vgl. nächsten Abschnitt), oder aber, was das Wahrscheinlichste ist, daß der größte Teil der Unsymmetrie doch von der weichen Strahlung herrührt.

Wenn man nun auf Grund der Beobachtungen von Schein, Jesse und Wollan sowie von Johnson wirklich annehmen will, daß Protonen die einzigen Primären der gesamten kosmischen Strahlung sind, so wäre es jedenfalls interessant, in großen Höhen nach Protonen in der Höhen-

[1] Dieses Experiment wurde in jüngster Zeit von Schein und Mitarbeitern (brieflich mitgeteilt) ausgeführt. Es fand sich in der Tat „ein bedeutender Ost-West-Effekt der harten Strahlung", der anzeigte, daß die gesamte harte Komponente aus positiven Primären hervorgeht.

strahlung zu suchen, von denen man weiß, daß sie auf dem Meeresspiegel und in mittleren Höhen selten sind.

Zum Schluß sei bemerkt, daß auch SWANN (S 27) verschiedentlich aus seinen Beobachtungen geschlossen hat, daß die Primären der kosmischen Strahlung nicht Elektronen sein können, sondern wahrscheinlich Protonen. Bei mehreren Stratosphärenflügen hatte SWANN (S 26) beobachtet, daß das Verhältnis von vertikaler zu horizontaler Gesamtintensität in großen Höhen beträchtlich von dem abweicht, was man für primäre Elektronen erwarten sollte. So betrug in einer Höhe von 15 cm Hg die Horizontalintensität 20%, bei 4 cm Hg 80% der Vertikalen, während man für den letzteren Wert z. B. nur 17% erwartet hätte, wenn die effektive Höhe der durchlaufenen Atmosphärenschicht bei Neigung des Koinzidenzteleskops um den Winkel Θ mit $1/\cos\Theta$ zugenommen hätte. SWANN schließt daraus, daß die Primären auf eine Weise die Sekundären erzeugen, bei der die ursprüngliche Richtung verlorengeht. Die Primären können demnach auf Grund der Kaskadentheorie keine Elektronen sein.

Wenn man Protonen als Primäre annimmt, so hat der Befund von SWANN ein Analogon in dem schon erörterten Fehlen des Ost-West-Effekts der weichen Komponente in großer Höhe und dürfte dieselbe Ursache haben.

4. Erzeugung energiereicher Mesonen in Mehrfachprozessen.

Einer der ersten experimentellen Belege, der zu der Ansicht führte, daß jeweils mehrere energiereiche Mesonen aus einem primären Teilchen erzeugt werden, stammt von NORDHEIM und HEBB (N 9), NORDHEIM (N 8). Den Hauptinhalt ihrer Arbeit bildet eine quantitative Betrachtung über die Mesonenproduktion aus der weichen Komponente unter der Voraussetzung, daß diese aus einer primären Elektronenkomponente gemäß der Kaskadentheorie entsteht. Sie werden dazu geführt, eine Entstehung von jeweils 3 bis 4 Mesonen in einem Akt anzunehmen. Außerdem diskutierte NORDHEIM die Möglichkeit, daß es neben dem die Kaskaden erzeugenden primären Elektronenspektrum noch eine primäre Protonenkomponente gibt, die die Mesonen erzeugt. In diesem Fall folgt ebenfalls eine hohe Multiplizität der Mesonenbildung.

Wenn die im vorhergehenden Abschnitt geschilderte Auffassung, daß beide Komponenten aus *einer* primären Protonenstrahlung erzeugt werden, richtig ist, dann ändern sich die Voraussetzungen der NORDHEIM-HEBBschen Arbeit. Doch bleibt der wesentliche Teil ihrer Überlegungen unberührt: Etwa 80% der Mesonen auf Seehöhe hat eine Energie von etwa $2 \cdot 10^9$ eV oder weniger [HUGHES (H 13)]. Da sie zum Durchlaufen der Atmosphäre ebenfalls etwa $2 \cdot 10^9$ eV benötigen, müssen sie bei ihrer Entstehung etwa $4 \cdot 10^9$ eV besessen haben. Würden sie aus Primären dieser Energie bestehen, so ergäbe sich ein Breiteneffekt von 100%. Würden sie aus Lichtquanten ungefähr gleicher Energie entstehen, die ihrerseits Sekundäre einer Primärstrahlung sind, so müßten die Primären zwar eine höhere Energie besitzen, aber immer noch einen Breiteneffekt von 40—50% ergeben. Da der Breiteneffekt nur etwa 12% beträgt, die Mehrzahl der Primären also Energien von mehr als 10^{10} eV besitzen muß, kann aus der bekannten Häufigkeit der Primären in diesem Energiebereich gefolgert werden, daß aus einem Primärstrahl mehrere Mesonen entstehen müssen.

Hier gibt es noch zwei Möglichkeiten, nämlich entweder entstehen die Mesonen in einem Akt, oder sie werden nacheinander erzeugt. Wir werden später sehen, daß ersteres wahrscheinlich ist.

Würden im Sinne der bisherigen Auffassung von der Mesonenproduktion die Lichtquanten als Primäre angesehen, so kann nach Nordheim und Hebb (N 9) der Wirkungsquerschnitt für diese Mesonenproduktion in Mehrfachprozessen abgeschätzt werden. Wir wollen diese Überlegungen der Vollständigkeit halber hier erläutern. Nimmt man als Energie der erzeugenden Lichtquanten etwa $1{,}5 \cdot 10^{10}$ eV an, so ist die Multiplizität etwa 3 — 4. Nach Compton und Turner (C 7) ist die Häufigkeit der harten Strahlen im Energiegebiet von $15 \cdot 10^9$ eV etwa $1{,}5 \cdot 10^{-4}$ Strahlen pro Einheitswinkel, Quadratzentimeter und Sekunde und je Energieintervall von $1 \cdot 10^9$ eV. Aus der Schauertheorie (2. Bericht, Heisenberg) folgt ferner, wie viele „Photonenlängen" (= Wegstück eines Lichtquants bis zur Erzeugung eines Paares) $Q(E_0, k_0)$ mit einer Energie $> k_0$, entstanden aus Elektronen mit Energien $< E_0$, es gibt, woraus die Zahl der Photonenlängen je Energieintervall von $1 \cdot 10^9$ eV berechnet werden kann:

$$\frac{dQ}{dE_0} = 0{,}024 \cdot \left(\frac{1}{k_0} - \frac{1}{E_0}\right).$$

Hieraus kann man das Verhältnis von Mesonen, die mit einer Multiplizität r entstehen, zu den primären Lichtquanten abschätzen:

$$W_{(k)} = \frac{1{,}5 \cdot 10^4}{0{,}024 \cdot r \cdot \left(\frac{1}{\varepsilon r} - \frac{1}{E_0}\right)} = \begin{cases} 1/50 & \text{für } r = 3 \\ 1/80 & \text{für } r = 4 \end{cases}$$

($\varepsilon r = k_0$; ε = Energie des entstandenen Mesons). Dieses Verhältnis ist nicht ganz konstant zwischen $E_0 = 8$ und $E_0 = 15 \cdot 10^9$ eV Es folgt, daß der Wirkungsquerschnitt gleich 1/50 bis 1/80 des bekannten Wirkungsquerschnitts für die Erzeugung von Paaren aus Lichtquanten ist (2. Bericht, Flügge), d. h. zwischen 0,5 und $1 \cdot 10^{-27}$ cm² pro Kernpartikel. Schein, Jesse und Wollan (S 4) (vgl. Abschnitt 2) bestimmten denselben Wirkungsquerschnitt zu $0{,}7 \cdot 10^{-27}$ cm², allerdings ohne Berücksichtigung der Multiplizität.

Einen wesentlich höheren Wirkungsquerschnitt für die Mesonenerzeugung erhält man für Energien $E_0 > 18 \cdot 10^9$ eV auf Grund der Beobachtungen von WILSON (W 13) über die Abhängigkeit der Mesonenintensität von der durchlaufenen Wassermenge. Die Zahl der dort beobachteten Mesonen einer Energie zwischen E und $E + dE$ ist:

$$M(E)\,dE = 0{,}14\,\frac{dE}{E^{2,8}} \quad \text{für } E > 6 \cdot 10^9\,\text{eV.}$$ [1]

Dies kann man wieder mit der aus der Kaskadentheorie folgenden Häufigkeit der Photonenlänge X_k von Energien zwischen k und $k+dk$ vergleichen:

$$X_k = 2 \cdot 65\,\frac{dk}{k^{2,8}} \quad \text{für } k > 18 \cdot 10^9\,\text{eV.}$$

Man findet für je 19 Photonenlängen ein Meson derselben Energie. Nimmt man an, daß die Multiplizität wiederum 3 ist, und daß die Photonenenergie wiederum ungefähr gleich über die r Mesonen verteilt ist, so erhält man für die Wahrscheinlichkeit eines solchen Prozesses je Photonenlänge etwa $^1/_8$, d. h. einen rund 10mal größeren Wert für den Wirkungsquerschnitt als bei den energieärmeren Mesonen.

NORDHEIM sah eine Schwierigkeit für seine Auffassung der Mesonenerzeugung in Mehrfachprozessen darin, daß die Häufigkeit des umgekehrten Prozesses von gleicher Größenordnung sein müßte, wofür jedoch die Durchdringungsfähigkeit der Mesonen viel zu groß ist. Hierzu ist jedoch zu bedenken, daß gerade für den Mehrfachprozeß die Wahrscheinlichkeit der Rückreaktion wegen des „Auseinanderlaufens" der Mesonen sehr gering wird. Der Wirkungsquerschnitt für die Rückreaktion würde nur dann von der Größenordnung der Entstehung sein, wenn sich zufällig r Mesonen gleichzeitig bei einem Stoß treffen würden; dies ist äußerst unwahrscheinlich. Daß der Wirkungsquerschnitt für einen Einzelprozeß wie die Absorption eines Mesons so gering ist (um einen Faktor 10—100 kleiner als der für die Erzeugung, NORDHEIM), kann vielmehr geradezu als Argument dafür aufgefaßt werden, daß auch die *Entstehung* eines *einzelnen* Mesons sehr hoher Energie einen sehr kleinen Wirkungsquerschnitt besitzt und selten verglichen mit den Vielfachprozessen vorkommt. Diese Schlußweise gilt nicht nur für die Entstehung aus Lichtquanten, sondern stützt ganz allgemein die Auffassung von der Entstehung der Mesonen in Mehrfachprozessen.

SCHEIN, JESSE und WOLLAN (S 6) haben experimentelle Argumente dafür zu erbringen versucht, daß aus den von ihnen angenommenen primären Protonen die Mesonen in Mehrfachprozessen entstehen. Hierzu

[1] NORDHEIM nimmt einen stärkeren Abfall des Spektrums für $E > 6 \cdot 10^{10}$ eV auf Grund der stärkeren Absorption in großen Wassertiefen an. Diese stärkere Absorption hat aber wahrscheinlich andere Gründe (vgl. 6. Bericht, VOLZ).

werden 4 vierfache Koinzidenzzählrohrgruppen in Ballonen in große Höhen gesandt. Die ersten beiden Gruppen dienen dazu, die vertikalen, 18 cm Blei durchdringenden Strahlen zu zählen. Die dritte Gruppe zählte zwei oder mehr Partikel, die nach den ersten 4 cm Blei gleichzeitig mit den durchdringenden Teilchen auftreten (also weiche Kaskadenteilchen), und die vierte Gruppe ein oder mehrere Partikel, die mit den vertikalen Teilchen zusammen das ganze Blei durchdringen können. In Höhen von 3 cm Hg erzeugten 46% aller harten Strahlen Koinzidenzen in der vierten Gruppe und nur 15% in der dritten. Aus diesem Ergebnis folgt, daß mindestens 85% der Mesonen nicht aus Kaskaden entstanden sind. Die große Menge von Koinzidenzen (46%) in der vierten Gruppe kann am besten durch die Annahme erklärt werden, daß ein durchdringendes Teilchen, das wahrscheinlich ein Proton ist, eine Anzahl Mesonen im Blei erzeugt.

Es handelt sich also hier um den Nachweis der Entstehung von Mesonenschauern in großen Höhen. Solche Schauer mit durchdringenden Teilchen sind noch von verschiedenen Autoren beobachtet worden. Über diese Arbeiten wird im 5. Bericht (KLEMM und HEISENBERG) zusammenfassend referiert, so daß wir sie hier übergehen können. Es ist bemerkenswert, daß unabhängig von der Arbeit von SCHEIN, JESSE und WOLLAN (S 5) auch JANOSSY (J 2) aus seinen Beobachtungen über die harten Schauer die Möglichkeit der Erzeugung der gesamten kosmischen Strahlung aus einer primären Protonenkomponente diskutiert hat.

Auch vorläufige *theoretische* Erörterungen zu der Entstehung der kosmischen Strahlung aus primären Protonen liegen schon vor. So hat SWANN (S 28), ähnlich wie NORDHEIM, die Multiplizität der Mesonenerzeugung aus dem Breiteneffekt abgeschätzt und $r \sim 5$ erhalten. SWANN gibt ferner eine Beziehung an für die Häufigkeit der Mesonen einer bestimmten Energie in Abhängigkeit von der Tiefe unter ihrem Entstehungsort. Wird am Entstehungsort ein Mesonenspektrum mit einem Exponent -3 angenommen (vgl. 1. Bericht, HEISENBERG) und außerdem den Mesonen die Lebensdauer $2 \cdot 10^{-6}$ sec (vgl. 8. Bericht, HEISENBERG) zugeschrieben, so kann SWANN unter der Annahme von $r = 5$ den Breiteneffekt und seine Abhängigkeit von der Höhe in groben Zügen richtig darstellen.

5. Erzeugung langsamer Mesonen aus der weichen Komponente.

SCHEIN, WOLLAN und GROETZINGER (S 8) haben die Mesonenstrahlung im Flugzeug in Höhen bis zu 9,3 km mit Hilfe von Koinzidenzzählrohren untersucht. Sie kommen zu dem Resultat, daß ein Teil der von ihnen beobachteten Mesonen aus neutralen Primären, die wahrscheinlich keine Photonen sind, erzeugt wird, und gelangen außerdem zu einem überraschenden Spektrum der Mesonen in diesen Höhen. Ihre Versuche seien kurz beschrieben. In Abb. 3 ist die Koinzidenzanordnung wiedergegeben. Die Koinzidenzen in den Zählrohren 1, 2, 3, 4 und 2, 3, 4, 5 sowie 1, 2, 3, 4, 5, hervorgerufen durch ionisierende Teilchen, wurden unabhängig registriert. Innerhalb weniger Prozente waren Koinzidenzen von seitlichen Schauern ausgeschlossen. Sie finden z. B. bei einem Flug zwischen 5,2 und 7,4 km Höhe folgende Ergebnisse: In den oberen 4 Zählrohren 22 ± 3% Teilchen, die das 5. Zählrohr nicht mit anregten; in den unteren 4 Zählrohren 9,7 ± 3% Teilchen, die das 1. Zählrohr nicht mit anregten; oben also 12% mehr Stöße als unten. Das Ergebnis für die untere Gruppe, das von der Höhe ziemlich unabhängig zu sein scheint, bedeutet nach Ansicht der Autoren, daß ein neutrales Teilchen 6 cm Blei und das 1. Zählrohr passiert und dann in dem 8 cm dicken Bleiblock ein ionisierendes hartes Teilchen, ein Meson, erzeugt. Wäre das neutrale Teilchen ein Lichtquant von so hoher Energie, daß es 6 cm Blei durchdringen kann, so wäre nach Ansicht der Autoren zu erwarten, daß es bei seiner Absorption auch ein Elektron erzeugt, das das 1. Zählrohr mit erregt. Es wird angenommen, daß die Mesonen nicht aus Lichtquanten entstehen. Hier besteht jedoch vielleicht noch die Möglichkeit, daß ein seitliches Lichtquant den über dem 2. Zählrohr liegenden Bleiblock trifft und dort ein Meson erzeugt, welches die Zählrohre 2 bis 4 auslöst. Gerade bei der Erzeugung von Mesonen (vgl. 5. Bericht, Klemm und Heisenberg) weichen die Sekundären von der Primärrichtung nach Ausweis von Wilson-Kammeraufnahmen oft erheblich ab. Daß außerdem Mesonen aus Lichtquanten in dünnen Bleiplatten erzeugt werden, wurde von Schein und Mitarbeitern selbst wahrscheinlich gemacht; diese Versuche werden wir gleich noch besprechen. Durch eine besondere Meßreihe versuchten sie außerdem zu zeigen, daß es sich bei den Primären nicht um Neutronen handelt. Hierzu wurde ein Paraffinblock von 35 cm Dicke über die Anordnung gelegt. Wenn Neutronen hoher Energie anwesend gewesen wären, so würden sie durch Rückstoßprotonen eine merkliche Erhöhung der Koinzidenzen bewirkt haben müssen. Dies war innerhalb der Versuchsfehler (4%) nicht der Fall. Es bliebe danach als Möglichkeit nur, daß die Mesonen aus neutralen Mesonen oder Neutrinos erzeugt worden sind.

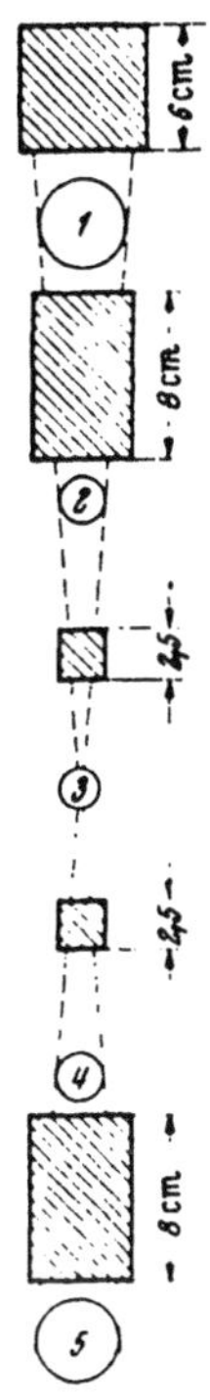

Abb. 3. Anordnung der Zählrohre bei Schein, Wollan und Groetzingre (S 8).

Sehr ähnliche Experimente wurden von ROSSI und REGENER (R 10) in 4,5 km Höhe ausgeführt. Sie fanden ebenfalls eine beträchtliche Anzahl von Mesonen, die aus einem neutralen Teilchen nach Durchgang durch Blei erzeugt wurden. Sie konnten durch eine Vergrößerung der Bleischicht über dem obersten Zählrohr eine Abnahme der so erzeugten Mesonen hervorrufen, die langsamer war, als für Photonen zu erwarten gewesen wäre.

Neutrale Mesonen wurden auf Grund ähnlicher Beobachtungen von MAAS (M 2), der Lichtquanten als Primäre vermutete, auch schon von ARLEY und HEITLER (A 6) diskutiert, da der von MAAS für die Primären beobachtete Absorptionseffekt mit dem für Mesonen übereinstimmte.

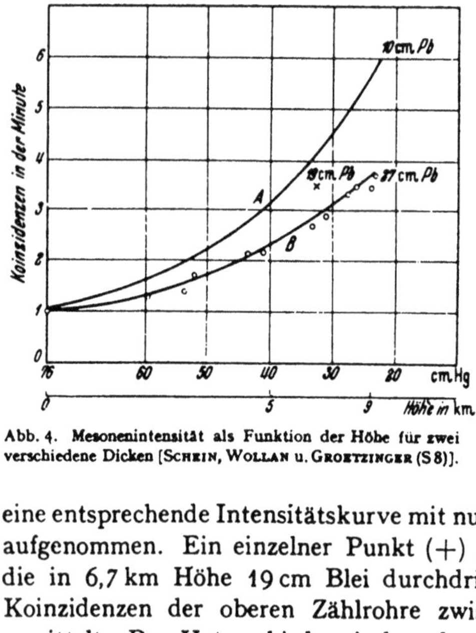

Abb. 4. Mesonenintensität als Funktion der Höhe für zwei verschiedene Dicken [SCHEIN, WOLLAN u. GROETZINGER (S 8)].

Aus den beschriebenen Ergebnissen von SCHEIN, WOLLAN und GROETZINGER kann ferner auf das Spektrum der Mesonen in der erreichten Höhe geschlossen werden. Aus den Versuchen folgt die in Abb. 4, Kurve *B*, wiedergegebene Intensität der Mesonenstrahlung, die 27 cm Blei (vgl. Abb. 3) zu durchdringen vermag, in Abhängigkeit von der Höhe. Außerdem wurde eine entsprechende Intensitätskurve mit nur 10 cm Blei (Abb. 4, Kurve *A*) aufgenommen. Ein einzelner Punkt (+) gibt die Anzahl Mesonen an, die in 6,7 km Höhe 19 cm Blei durchdringen kann. Er ist aus den Koinzidenzen der oberen Zählrohre zwischen 5,2 und 7,4 km Höhe gemittelt. Der Unterschied zwischen den Kurven *A* und *B* kann nur daher rühren, daß die Mesonen, die 10 cm Blei durchdrungen haben, in den weiteren 17 cm gestoppt werden. Auf Grund der bekannten Ionisationsverluste der Mesonen in Blei [WILSON (W 15)] folgt, daß ein Meson $2{,}9 \cdot 10^8$ bzw. $5{,}2 \cdot 10^8$ eV benötigt, um 10 cm bzw. 27 cm Blei zu durchdringen. Der Unterschied zwischen den beiden Ordinaten der Kurven *A* und *B* gibt die Anzahl der Mesonen an, die zwischen diesen beiden Werten liegen. Für 9,3 km Höhe ist dies etwa $^1/_3$ aller beobachteten Mesonen. Für 19 cm Blei sind $4{,}2 \cdot 10^8$ eV notwendig. Mit Hilfe dieser Daten sowie denen von HUGHES (H 13) aus WILSON-Kammeraufnahmen auf Seehöhe für Mesonen $> 5 \cdot 10^9$ eV und den von HERZOG sowie HERZOG und BOSTIK (H 7, 8, 9) ebenso im Flugzeug gewonnenen, auf die wir noch eingehen werden, konstruieren

Schein, Wollan und Groetzinger das in Abb. 5 wiedergegebene Mesonenspektrum in 6,7 km Höhe, in das zum Vergleich das bekannte Mesonenspektrum auf Seehöhe [Hughes (H 13), Jones (J 14), Blackett (B 22)] gestrichelt eingezeichnet ist. Aus der Konstanz der Mesonenabsorption oberhalb 6 km Höhe [Schein, Jesse, Wollan (S 4)] schließen die Autoren, daß das Spektrum zunächst auch in größeren Höhen sich nicht mehr wesentlich verändern sollte.

Diese zahlreichen Mesonen mit Energien $< 5{,}2 \cdot 10^8$ eV werden, wie gesagt, bestätigt durch Wilson-Aufnahmen von Herzog und Bostick (H 7, 8, 9), die ebenfalls etwa 30% langsame Mesonen in derselben Höhe feststellten. Aus ihren Aufnahmen geht zweifelsfrei hervor, daß diese Mesonen zum Teil in Mehrfachprozessen und in der Nachbarschaft der Kammer entstanden sind; die Entstehung eines Paares *in* der Kammer wurde photographiert. Diese Mesonen dürften also auf andere Weise als die im vorhergehenden Abschnitt besprochenen energiereichen entstehen. Sie werden wahrscheinlich doch aus den Lichtquanten der weichen Strahlung gebildet. Hierfür sprechen auch die zu Beginn des 3. Abschnitts erwähnten früheren Versuche von Schein, Jesse und Wollan (S 4), in welchen in verschiedenen Höhen die Intensität einer nicht ionisierenden Strahlung, die in 2 cm Blei ein Meson erzeugt, untersucht wird. Ihre Intensität nimmt mit der Höhe ähnlich zu wie die von Regener und Ehmert (R 2) gemessene Kaskadenstrahlung. Hieraus schätzen Schein und Wilson (S 7) den Wirkungsquerschnitt für die Erzeugung dieser Mesonen ab. Aus den Messungen von Regener und Ehmert folgt nämlich, daß in 8 km Höhe rund 100 Photonen in der Sekunde auf die 2 cm dicke Bleiabschirmung der Zählrohranordnung fallen müssen. In derselben Zeit werden 2 Mesonen beobachtet. Daraus folgt die Wahrscheinlichkeit 2/100 für die Erzeugung. Aus der Anzahl der Pb-Atome im ccm rechnen die Autoren mittels dieser Zahl den Wirkungsquerschnitt zu $0{,}7 \cdot 10^{-27}$ cm² pro Kernpartikel in Blei aus. Nordheim und Hebb (N 9) haben gezeigt, daß aus der Häufigkeit der energiereichen Mesonen in großer Höhe folgt, daß der Wirkungsquerschnitt zur Erzeugung energiereicher Mesonen, sofern man Lichtquanten der Kaskaden als Primäre voraussetzen würde, rund 10mal größer sein müßte. Auch dieses Ergebnis paßt zu der Annahme, daß am Rande der Atmosphäre ein anderer Erzeugungsmechanismus wahrscheinlich ist.

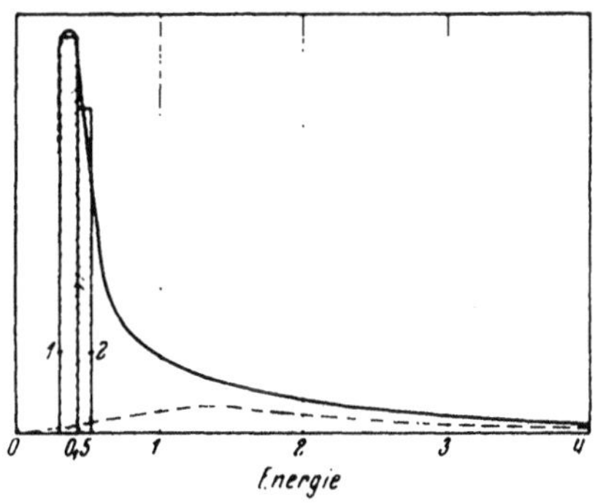

Abb. 5. Energiespektrum der Mesonen in etwa 6,7 km Höhe; gestrichelte Linie in Seehöhe.

6. Zusammenfassung.

Die experimentellen Untersuchungen lassen folgendes Bild der Mesonenentstehung als das wahrscheinlichste erscheinen:

Aus dem Weltraum fällt eine primäre Protonenstrahlung ein (Johnson), deren Energiespektrum wahrscheinlich mit dem bei der weichen Komponente und den Mesonen gefundenen übereinstimmt (vgl. 1. Bericht, Heisenberg). Die Protonen erzeugen am äußersten Rand der Atmosphäre, d. h. jedenfalls auf einer Strecke, die kürzer als eine Strahlungseinheit der Kaskadentheorie ist, die harte Mesonenkomponente, wahrscheinlich in Mehrfachprozessen. Die weiche Strahlung, die das Maximum von Pfotzer bildet, entsteht im selben oder in einem getrennten Akt aus den Primären oder ist eine Sekundärstrahlung der Mesonen. Experimentell ist darüber nichts bekannt. Die Mesonen bilden die noch auf Seehöhe beobachtete harte Komponente der kosmischen Strahlung, deren Häufigkeitsmaximum dort bei $2 \cdot 10^9$ eV liegt. Außerdem werden Mesonen auch noch auf andere Weise, und zwar wahrscheinlich als Sekundäre der Lichtquanten der weichen Komponente in großer Anzahl, aber mit geringerer Energie ($< 5{,}2 \cdot 10^8$ eV) erzeugt. Auch hier werden Vielfachprozesse (Explosionen) beobachtet. In der Nähe der Erdoberfläche werden diese Mesonen sehr selten, in Übereinstimmung mit der Tatsache, daß dort auch die weiche Kaskadenstrahlung schon fast vollständig absorbiert ist. In 7 km Höhe dagegen machen sie rund 30% der gesamten Mesonen aus. Außer aus den Lichtquanten wird wahrscheinlich ein kleiner Bruchteil (< 5%) dieser Mesonen aus neutralen korpuskularen Partikeln (möglicherweise neutralen Mesonen) erzeugt. Künftige Untersuchungen müssen zeigen, auf welche Weise die Mesonen- und Kaskadenstrahlung aus den Primären hervorgehen und wie die geomagnetischen Effekte und die Intensitätsverhältnisse daraus zu erklären sind.

5. Schauer mit durchdringenden Teilchen.

Von A. **Klemm** und W. **Heisenberg**-Berlin-Dahlem.

Mit 4 Abbildungen.

Die Frage, ob in der kosmischen Strahlung auch Schauer beobachtet werden, die mehrere durchdringende Teilchen enthalten, ist theoretisch von grundlegender Bedeutung, da aus ihrem Auftreten auf die Existenz von echten Mehrfachprozessen (oder „Explosionen") geschlossen werden kann, bei denen in einem einzigen Akt mehrere Teilchen entstehen. Derartige explosionsartige Schauer sind theoretisch nach der YUKAWASchen Theorie zu erwarten [vgl. W. HEISENBERG (H 3); auch 8. Bericht, HEISENBERG].

Von den eigentlichen Schauern sind zu unterscheiden die *Paare* durchdringender Teilchen, die gelegentlich mit zu den Schauern gerechnet werden. Im folgenden soll das Wort „Schauer" aber nur auf Prozesse mit mindestens 3 Teilchen angewendet werden, die Diskussion der Paare soll kurz vorweggenommen werden.

1. Mesonenpaare.

Die ersten Anzeichen für Paare mit durchdringenden Teilchen ergaben sich aus Versuchen von MAASS (M 1) und von SCHMEISER und BOTHE (B30a, S9). Die letztgenannten Autoren untersuchen Koinzidenzen von Zählern in großem Abstand von der schauererzeugenden Schicht und finden unter solchen Bedingungen das sogenannte zweite Maximum der ROSSIschen Kurve bei 17 cm Pb stark ausgeprägt. Sie schließen hieraus auf die Existenz von Strahlen einer Reichweite von 17 cm Pb. Die verschiedentlich vorgenommenen Wiederholungen dieser Versuche mit etwas abgeänderter Geometrie haben jedoch noch nicht zu einer völligen Klarstellung der Entstehung des zweiten Maximums geführt.

Ein sicherer Beweis für das Auftreten von Paaren durchdringender Teilchen, und zwar von Mesonenpaaren, ist durch die Arbeiten von BRADDICK und HENSBY (B 35), LEISEGANG (L 3) und HERZOG und BOSTICK (B 8, 9) geliefert worden.

BRADDICK und HENSBY (B 35) nehmen zählrohrgesteuerte Nebelkammerbilder in London 30 m unter der Erde auf. Sie erhalten 1900 Aufnahmen mit Einzelspuren von Mesonen. Die Mesonen werden erkannt an ihrem glatten Durchgang durch 1,4 cm bzw. 2,5 cm Blei. Unter diesen 1900 Aufnahmen zeigen 5 Aufnahmen Doppelspuren von Mesonen mit einem offenbar gemeinsamen Ursprung in der Erdschicht oberhalb der Kammer. Bei 1900 Einzelspuren wären nur 0,057 zufällige Doppelspuren zu erwarten gewesen.

LEISEGANG (L 3) macht zählrohrgesteuerte WILSON-Aufnahmen, wobei sich über der Kammer 11 cm bzw. 16 cm Blei und in der Kammer eine 1 cm starke Bleischicht befinden. Unter 900 aufgenommenen Mesoneneinzelbahnen findet er 3 Doppelbahnen, deren Ursprung in der auslösenden Schicht liegt. Der Beweis für die Mesonennatur wird dadurch erbracht, daß die Teilchen in 1 cm Blei kaum abgelenkt werden (also energiereich sind) und keine Sekundärteilchen bilden.

HERZOG und BOSTICK (H 8, 9) schließlich haben auf einer in großer Höhe (im Flugzeug) gewonnenen Nebelkammeraufnahme die Entstehung eines Mesonenpaares beobachtet.

Es kann also wohl kein Zweifel mehr darüber sein, daß gelegentlich Paare von Mesonen gebildet werden. Es liegt nahe, anzunehmen, daß das Primärteilchen ein Photon ist, daß es sich also um Prozesse handelt,

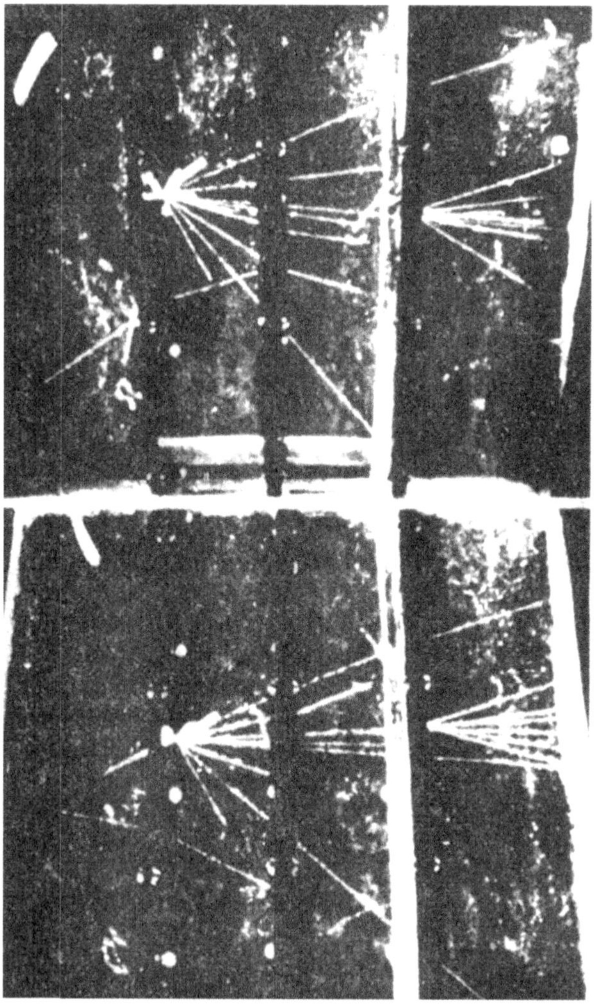

Abb. 1. Von Fussell beobachtete Schauer mit durchdringenden Teilchen.

die der gewöhnlichen Paarerzeugung bei den Elektronen analog sind. Die Häufigkeit der Paare läßt sich aus dem vorliegenden Material nur größenordnungsmäßig abschätzen. Der Wirkungsquerschnitt für ihre Entstehung aus Photonen scheint in der Gegend von 10^{-27} bis 10^{-26} cm^2

(pro Kernteilchen) zu liegen. Diese Größenordnung ist auch nach theoretischen Abschätzungen [z. B. BOOTH und WILSON (B 29)] nicht unplausibel.

2. Durchdringender Schauer.

Der Beweis für das Auftreten von echten Schauern mit durchdringenden Teilchen ist zuerst durch einige Nebelkammeraufnahmen von FUSSELL (F 7), dann durch systematische Zählrohruntersuchungen von WATAGHIN, SANTOS und POMPEJA (W 2) sowie noch ausführlicher von JANOSSY und INGLEBY (J 3) erbracht worden.

Abb. 1 zeigt das beste von FUSSELL beobachtete Beispiel eines solchen Prozesses. Der Schauer entsteht in einer 0,7 mm dicken Pb-Schicht. Von seinen Strahlen gehen mindestens drei ohne nennenswerte Ablenkung und ohne Sekundärspuren durch 1,2 bis 2 cm Pb, sind also als Mesonenspuren anzusehen. Die Schauererzeugung ist mit einer Kernzertrümmerung verknüpft, wie die dicken Spuren kurzer Reichweite beweisen. Der ganze Schauer tritt gleichzeitig mit Elektronen auf, die nicht vom Entstehungsort des Schauers kommen; der Prozeß scheint also im Rahmen eines größeren Luftschauers ausgelöst worden zu sein.

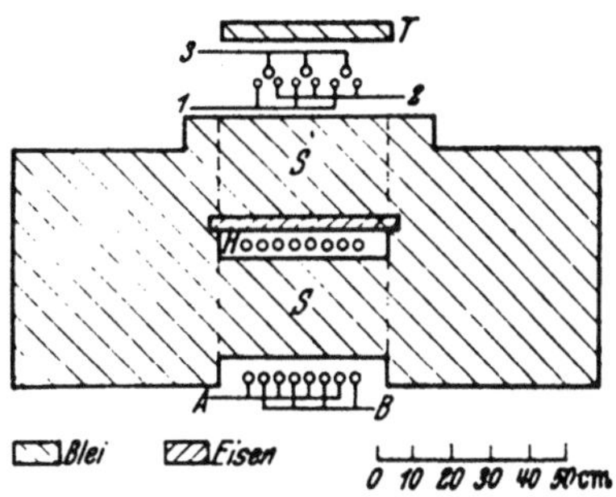

Abb. 2. Versuchsanordnung von JANOSSY und INGLEBY.

WATAGHIN, SANTOS und POMPEJA (W 2) haben in 800 m Seehöhe vier Zählrohre von je 100 cm² Fläche so aufgestellt, daß je zwei Zählrohre senkrecht untereinander stehen und die beiden Zählrohre voneinander einen horizontalen Abstand von das eine Mal 30 cm, das andere Mal 65 cm haben. Ein senkrecht von oben kommendes Teilchen, das ein Zählrohrpaar zum Ansprechen bringt, hat dabei 17 cm Blei zu durchdringen. Die Autoren beobachten Viererkoinzidenzen und finden bei 30 cm Abstand 4,5 Koinzidenzen pro Tag und bei 65 cm Abstand 3,6 Koinzidenzen pro Tag, während sie angeben, daß rein zufällig nur 0,3 Koinzidenzen pro Tag zu erwarten gewesen wären. Hier handelt es sich offenbar um Paare von durchdringenden Teilchen, wahrscheinlich Mesonen. Durch ein dazugefügtes fünftes Zählrohr wird ferner festgestellt, daß in einem erheblichen Bruchteil der Fälle mehr als zwei durchdringende Teilchen auftreten, da die fünffachen Koinzidenzen nicht viel seltener sind als die vierfachen.

Die ausführlichsten und aufschlußreichsten Untersuchungen dieser Art haben JANOSSY und INGLEBY (J 3) angestellt.

Sie wählen die Versuchsanordnung der Abb. 2.

Bei fünffachen Koinzidenzen (1, 2, 3, A, B) wird die Zahl n der gleichzeitig ansprechenden Zählrohre H gemessen. Als „erzeugende" Schicht T wird Pb bzw. Al gewählt, die Dicke dieser Schicht wird zwischen 0 und 120 g/cm² variiert. Die absorbierende Schicht S besteht aus Blei. Die Ergebnisse sind aus der folgenden Tabelle und der Abb. 3 ersichtlich:

n	0	1	2	3	4	5	6	7	8
Anzahl der Koinzidenzen (für beliebiges T)	854	911	184	139	130	108	80	85	49

Wenn $T = 0$ ist, so sorgt die experimentelle Anordnung dafür, daß nur Koinzidenzen beobachtet werden, die durch Luftschauer erzeugt werden. Denn nur dann werden die oberen drei Zählrohre 1, 2, 3 gleichzeitig ansprechen. Die Teilchen des Luftschauers lösen dann offenbar in der 25 cm dicken Bleimasse zwischen den Zählern 1, 2, 3 und H durchdringende Teilchen aus, die für das Ansprechen der anderen Zähler sorgen. Wenn nun über die ganze Anordnung das Material T gebracht wird, so scheint sich an dieser Entstehung grundsätzlich nichts zu ändern. Luftschauer, die bis dahin zufällig die Zähler 1, 2, 3 *nicht* gleichzeitig auslösten, werden durch das Material T verdichtet und liefern nun Dreifachkoinzidenzen 1, 2, 3; daher der Anstieg der Häufigkeit mit T. Die Anfangsneigung der Kurven in Abb. 3 und die Sättigungsdicke bei 5 cm Pb entsprechen ganz den Verhältnissen, die nach der Kaskadentheorie zu erwarten sind. Die Auslösung der durchdringenden Teilchen wird dabei für dünnere Schichten T immer noch hauptsächlich in der großen Bleimasse unter 1, 2, 3 erfolgen. Erst bei dickeren Schichten T werden schon die durchdringenden Teilchen in T ausgelöst, der Abfall der Kurven in der Abbildung entspricht dann der Absorption der durchdringenden Teilchen.

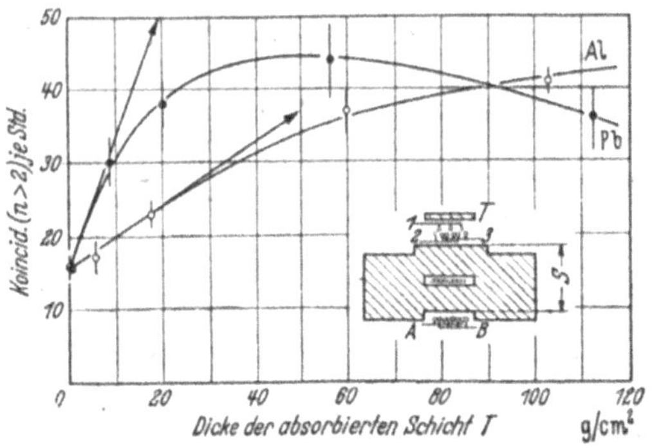

Abb. 3. Entwicklung der durchdringenden Schauer.

Die Fälle $n = 0$ und $n = 1$ können durch einzelne Mesonen hervorgerufen werden, die in T und bei den Zählern A, B Sekundärelektronen auslösen. Sie sind wesentlich häufiger als die Fälle $n \geq 2$. Dagegen besteht interessanterweise kein großer Häufigkeitsunterschied mehr zwischen $n = 2$ und irgendeinem höheren Wert bis herauf zu $n = 8$. Es sieht also so aus, als ob — wenn überhaupt mehrere durchdringende

Teilchen entstehen — die Entstehung vieler solcher Teilchen nicht viel seltener ist als die von zwei oder drei.

Wenn die durchdringenden Teilchen dieser Schauer Mesonen sind — und dies ist wohl das Wahrscheinlichste —, so kann man die Häufigkeit der Schauer vergleichen mit der Häufigkeit der Mesonenentstehung in der Atmosphäre. In der Atmosphäre werden die Mesonen wahrscheinlich zum Teil von primären Protonen, zum Teil von den Lichtquanten der weichen Komponente gebildet (vgl. 4. Bericht, WIRTZ). Die langsamen Mesonen, deren Bildung man in Höhen über 7 km in großer Zahl beobachtet, entstehen wohl hauptsächlich aus den Lichtquanten der Kaskaden. Es würde sich dann also in dem Bleiblock (zwischen den Zählern 1, 2, 3 und H) bei JANOSSY und INGLEBY das gleiche abspielen, was sich in entsprechend größerer Häufigkeit auch in der oberen Atmosphäre abspielt. Daraus kann man die Häufigkeit der Mesonenschauer in diesen Versuchen sofort abschätzen: sie sollte sich zur Häufigkeit der einzelnen Mesonen etwa so verhalten wie die Kaskadenstrahlung auf Meeresniveau zu der in großer Höhe. Für ein Kaskadenspektrum der Form $E^{-1,8}$ ist nach der Theorie die Intensität auf Meeresniveau etwa 10^4 bis 10^5mal schwächer als in großer Höhe. Daher sollten auch die Schauer von JANOSSY und INGLEBY etwa 10^5mal seltener sein als einzelne Mesonen, was in der Größenordnung auch ungefähr richtig ist. Diese Abschätzung spricht daher für die Deutung, daß es sich bei den Versuchen von JANOSSY und INGLEBY um Mesonenschauer (d. h. um echte explosionsartige Schauer, bei denen viele Teilchen in einem Akt erzeugt werden) handelt. Die Richtigkeit dieser Deutung könnte übrigens u. a. auch durch die Abhängigkeit der Häufigkeit von der Höhe nachgeprüft werden. Schon auf der Höhe des Jungfraujochs sollten die Schauer etwa 80mal häufiger sein als auf Meeresniveau.

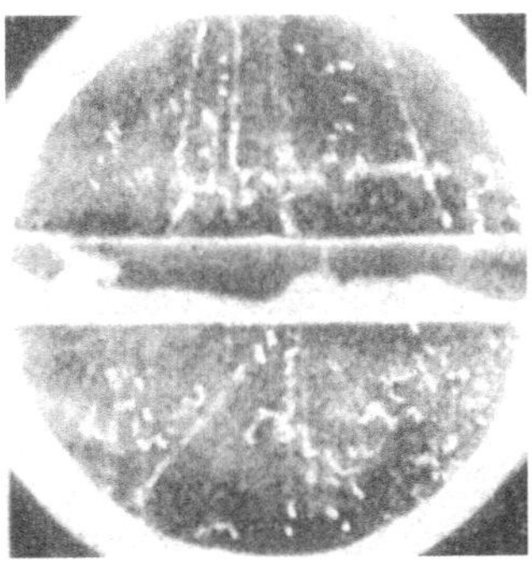

Abb. 4. Mesonenschauer nach WOLLAN.

In jüngster Zeit sind noch von POWELL (P 6) und WOLLAN (W 16) Nebelkammeraufnahmen veröffentlicht worden, in denen offenbar Schauer von Mesonen, die von einem Punkt ausgehen, beobachtet werden (Abb. 4). Diese Schauer stimmen in ihrer Art wohl mit den von FUSSELL (F 7) beobachteten (s. Abb. 1) überein. Ob die von DAUDIN (D 1) beobachteten Schauer auch zur gleichen Gruppe gehören, wird wohl erst durch weitere Experimente geklärt werden können.

Schließlich sind in der letzten Zeit systematische Versuche von COCCONI, LOVERDO und TONGIORGI (C 5a) veröffentlicht worden, die zeigen, daß die meisten Mesonenschauer in 2200 m Höhe in Verbindung mit großen Luftschauern entstehen. Diese Ergebnisse passen daher gut zu denen von Janossy und Ingleby.

Zusammenfassend kann man also feststellen: Durch die Experimente der letzten Jahre kann die Existenz von explosionsartigen Mesonenschauern mit vielen Teilchen als gesichert gelten; diese Schauer scheinen sogar nach den neueren Versuchen von Schein, Jesse und Wollan (S 4 bis 6) in der ganzen Genetik der kosmischen Strahlung in der Atmosphäre eine entscheidende Rolle zu spielen (vgl. 4. Bericht, Wirtz). Dieses experimentelle Ergebnis ist befriedigend, weil solche Schauer nach der Yukawaschen Theorie zu erwarten sind [Heisenberg (H 3)], und weil die Existenz dieser Schauer eine theoretische Begründung dafür gibt, warum die nach der gewöhnlichen Störungstheorie berechneten Wirkungsquerschnitte für Stoß- oder Entstehungsprozesse der Mesonen nicht mit den Experimenten übereinstimmen. Nur dort, wo es sich bei derartigen Rechnungen um die rein elektromagnetische Wirkung der Mesonen nach außen handelte (vgl. 10. Bericht, v. Weizsäcker), konnte eine Übereinstimmung mit dem Experiment erhofft werden.

6. Die Absorption der Mesonen.

Von H. Volz-Berlin-Charlottenburg.

Mit 1 Abbildung.

Das große Durchdringungsvermögen der kosmischen Strahlung ist, wie wir aus den Messungen von Anderson und Neddermeyer (A 4) sowie von Blackett (B 24) wissen, eine Eigenschaft der darin enthaltenen Mesonen. Diese bisher nur in der kosmischen Strahlung gefundenen Teilchen sollen nach der Theorie von Yukawa, der Teilchen solcher Masse schon vor ihrer Entdeckung zur Erklärung des β-Zerfalls und der Kernkräfte theoretisch gefordert hat, instabil sein und mit einer Lebensdauer der Größenordnung 10^{-6} Sekunden in ein Elektron und ein Neutrino zerfallen.

Ein solcher Zerfall des Mesons wird ebenso wie die normale Absorption durch Energieverlust zu einer Verminderung der Teilchenzahl beim Durchgang durch Materie führen, der gemessene Absorptionskoeffizient wird also neben dem Anteil der Bremsung noch einen weiteren Anteil enthalten, der auf den Zerfall zurückzuführen ist. Im folgenden soll zunächst die Absorption der Mesonen durch die Bremsung allein betrachtet und im Anschluß daran die Frage behandelt werden, ob man aus den Experimenten auf einen Zerfall des Mesons schließen kann.

Die Bremsung der Mesonen kommt im wesentlichen durch Energieabgabe an die Elektronen, also durch die Ionisierung der durchquerten Atome zustande[1]. Für den hierdurch bedingten Energieverlust hat BOHR (B 28) auf der Grundlage der klassischen Theorie einen Ausdruck hergeleitet, der später von BLOCH (B 26) in seine quantenmechanische Form gebracht worden ist. Danach ist

$$-\left(\frac{dE}{dx}\right) = \frac{2\pi n e^4}{m v^2}\left\{\ln\frac{m v^2 W}{I^2 Z^2} - \ln\left(1 - \frac{v^2}{c^2}\right) + \left(1 - \frac{v^2}{c^2}\right)\right\}. \quad (1)$$

Hierin bedeuten e und m Ladung und Masse des Elektrons, v die Geschwindigkeit des fliegenden Teilchens, n die Zahl der Elektronen pro cm^3 in dem durchquerten Material, IZ mit $I = 13{,}5$ eV einen Mittelwert der Ionisierungsenergie eines Atoms der Ordnungszahl Z, und W die bei einem Stoß maximal auf ein Elektron übertragbare Energie. Nach BHABHA (B 19) ist

$$W = \frac{(E^2 - M^2 c^4)}{M c^2\left(\frac{m}{2M} + \frac{M}{2m} + \frac{E}{M c^2}\right)}, \quad (2)$$

worin M die Masse des Mesons bedeutet. — Nach (1) hängt der Energieverlust außer von der Geschwindigkeit des Teilchens im wesentlichen ab von der Zahl der durchquerten Elektronen, also, grob gesprochen, von der Masse der durchquerten Schicht. Außerdem besteht eine logarithmische Abhängigkeit von der Ordnungszahl des bremsenden Mediums.

Zahlreiche experimentelle Untersuchungen [ROSSI (R 6)] zeigten nun, daß die Absorption der Mesonen in Luft wesentlich stärker ist als etwa in einer Wasserschicht, welche nach (1) denselben Energieverlust ergeben sollte. Diese Erscheinung wurde als ein experimenteller Beweis für den Zerfall des Mesons angesehen. Dieser Zerfall muß sich natürlich auf den langen Wegstrecken in einem gasförmigen Absorber wesentlich stärker auswirken als auf den kurzen Strecken innerhalb eines flüssigen oder festen Absorbers und muß so zu einer höheren Absorptionswirkung der Luft führen. Aus den Experimenten ließ sich auf eine Lebensdauer von einigen 10^{-6} Sekunden schließen, so daß die YUKAWAsche Theorie damit in ihren Grundzügen als bestätigt angesehen werden konnte.

FERMI (F 1) hat neuerdings darauf hingewiesen, daß diese Folgerungen noch nicht ganz stichhaltig sind insofern, als bei der Herleitung

[1] Wieweit bei Energien oberhalb 10^{10} eV Strahlungsverluste eine Rolle spielen, ist noch nicht völlig geklärt.

der Bremsformel (1) ein Effekt vernachlässigt ist, der bewirkt, daß die normale Absorption durch Energieverlust schon für stabile Teilchen in dem Sinne von der Dichte des bremsenden Materials abhängig wird, wie es die Experimente zeigen, nämlich so, daß dichtes Material, also ein flüssiger oder fester Absorber, einen geringeren Energieverlust ergibt als ein gasförmiger Absorber. Dieser Effekt besteht darin, daß in dem durchquerten Material durch das elektrische Feld des hindurchfliegenden Teilchens eine Polarisation hervorgerufen wird, die das erregende Feld schwächt. Dadurch wird der Energieverlust des Teilchens vermindert, und zwar um so stärker, je größer die Dielektrizitätskonstante, also je größer die Dichte des bremsenden Materials ist.

Bevor man also aus den Experimenten Schlüsse ziehen kann auf die Instabilität des Mesons, muß der Einfluß des obigen Effekts quantitativ festgestellt werden. Die Rechnung, deren wesentliche Ergebnisse im folgenden kurz dargestellt werden sollen, wurde von FERMI durchgeführt und führte zu dem Ergebnis, daß man nach wie vor an der Annahme des spontanen Zerfalls des Mesons festhalten muß. Allerdings ist aus den entsprechenden Experimenten auf eine etwas höhere Lebensdauer zu schließen, als früher geschehen ist.

Für die Rechnung ersetzt FERMI die durchquerte Materie durch ein Kontinuum elastisch an ihre Ruhelage gebundener Elektronen und berechnet für dieses Modell das elektrische und magnetische Feld des bewegten Teilchens. Mit Hilfe des Strahlungsvektors erhält man daraus den Energiefluß, der durch eine um die Bahn gelegte Zylinderfläche vom Radius b nach außen geht. Dieser stellt die pro Sekunde an das Äußere des Zylinders abgegebene Energie dar und kann mit dem entsprechenden Ausdruck der BOHRschen Theorie, welcher ohne Berücksichtigung der dielektrischen Eigenschaften des Mediums hergeleitet ist, unmittelbar verglichen werden, zeigt aber im Gegensatz zu diesem eine Abhängigkeit von der Dichte des Materials.

Mit dem Radius des Zylinders kann man, ohne daß die Rechnung ihren Sinn verliert, heruntergehen bis in die Größenordnung eines Atomradius. Dann kann man aber die Energieabgabe an das *Innere* eines solchen Zylinders als unabhängig von den dielektrischen Eigenschaften des Materials ansehen und einfach die in obiger Rechnung gegenüber dem BOHRschen Ausdruck für das *Äußere* des Zylinders gefundene Differenz zu der Formel (1), welche den bisherigen Gesamtenergieverlust angibt, hinzufügen.

Bei der Rechnung sind 2 Fälle zu unterscheiden, je nachdem ob $v < c/\sqrt{\varepsilon}$ oder $v > c/\sqrt{\varepsilon}$ ist. Dabei ist ε die dem zugrunde gelegten Modell entsprechende statische Dielektrizitätskonstante $\varepsilon = 1 + 4\pi n e^2/m\omega_0^2$, wo ω_0 die Eigenfrequenz der Elektronen bedeutet. Wenn von der Dämpfung der Elektronen abgesehen wird, erhält man für die Energieabgabe an das Äußere des Zylinders vom Radius b pro cm der vom Teilchen zurückgelegten Bahn

$$\left.\begin{aligned}
-\left(\frac{dE}{dx}\right)_b &= \frac{2\pi n e^4}{m v^2}\left\{\frac{2b\omega_0\sqrt{\varepsilon}}{v} K_0\left(\frac{b\omega_0\sqrt{\varepsilon}}{v}\right) K_1\left(\frac{b\omega_0\sqrt{\varepsilon}}{v}\right) - \ln\left(1-\frac{v^2}{c^2}\right) - \frac{v^2}{c^2}\right\}, \\
&\qquad \text{für } v < c/\sqrt{\varepsilon}, \\
-\left(\frac{dE}{dx}\right)_b &= \frac{2\pi n e^4}{m v^2}\left\{\frac{2b\omega_0\sqrt{\varepsilon}}{v} K_0\left(\frac{b\omega_0\sqrt{\varepsilon}}{v}\right) K_1\left(\frac{b\omega_0\sqrt{\varepsilon}}{v}\right) - \frac{1-v^2/c^2}{\varepsilon-1} + \ln\frac{\varepsilon}{\varepsilon-1}\right\} \\
&\qquad \text{für } v > c/\sqrt{\varepsilon},
\end{aligned}\right\} \quad (3)$$

während sich nach der BOHRschen Theorie der Ausdruck

$$-\left(\frac{dE}{dx}\right)_b = \frac{2\pi n e^4}{m v^2}\left\{\ln\left(\frac{1{,}123\cdot v}{\omega_0 b}\right)^2 - \ln\left(1-\frac{v^2}{c^2}\right) - \frac{v^2}{c^2}\right\} \quad (4)$$

ergibt. In (3) bedeuten K_0 und K_1 die HANKELschen Funktionen 0. und 1. Ordnung[1]. Für kleine Argumentwerte, also für kleine b, kann man sie durch ihre asymptotischen Ausdrücke ersetzen:

$$K_0(x) \approx \frac{1}{2}\ln\frac{4}{3{,}17\cdot x^2}; \quad K_1(x) \approx \frac{1}{x};$$

$$3{,}17 = \exp(2.\ \text{Eulersche Konstante})$$

und erhält so

$$\left.\begin{aligned}
-\left(\frac{dE}{dx}\right)_b &= \frac{2\pi n e^4}{m v^2}\left\{\ln\left(\frac{1{,}123\, v}{\omega_0 b\sqrt{\varepsilon}}\right)^2 - \ln\left(1-\frac{v^2}{c^2}\right) - \frac{v^2}{c^2}\right\} \quad \text{für } v < c/\sqrt{\varepsilon}, \\
-\left(\frac{dE}{dx}\right)_b &= \frac{2\pi n e^4}{m v^2}\left\{\ln\left(\frac{1{,}123\, v}{\omega_0 b\sqrt{\varepsilon}}\right)^2 - \frac{1-\frac{v^2}{c^2}}{\varepsilon-1} + \ln\frac{\varepsilon}{\varepsilon-1}\right\} \quad \text{für } v > c\sqrt{\varepsilon}.
\end{aligned}\right\} \quad (5)$$

Für $\varepsilon = 1$ geht der erste dieser beiden Ausdrücke in den BOHRschen Ausdruck (4) über. Die Berechnung des Energieverlustes mit Hilfe des Strahlungsvektors S ist also der Rechnung von BOHR, welcher die an die einzelnen Elektronen durch Stoß übertragenen Energien aufsummiert, für das Endergebnis äquivalent. Die FERMIsche Rechnung lehrt jedoch eine neue Auffassung von der Art dieses Energieverlustes. Denn im Gegensatz zu den Ausdrücken (4) und (5), die nur für kleine b-Werte gelten, gilt (3) allgemein. Für große Werte von b verschwindet nun hierin das erste Glied exponentiell, während die beiden hinteren Glieder stehenbleiben. Diese Glieder ergeben also einen Energiefluß, der durch einen beliebig großen Zylinder nach außen geht, stellen also eine Energieabstrahlung dar. Es handelt sich hier um nichts anderes als um die schon von CERENKOV (C 2) beim Durchgang schneller Elektronen durch Materie beobachtete elektromagnetische Ausstrahlung. Die darin enthaltene

[1] Siehe z. B. WATSON: Theory of Bessel functions, S. 78. 1922. Es ist

$$K_\nu(z) = \frac{\pi i}{2} e^{\frac{\nu\pi i}{2}} H_\nu^{(1)}(iz).$$

Energie ist also bei der Bremsung nicht als kinetische Energie an gestoßene Elektronen, sondern in Form von Strahlung abgegeben worden.

Während der Unterschied zwischen dem Ergebnis von FERMI und dem von BOHR für $v < c/\sqrt{\varepsilon}$ geringfügig ist und nur in dem Faktor ε unter dem Logarithmus besteht, zeigt sich für $v > c/\sqrt{\varepsilon}$ ein charakteristischer Unterschied: Das Glied $-\ln(1 - v^2/c^2)$, das mit $v \to c$ gegen unendlich strebt und den logarithmischen Wiederanstieg des nach BOHR berechneten Energieverlustes ergibt, fällt bei FERMI weg, an seine Stelle treten Glieder, die mit $v \to c$ einem endlichen Grenzwert zustreben. Diese Tatsache läßt sich anschaulich verständlich machen: der logarithmische Anstieg des Energieverlustes bei BOHR rührt von der LORENTZ-Kontraktion des Feldes des bewegten Teilchens her, welche bewirkt, daß das fliegende Teilchen noch in größeren Abständen auf gebundene Elektronen „stoßartig" wirken und damit Energie abgeben kann. Der „maximal wirksame" Stoßabstand wird dadurch mit wachsender Geschwindigkeit größer und rückt mit $v \to c$ gegen unendlich. Sobald jedoch die Polarisation des Mediums berücksichtigt wird, verändert sich in der Fourierzerlegung des Feldes das Feldbild für alle Frequenzen, deren Fortpflanzungsgeschwindigkeit kleiner als die Teilchengeschwindigkeit ist, also im Falle $v > c/\sqrt{\varepsilon}$ für alle Frequenzen unterhalb der Resonanzfrequenz, ganz wesentlich. Es bildet sich für diese Frequenzen eine Kopfwelle aus, deren Winkel zwar für die verschiedenen Frequenzen verschieden ist, also eine Dispersion zeigt, die aber für $v \to c$ einer festen Gestalt zustrebt und keine weitere Kontraktion mehr zeigt. Damit strebt auch der maximal wirksame Stoßabstand nicht mehr gegen unendlich, sondern gegen einen festen Grenzwert.

Die Unterschiede der Formeln (5) gegenüber der BOHRschen Formel (4) stellen, wie oben erwähnt, auch die an der vollständigen Bremsformel (1) anzubringende Korrektur dar. So erhalten wir für den Energieverlust eines schnell bewegten geladenen Teilchens nunmehr die verbesserten Ausdrücke

$$\left.\begin{aligned} -\left(\frac{dE}{dx}\right) &= \frac{2\pi n e^4}{m v^2}\left\{\ln\frac{m v^2 W}{I^2 Z^2} - \ln\left(1-\frac{v^2}{c^2}\right) + \left(1-\frac{v^2}{c^2}\right) - \ln\varepsilon\right\} \quad \text{für} \quad v < c/\sqrt{\varepsilon}, \\ -\left(\frac{dE}{dx}\right) &= \frac{2\pi n e^4}{m v^2}\left\{\ln\frac{m v^2 W}{I^2 Z^2} + 1 - \ln(\varepsilon - 1) - \frac{1 - v^2/c^2}{\varepsilon - 1}\right\} \quad \text{für} \quad v > c/\sqrt{\varepsilon}. \end{aligned}\right\} \quad (6)$$

Für $v = c/\sqrt{\varepsilon}$ gehen die beiden Ausdrücke ineinander über. Im Grenzfall sehr hoher Energien fällt in dem zweiten Ausdruck das letzte Glied ganz weg, ferner kann man die Größe IZ durch den unserem Modell entsprechenden Ausdruck $\hbar\omega_0$ sowie $\varepsilon - 1$ durch $4\pi n e^2/m\omega_0^2$ ersetzen und erhält die für den Grenzfall sehr hoher Energien gültige Bremsformel

$$-\left(\frac{dE}{dx}\right) = \frac{2\pi n e^4}{m c^2}\left\{\ln\frac{\pi m^2 c^2 W}{n e^2 h^2} + 1\right\}. \quad (7)$$

Nach dieser Formel hängt der Energieverlust bei sehr hohen Energien gar nicht mehr von der Art des bremsenden Mediums, sondern nur noch von der darin herrschenden Elektronendichte ab, und zwar so, daß er mit wachsender Dichte kleiner wird.

Der Energieverlust bei kleineren Energien hängt von dem Wert von ε ab. Diese Größe ist in dem vereinfachten FERMIschen Modell die statische Dielektrizitätskonstante. Bei der Betrachtung wirklicher Materie muß diese jedoch durch einen Effektivwert ersetzt werden,

Tabelle 1.

Elektronenenergie		10^6	10^7	10^8 eV
Energieverlust	$\varepsilon = 1$	1,93	2,15	2,72 MeV/cm
	$\varepsilon = 1,1$	1,92	1,91	2,09 ,,
	$\varepsilon = 1,7$	1,83	1,75	1,94 ,,

der in zunächst unbekannter Weise durch die Dispersionseigenschaften des Materials gegeben ist. Hierin liegt eine gewisse Unsicherheit für die Anwendung der Bremsformeln (6). Um den Einfluß dieser Unsicherheit abzuschätzen, berechnet FERMI den Energieverlust von gewöhnlichen Elektronen in Wasser, indem er einmal $\varepsilon = 1,7$, das andere Mal $\varepsilon = 1,1$ einsetzt. Die Ergebnisse sind in Tabelle 1 zusammengestellt. Man sieht, daß die Unterschiede gegenüber der alten Theorie ($\varepsilon = 1$) jedenfalls erst bei Energien erheblich werden, wo an sich der Energieverlust schon zum überwiegenden Teil durch Strahlungsverluste bedingt ist, also die vorliegenden Formeln ihre Bedeutung verlieren.

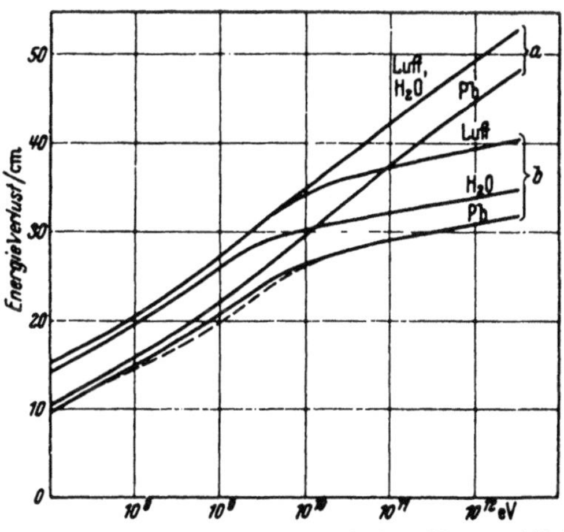

Abb. 1. Energieverlust von Mesonen in Luft, Wasser und Blei in Einheiten $2\pi n e^4/m v^2$, a) nach BOHR-BLOCH, b) nach FERMI.

Bei schweren Teilchen, Protonen, Deuteronen und α-Teilchen, setzen nun zwar die Strahlungsverluste erst bei viel höheren Energien ein. Andererseits liegen die Geschwindigkeiten dieser Teilchen bis hinauf zu Energien von einigen MeV noch so tief unter der Lichtgeschwindigkeit, daß die erste der beiden Formeln (6) anzuwenden ist, die sich von der alten Bremsformel nur um einige Prozent unterscheidet. Meßbare Effekte treten also auch hier nicht auf.

Anders ist es bei den Mesonen. Hier stehen uns so hohe Energien zur Verfügung, daß sich einerseits die Unterschiede zwischen der alten und der neuen Bremsformel schon deutlich bemerkbar machen müssen, ohne daß andererseits Strahlungsverluste schon eine wesentliche Rolle spielen. Abb. 1 zeigt den nach (1) bzw. (6) berechneten Energieverlust in Luft, Wasser und Blei. Man sieht, daß nach Formel (1) der Energieverlust in den verschiedenen Stoffen bei niederen Energien zunächst eine Ordnung nach der Ordnungszahl der bremsenden Substanz zeigt, während sich bei höheren Energien nach der neuen Theorie eine Ordnung nach den Dichten einstellt. Der Punkt, wo sich dieser Übergang vollzieht, sowie der genauere Verlauf in dieser Gegend hängen von dem angenommenen Wert von ε ab. Die gestrichelte Kurve, die sich ebenfalls auf Blei bezieht, deutet das Ergebnis einer Rechnung von Wick (W s. u.*) an, der empirische, aus der Optik bekannte Daten zur Berechnung des Verlaufs im Übergangsgebiet herangezogen hat. Durch eine solche genauere Rechnung verflacht sich zwar der Übergang etwas, doch ist der Unterschied gegenüber der Fermischen Rechnung praktisch ohne Bedeutung. Jedenfalls sieht man, daß schon bei Mesonenenergien von 10^{10} eV trotz der nahezu gleichen Ordnungzahl Wasser eine merklich schwächere Absorption liefert als eine Luftschicht mit der gleichen Elektronenzahl.

Um die Frage zu klären, wieweit man mit diesem Effekt den experimentell gefundenen Unterschied zwischen der Absorption in Wasser und in Luft erklären kann, diskutiert Fermi die Messungen von Ehmert (E 1) sowie diejenigen von Rossi, Hilberry und Hoag (R 9) auf Grund seiner neuen Bremsformel, die er in der für hohe Energien gültigen Form (7) verwendet. Ehmert findet, daß die Zahl der Mesonen hinter dicken Luftschichten (> 10 m Wasseräquivalent) nur etwa die Hälfte von derjenigen hinter entsprechenden Wasserschichten beträgt, im übrigen aber in beiden Fällen mit der 1,87-ten Potenz der Tiefe, gemessen in m Wasser, abfällt. Die letztere Tatsache kann man nach Euler und Heisenberg (E 7) in der Weise erklären, daß man annimmt, daß die Zahl der Mesonen oberhalb einer Energie E an ihrem Entstehungsort durch ein Potenzgesetz der Form $N = c \cdot E^{-1,87}$ gegeben ist, und daß diese Mesonen dann mit konstantem Energieverlust absorbiert werden. — Nach (7) ist nun für Mesonen von 10^{10} eV der Energieverlust in Wasser 2,2 MeV/g cm^{-2}, derjenige in Luft von der mittleren Dichte der Atmosphäre ($= 1/e$ der Dichte an der Erdoberfläche) 2,8 MeV/g cm^{-2}. Die Grenzenergien der Mesonen, die gerade noch imstande sind, eine dicke Wasser- bzw. eine entsprechend dicke Luftschicht zu durchsetzen, verhalten sich demnach wie 2,2:2,8, die Zahlen der durchgelassenen Mesonen also wie $(2,8:2,2)^{1,87} = 1,58$. Die Messungen von Ehmert ergeben nun für dieses Verhältnis den Wert 2.

* Unveröffentlichte Mitteilung.

Da die theoretische Abschätzung infolge der Anwendung der Gleichung (7) zweifellos eine obere Grenze für den auf Grund des FERMI-Effekts zu erwartenden Wert ergibt, so ist zu schließen, daß dieser Effekt höchstens 50% des gemessenen Unterschiedes erklären kann. Der verbleibende Unterschied muß nach wie vor einem Zerfall des Mesons zugeschrieben werden.

Noch deutlicher wird dies bei der Betrachtung der Experimente von ROSSI, HILBERRY und HOAG, welche den Verlauf der Mesonenintensität in der Atmosphäre messen und in verschiedenen Meereshöhen die Abnahme feststellen, die durch eine in den Strahlengang gebrachte Graphitschicht von 82 g/cm² bewirkt wird. Diese Abnahme ist wiederum nur etwa die Hälfte von derjenigen in der äquivalenten Luftschicht. Da durch einen so dünnen Absorber nur die langsamsten Mesonen (bis zu einigen 10^8 eV) wegabsorbiert werden, fällt der FERMI-Effekt noch kaum ins Gewicht, eine Abschätzung zeigt, daß er noch nicht einmal 10% des gemessenen Unterschiedes ausmachen kann. Auch diese Experimente sprechen also für den Zerfall des Mesons und ergeben eine Zerfallszeit von $2 \cdot 10^{-6}$ Sekunden.

Eine genauere Diskussion der Mesonenabsorption hat LYONS (L 12) vorgenommen. Er berücksichtigt die Energieabhängigkeit der Bremsung zusammen mit der spektralen Verteilung der Mesonen, für die er ein Potenzgesetz der Form $N = a \cdot E^{-\gamma}$ (N = Mesonenzahl am Ort ihrer Entstehung, oberhalb der Energie E) annimmt. Wenn man vom Zerfall zunächst absieht, was bei der Absorption in festen oder flüssigen Stoffen erlaubt ist, findet man mit Hilfe der FERMIschen Bremsformeln, daß sich die Gesamtzahl der hinter einer absorbierenden Schicht vorhandenen Mesonen in der Weise berechnen läßt, daß man einem Meson der Energie E eine Reichweite R zuschreibt auf Grund des Zusammenhangs

$$R = 0{,}5 \cdot E^{0{,}96}, \qquad E \text{ in } 10^8\,\text{eV}, \qquad R \text{ in m Wasser.}$$

Dazu ist zu bemerken, daß man aus dieser Beziehung, die mit Hilfe des *mittleren* Energieverlustes berechnet ist, nicht unmittelbar auf den *wahrscheinlichsten* Energieverlust des einzelnen Mesons, wie er etwa bei WILSONkammer-Messungen in Erscheinung tritt, schließen darf. Die Verteilung der Energieverluste für ein einzelnes Teilchen ist nämlich durch eine unsymmetrische Wahrscheinlichkeitskurve gegeben, deren Maximum bei einem tieferen Energiewert liegt als der Mittelwert. Nach LYONS ist für ein Meson der Energie 10^{11} eV der mittlere Energieverlust in 1 m Wasser etwa $3 \cdot 10^8$ eV, während der wahrscheinlichste nur etwa $2{,}2 \cdot 10^8$ eV beträgt. — Die obige Energie-Reichweite-Beziehung gilt für $\gamma \lesssim 2$. Mit Hilfe der von EHMERT gemessenen Tiefenabhängigkeit $N = c \cdot T^{-1{,}87}$ kann man damit eine genauere Bestimmung von γ vornehmen und findet $\gamma = 1{,}87 \cdot 0{,}96 = 1{,}80$.

In sehr großen Wassertiefen steigt nach Messungen von Wilson (W 13) der Ehmertsche Exponent 1,87 für die Tiefenabhängigkeit bis auf etwa den Wert 2,5 an. Nach Lyons kann man diese Erscheinung durch einen zusätzlichen, erst bei hohen Mesonenergien ($\gtrsim 10^{11}$ eV) einsetzenden Energieverlust erklären und praktisch quantitativ zu dem von Schein und Gill (S 3) gemessenen Wirkungsquerschnitt für die Erzeugung Hoffmannscher Stöße in großen Tiefen in Beziehung setzen. Ob es sich bei diesem Energieverlust um das nach Rechnungen von Oppenheimer, Snyder und Serber (O 2) speziell beim Meson (Spin 1) bei hohen Energien hinzutretende Absorptionsglied, oder ob es sich einfach um Strahlungsverluste handelt, muß allerdings dahingestellt bleiben.

Die Diskussion der Mesonenabsorption in der Atmosphäre und in geringeren Wassertiefen führt auch nach der genaueren Rechnung von Lyons zu dem Ergebnis, daß man einen Zerfall des Mesons anzunehmen hat. Die beste Übereinstimmung mit den experimentellen Ergebnissen erzielt man hierbei, wenn man dem Meson eine Lebensdauer von $3 \cdot 10^{-6}$ Sekunden zuschreibt.

7. Stoßerzeugung durch Mesonen.

Von C. F. v. Weizsäcker-Straßburg.

Mit 2 Abbildungen.

1. Zusammenhang der Stöße mit der durchdringenden Komponente.

Die von Hoffmann entdeckten „Stöße" in der Ionisationskammer bestehen überwiegend aus sehr zahlreichen gleichzeitig auftretenden Elektronen beider Vorzeichen und stellen somit einfach die größten „Schauer" dar. Ein Teil von ihnen wird zweifellos durch die weiche Komponente der Höhenstrahlung verursacht; diese Stöße entstehen offenbar, wenn ein Teil eines Luftschauers (vgl. den 3. Bericht, Molière) die Kammerwand trifft. Ein anderer Teil muß aber der harten Komponente zugeschrieben werden. Diesen Zusammenhang haben Euler und Heisenberg (E 7) ausführlich erörtert. Wir folgen zunächst ihrer Diskussion der Stoßauslösekurven von Nie (N 3).

Abb. 1 zeigt die Abhängigkeit der Anzahl derjenigen Stöße, in denen mehr als 200 Teilchen vorkommen, von der Dicke der über der Kammer befindlichen absorbierenden Schicht. Die Maxima der Kurven sind der weichen Komponente zuzuschreiben; denn ihre Höhe, ihre Abhängigkeit von der Schichtdicke und ihre Materialabhängigkeit entsprechen den Forderungen der Kaskadentheorie. In ihr ist das Maximum in Blei am größten und liegt bei der dünnsten Schicht (in g/cm² gerechnet), in Eisen ist es kleiner und bei dickerer Schicht, in Aluminium ist es gar nicht zu erkennen.

Hingegen können die nahezu von der Schichtdicke unabhängigen Stoßzahlen hinter sehr großen Dicken nicht von der weichen Komponente herrühren, sondern nur von einer Strahlung, die einen sehr geringen Absorptionskoeffizienten hat. Wir schreiben sie also den Mesonen als Sekundäreffekt zu. Zwar sind sie offenbar ebenfalls nach ihrem ganzen Verhalten normale Kaskaden, die sich in der absorbierenden

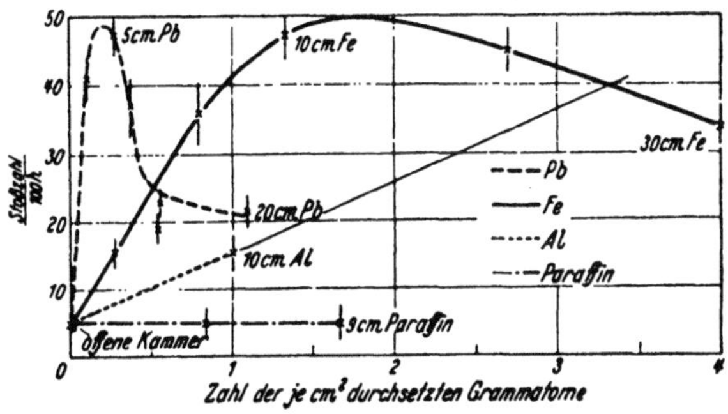

Abb. 1. Auslösungskurven für Pb, Fe, Al und Paraffin. Nur Stöße >4 MeV (Nach Nie).

Schicht ausgebildet haben. Sie unterscheiden sich von den Kaskaden im Maximum der Kurve nur dadurch, daß die primären Elektronen oder Lichtquanten, welche die Kaskade ausgelöst haben, nicht von oben auf die absorbierende Substanz gefallen, sondern in ihr erst durch ein Meson erzeugt bzw. beschleunigt worden sind.

Was läßt sich aus der Erfahrung über den Primärvorgang der Entstehung der ersten Teilchen der Kaskade folgern? Offenbar hängt er anders von der Kernladung ab als die Kaskadenerzeugung selbst. Nach der Abb. 1 ist er in Blei am schwächsten, in Aluminium am stärksten; lassen wir selbst die Ungenauigkeit zu, die darin liegt, daß die Kurven nur in Blei bis zur wirklichen Sättigung durchgemessen sind, so folgt doch jedenfalls, daß die Wahrscheinlichkeit des Prozesses mit wachsendem Z nicht zunimmt.

Wichtig ist die Abhängigkeit der Anzahl der Stöße von ihrer Größe. Sie sagt etwas aus über das Gesetz, nach dem die Energie der stoßerzeugenden Teilchen verteilt ist. Die Erfahrung lehrt [Sittkus (S 18), Schein und Gill (S 3)] daß die Anzahl $N(S)$ der Stöße, in denen mehr als S Teilchen vorkommen, variiert wie $S^{-\gamma}$, wobei der Exponent γ in der Nähe von 2 liegt. Da die im ganzen in einem Stoß verbrauchte

Energie proportional S ist, zeigen die Stöße ein Verteilungsgesetz, das innerhalb der Meßfehler mit dem Verteilungsgesetz sowohl der harten wie der weichen Komponente über die Energie ($E^{-1.8}$) identisch ist.

Ehe wir weitere Erfahrungen heranziehen, fragen wir, welche Vorstellung die genannten Gesetzmäßigkeiten deuten könnte.

2. Deutung des Zusammenhangs.

Durch welche Prozesse kann ein Meson Sekundärteilchen erzeugen, die energiereich genug sind, um einen Stoß hervorzubringen?

Im Rahmen der theoretisch bekannten Prozesse kommen Ionisation und Bremsstrahlung in Betracht. Normalerweise überträgt zwar ein Meson auf ein Atom bei der Ionisation nur eine kleine Energie von weniger als 100 Volt; die Summierung dieser zahlreichen kleinen Energieabgaben ist es gerade, welche den Mesonen eine endliche Reichweite in der Materie gibt. Gelegentlich müssen aber auch Prozesse vorkommen, bei denen ein Elektron einen sehr großen Stoß erfährt und einen beträchtlichen Bruchteil der Energie des Mesons davonträgt. Ebenso kann durch Bremsstrahlung ein entsprechender Bruchteil der Energie auf ein Lichtquant übertragen werden, das nun ebenfalls eine Kaskade auslösen kann. Zwar sind die Mesonen zunächst gerade dadurch von den Elektronen unterschieden worden, daß sie keine Bremsstrahlung zeigen. Doch müssen auf sehr langen Wegstrecken, äußerstenfalls um das Quadrat des Massenverhältnisses von Meson und Elektron seltener, ebenfalls Bremsstrahlprozesse auftreten.

Eine andere Möglichkeit ist, als Ursprung der Stöße eine Heisenbergsche „Explosion" anzunehmen, d. h. die Erzeugung vieler Teilchen in einem Elementarakt. Wie Heisenberg (vgl. 12. Bericht, Heisenberg) bemerkt hat, besteht zwischen dieser und der vorher genannten Deutung kein ausschließendes Verhältnis. Denn die Explosionen werden gerade dann eintreten, wenn bei einem Wechselwirkungsakt des Mesons mit Materie sehr viel Energie übertragen wird. Man wird also richtig handeln, wenn man zunächst diese Wechselwirkungsakte nach der normalen Theorie untersucht und erst nachträglich fragt, ob das, was man ausgerechnet hat, die Wahrscheinlichkeit für die Erzeugung *eines* Sekundärteilchens ist, wie es zunächst im Ansatz der normalen Theorie angenommen wird, oder ob bei dem Prozeß automatisch viele Teilchen als „Nebenprodukt" entstehen (vgl. die Untersuchungen von Bloch und Nordsieck über die Lichtemission bei der Rutherford-Streuung und die Arbeit von Heisenberg über Mesonenschauer; 12. Bericht, Heisenberg).

Bhabha (B 19) hat den Wirkungsquerschnitt für die Erzeugung eines sehr schnellen Elektrons durch ein Meson („Anstoßprozeß") berechnet. Die Energieabhängigkeit seiner Formel läßt sich aber mit der Erfahrung nicht vereinbaren. Nennen wir ε den Bruchteil der Energie des Mesons, der an das Elektron übertragen wird (ε ist also eine reine Zahl: $0 \leqq \varepsilon < 1$), so ist der Wirkungsquerschnitt nach BHABHA proportional zu $d\varepsilon/\varepsilon^2$. Dies bedeutet nun, daß prozentual sehr kleine Energieübertragungen begünstigt werden. Geht man von einem Spektrum der Mesonen aus, in dem die Anzahl $N_m(E)$ derjenigen Mesonen, deren Energie größer als E ist, proportional ist zu $E^{-\gamma}$, so ist wegen der Bevorzugung kleiner Energieübertragungen die Anzahl $N_e(E)$ der angestoßenen Elektronen, deren Energie größer als E ist, proportional zu $E^{-\gamma-1}$, während die Erfahrung $E^{-\gamma}$ fordert.

Man kann hieraus folgern, daß der primäre Prozeß der Energieabgabe wie er auch zustande kommen möge, wenigstens einen zu $d\varepsilon/\varepsilon$ proportionalen Wirkungsquerschnitt haben muß. Dann sind zwar die kleinen Energieübertragungen immer noch häufiger als die großen, aber die mittlere bei einem Stoß übertragene Energie ist proportional zu $\int \varepsilon \frac{d\varepsilon}{\varepsilon}$, und dieses Integral hat, wenn man es beispielsweise von $\varepsilon = 0$ bis $\varepsilon = \frac{1}{4}$ erstreckt, denselben Wert wie von $\varepsilon = \frac{1}{4}$ bis $\varepsilon = \frac{1}{2}$ usw.; d. h. die in ein ε-Intervall abgegebene Energie ist von ε unabhängig, und damit wird das primäre Spektrum beim Stoß genau reproduziert.

Die Materialabhängigkeit des Prozesses besprechen wir unter 5.

3. Anwendung auf die Strahlung in großen Tiefen.

Die einen Stoß auslösenden Prozesse sind zwar selten, müssen aber doch einen gewissen Beitrag zur Absorption der Mesonen liefern. Dieser Beitrag wird sich bei der Strahlung in sehr großen Tiefen bemerkbar machen.

In erster Näherung kann man die Intensität der kosmischen Strahlung in großen Tiefen (vom Meeresniveau bis zu einer Tiefe von rund 1000 m Wasseräquivalent hinab) wiederum durch das schon bekannte Potenzgesetz darstellen. Bezeichnet T die Tiefe unter dem oberen Rand der Atmosphäre, gemessen in g/cm² oder in cm Wasseräquivalent, so ist die Intensität der Strahlung in großen Tiefen genähert proportional zu $T^{-\gamma}$, wobei γ wiederum etwa den Wert 1,9 hat [CLAY (C 4), WILSON (W 13), EHMERT (E 2)]. Dies ist theoretisch unmittelbar verständlich, wenn die Mesonen ausschließlich durch normale Ionisationsprozesse gebremst werden. Denn dann hat jedes Meson eine feste, zu seiner Energie proportionale Reichweite. Sei a der Energieverlust eines Mesons pro cm H_2O, so sind in der Tiefe T noch alle die Mesonen vorhanden, deren Energie anfangs größer war als Ta. So setzt sich das Energiespektrum unmittelbar in die Absorptionskurve um (vgl. EULER und HEISENBERG).

Empirisch ist das Absorptionsgesetz nun aber nicht genau $T^{-\gamma}$. Die Absorption vollzieht sich vielmehr auf den ersten 100 m H_2O langsamer, als das Gesetz fordert, etwa von 500 m Wassertiefe an hingegen schneller.

Die anfänglich langsamere Absorption ist ein Übergangseffekt von Luft zu Wasser, der mit dem Zerfall der Mesonen zusammenhängt [EULER und HEISENBERG (E 7), LYONS (L 12)]. In der Atmosphäre spielt der Zerfall neben der Absorption durch Ionisation eine Rolle, in Wasser und festem Erdboden hingegen nicht; denn nur in der Atmosphäre verteilen sich die einzelnen Ionisationsprozesse wegen der geringen Dichte der Luft auf eine so lange Wegstrecke, daß das Meson inzwischen Zeit hat, zu zerfallen. Nun zerfallen wegen der Zeitdilatation vorzugsweise die langsamen Mesonen. Daher ist in der Atmosphäre die Anzahl der Mesonen mit kleinen Energien geringer, als dem Spektrum $E^{-\gamma}$ entspricht. Diese langsameren Mesonen sind aber die ersten, die beim Eintritt in Wasser oder den festen Erdkörper steckenbleiben. Daher werden im Wasser zunächst weniger Mesonen absorbiert, als nach dem Spektrum $E^{-\gamma}$ zu erwarten wäre. Erst wenn alle die Mesonen, deren Häufigkeit durch den Zerfall wesentlich modifiziert wurde, absorbiert sind, kann das normale Gesetz $T^{-\gamma}$ deutlich hervortreten. Der Effekt hat also mit den Anstoßprozessen nichts zu tun und wird hier nicht weiter betrachtet.

Dagegen kann man den verstärkten Abfall bei sehr großen Tiefen der Auslösung von Stößen zuschreiben [vgl. LYONS (L 12)]. Welches Absorptionsgesetz hat man von ihnen zu erwarten? Durch diese Prozesse wird ab und zu ein einzelnes Meson mit einem Schlage absorbiert. Es verschwindet zwar nicht völlig, sondern vermindert nur seine Energie um einen Faktor der Größenordnung 1/2. Hierdurch rückt es aber in einen Energiebereich, in dem sich nach dem Gesetz $E^{-\gamma}$ wesentlich mehr Mesonen befinden als in dem ursprünglichen. D. h. die Lücke, welche die Anstoßprozesse in die Mesonen hoher Energie reißen, wird sehr viel früher merklich als die absolut genommene gleich große, aber prozentual geringere Vermehrung der Anzahl von Mesonen geringer Energie, die damit verbunden ist. In erster Näherung kann man also einfach so rechnen, als sei jedes Meson, das einen Anstoßprozeß durchgemacht hat, verschwunden. Wann dieses Schicksal das einzelne Meson ereilen wird, ist aber nicht bekannt; während die normale Ionisation die Mesonenenergie langsam und gleichmäßig herabdrückt, werden die Mesonen durch die Anstoßprozesse gleichsam verdünnt. Der Absorption mit $T^{-\gamma}$ muß sich daher eine exponentielle Absorption überlagern. Genähert muß daher die Mesonenintensität mit der Tiefe wie

$$F(T) = \text{const}\, T^{-\gamma} e^{-\alpha T} \tag{1}$$

variieren. Die Erfahrung läßt sich darstellen mit

$$\alpha \approx \frac{1}{2000\,\text{m}\, H_2O}\,. \tag{2}$$

Eine Prüfung dieser Theorie liegt im Vergleich mit der Intensität der weichen Strahlung in großen Tiefen. Elektronen, die sich in der kosmischen Strahlung wesentlich unter Meeresniveau finden, können nicht mehr von der primären weichen Komponente stammen. Sie müssen von den Mesonen erzeugt sein. Da der Zerfall keine Rolle spielt, müssen sie von den Anstoßprozessen herrühren. Man kann die Stöße als die größten unter ihren Entstehungsprozessen ansehen. Es muß daher möglich sein, aus der exponentiellen Zusatzabsorption der Mesonen die Intensität der weichen Komponente hinter großen Dicken Wasser zu berechnen. Nach WILLIAMS kann man folgende Überschlagsrechnung machen:

Die exponentielle Absorption entzieht der Mesonenkomponente, welche pro cm^2 und sec einen Energiestrom J darstellen möge, pro Wegstrecke dT die Energie $J\alpha dT$. Diese Energie wird der weichen Komponente zugeführt. Da der Vorgang zeitlich stationär ist, muß die weiche Komponente dieselbe Energie auf derselben Wegstrecke auch verlieren. Ein Elektron verliert pro cm H_2O etwa dieselbe Energie a wie ein Meson durch Ionisation. Also verliert die weiche Komponente auf der Wegstrecke dT *pro Teilchen* die Energie $a dT$, und da sie im ganzen auf dieser Wegstrecke $J\alpha dT$ verliert, muß sie $\frac{J\alpha}{a}$ Teilchen pro cm^2 und sec enthalten. Zum Vergleich müssen wir außerdem die Zahl der Teilchen in der Mesonenkomponente kennen. Da wir die Gesamtenergie J aller Mesonen als bekannt vorausgesetzt haben, brauchen wir die mittlere Energie eines Mesons. Die Zahl der Mesonen mit einer Energie über E ist in der Tiefe T proportional zu $(E + aT)^{-\gamma}$, da ja die Mesonen, die in der Tiefe T die Energie E haben, anfangs die Energie $E + aT$ hatten. Dabei ist von der Zusatzabsorption abgesehen, d. h. die Rechnung gilt nur für Schichten, die wesentlich kleiner sind als 2000 m H_2O. Die Zahl der Mesonen, deren Energie zwischen E und $E + dE$ liegt, ist folglich proportional $(E + aT)^{-\gamma-1} dE$ und die mittlere Energie

$$\bar{E} = \frac{\int\limits_0^\infty (E + aT)^{-\gamma-1} E\,dE}{\int\limits_0^\infty (E + aT)^{-\gamma-1} dE} = \frac{aT}{\gamma - 1} \approx 1{,}25\, aT. \tag{3}$$

Die mittlere Energie der Mesonen nimmt also mit der Tiefe ständig zu. Dies leuchtet ein, wenn man bedenkt, daß das primäre Spektrum $E^{-\gamma}$ bei $E = 0$ sogar divergiert und somit, wenn man es für kleines E nicht modifizierte, sogar eine mittlere Energie Null liefern würde, während die Absorption gerade diese im Überschuß vorhandenen langsamen Mesonen zuerst entfernt. Die Zahl der Mesonen ist nun also $\frac{J(\gamma - 1)}{aT}$

und das Verhältnis der Elektronenzahl zur Mesonenzahl $\frac{N_e}{N_m} = \frac{\alpha T}{\gamma - 1}$. Die weiche Komponente muß also mit der Tiefe T wieder relativ zunehmen. Dies folgt unmittelbar aus dem Anwachsen der mittleren Mesonenenergie mit der Tiefe, denn je energiereicher ein Meson ist, desto mehr Elektronen kann es in einem Stoß erzeugen.

In einer Tiefe von 400 m H_2O ist nach unserer Rechnung ein Verhältnis $N_e/N_m \approx 0{,}25$ zu erwarten. Die Erfahrung ergibt

Autor	T in m H_2O	Ne/Nm
AUGER-GRIVET . .	30	0,07
CLAY	300	0,11
„	427	0,22

Für den quantitativen Vergleich sei auf die Arbeit von LYONS verwiesen.

4. Theorie der Elementarprozesse der Stoßauslösung.

Worin besteht nun der Elementarprozeß, den wir formal als „Anstoßprozeß" gekennzeichnet haben?

Die Rechnung von BHABHA berücksichtigte nur die Wechselwirkung des elektrischen Feldes des Mesons mit dem angestoßenen Elektron. OPPENHEIMER, SNYDER und SERBER (O 2) haben hervorgehoben, daß mit dem Spin des Mesons ein magnetisches Moment verbunden ist, dessen Übergänge bei sehr nahen Stößen eine sehr viel größere Wechselwirkung bedingen als die elektrische Ladung. Noch stärker als in direkter Ionisation äußert sich diese Wechselwirkung in einer starken Bremsstrahlung. CHRISTY und KUSAKA (C 3) haben alle in Betracht kommenden Wirkungsquerschnitte ausgewertet. Wir geben im folgenden ihre Resultate mit einigen Erläuterungen an.

Die Wirkungsquerschnitte sind ausgewertet für drei mögliche Spinwerte des Mesons: 0, $\frac{1}{2}\hbar$ und $1\hbar$. Obwohl die Erfahrungen der Kernphysik zeigen, daß man mit Mesonen vom Spin 0 nicht auskommt, ist dieser Wert einbezogen, da neuere Hypothesen die Existenz verschiedener Mesonensorten von verschiedenem Spin vermuten (vgl. Abschnitt 5 und den 10. Bericht über die Theorie des Mesons). Der Spin $\frac{1}{2}\hbar$ wurde vollständigkeitshalber hinzugenommen, obwohl jedenfalls diejenigen Mesonen, die nach YUKAWAS Ansatz für die Kernkräfte verantwortlich sein sollen, ganzzahligen Spin haben müssen. Der angegebene Wert des magnetischen Moments ist derjenige, der aus den gewöhnlichen Feldgleichungen ohne ad hoc eingeführte Zusatzglieder folgt. Es ist zugleich derjenige Wert, für den die berechneten Wirkungsquerschnitte den kleinsten möglichen Wert haben. Allerdings beweist der empirische Wert des magnetischen Moments des Protons und des Neutrons, daß ein Elementarteilchen nicht notwendigerweise das „normale" magnetische Moment haben muß. Die angegebenen Wirkungsquerschnitte sind daher, da uns direkte Messungen über das magnetische Moment des Mesons nicht zur Verfügung stehen, Mindestwerte.

In den Formeln bedeuten: μ die Mesonen-, m die Elektronenmasse, $\alpha = e^2/\hbar c$ die SOMMERFELDsche Konstante, Z die Ladung des Kernes, an dem sich der Prozeß vollzieht, E_0 die Primärenergie des Mesons, ε wie oben den Bruchteil dieser Energie, den das Elektron bzw. Lichtquant übernimmt. $\varepsilon_m \approx [1 + (\mu^2 c^2/2 m E_0)]^{-1} \approx E_0/(E_0 + 10^{10}\,\mathrm{eV})$ ist der maximale Bruchteil der Energie, der auf einmal übertragen werden kann. Solange das Meson langsamer läuft als das Licht, kann das Elektron höchstens die Geschwindigkeit des Mesons und folglich nur einen zu E_0 proportionalen kleinen Bruchteil seiner Energie übernehmen. Wenn dagegen das Meson praktisch mit Lichtgeschwindigkeit läuft, nähert sich ε_m dem Wert 1. $\omega = \left(\frac{e^2}{mc^2}\right)^2 \alpha Z^2 \approx Z^2 \cdot 1{,}6 \cdot 10^{-32}\,\mathrm{cm}^2$ ist die Einheit, in der wir die Wirkungsquerschnitte messen.

Spin	Magn. Moment	$\frac{\sigma(E_0, \varepsilon)\,d\varepsilon}{\omega} =$ (4)
		I. Anstoß eines Elektrons.
0	0	$\frac{2\pi}{\alpha Z}\frac{\mu}{m}\frac{\mu c^2}{E_0}\frac{d\varepsilon}{\varepsilon^2}\left(1 - \frac{\varepsilon}{\varepsilon_m}\right)$,
$\frac{1}{2}$	$\frac{e\hbar}{2\mu c}$	$\frac{2\pi}{\alpha Z}\frac{\mu}{m}\frac{\mu c^2}{E_0}\frac{d\varepsilon}{\varepsilon^2}\left(1 - \frac{\varepsilon}{\varepsilon_m} + \frac{\varepsilon^2}{2}\right)$,
1	$\frac{e\hbar}{2\mu c}$	$\frac{2\pi}{\alpha Z}\frac{\mu}{m}\frac{\mu c^2}{E_0}\frac{d\varepsilon}{\varepsilon^2}\left[1 - \frac{\varepsilon}{\varepsilon_m} + \frac{\varepsilon^2}{3} + \frac{m E_0 \varepsilon}{3\mu^2 c^2}\left(1 - \frac{\varepsilon}{\varepsilon_m} + \frac{\varepsilon^2}{2}\right)\right]$.
		II. Bremsstrahlung.
0	0	$\frac{16}{3}\frac{(1-\varepsilon)}{\varepsilon}\,d\varepsilon\left[\ln\frac{2(1-\varepsilon)E_0}{(5/6)\mu c^2 Z^{1/3}\varepsilon} - \frac{1}{2}\right]$,
$\frac{1}{2}$	$\frac{e\hbar}{2\mu c}$	$\frac{16}{3}\left(\frac{3\varepsilon}{4} + \frac{1-\varepsilon}{\varepsilon}\right)d\varepsilon\left[\ln\frac{2(1-\varepsilon)E_0}{(5/6)\mu c^2 Z^{1/3}\varepsilon} - \frac{1}{2}\right]$,
1	$\frac{e\hbar}{2\mu c}$	$d\varepsilon\left[\frac{\pi E_0}{5\mu c^2 Z^{1/3}}\left(\frac{2 - 2\varepsilon + 7\varepsilon^2}{12}\right) + \cdots\right]$.

Im zuletzt stehenden Ausdruck, der die Bremsstrahlung für den Mesonenspin 1 angibt, sind additive Glieder, die nur logarithmisch mit E_0 anwachsen, fortgelassen.

Die Rechnung zeigt, daß im wesentlichen die Bremsstrahlung für die großen Stöße verantwortlich gemacht werden muß; schon die Tatsache, daß die direkten Anstoßprozesse den Faktor $d\varepsilon/\varepsilon^2$ haben (nur beim Spin 1 tritt ein Glied mit $d\varepsilon/\varepsilon$ auf) weist darauf hin. Kann man nun die berechneten Wirkungsquerschnitte vom theoretischen Standpunkt aus unbedenklich verwenden?

In allen drei Fällen muß der berechnete Querschnitt für sehr hohe Werte der Mesonenenergie E_0 falsch werden, aber aus verschiedenen Gründen. Die Bremsstrahlung rührt in den Fällen des Spins 0 und $\frac{1}{2}\hbar$ von Vorübergängen des Mesons an Kernen her, bei denen der Abstand zwischen Meson und Kern recht groß sein kann. Das logarithmische Anwachsen des Querschnitts mit E_0 ist die Folge davon, daß mit größerer Energie immer größere Stoßabstände noch zum Effekt beitragen. Dieses Anwachsen findet daher ein Ende, wenn die Stoßabstände größer werden als der mittlere Atomradius, da dann das Kernfeld auf das Meson wegen der Abschirmung durch die Hüllenelektronen nicht mehr wirkt. Das tritt ein bei der Energie $E_0 \approx \frac{\mu^2 c^3}{\hbar} \cdot \frac{\hbar^2}{Z^{1/3} m e^2} \approx 5 \cdot 10^{11}\,\text{eV}$. Oberhalb dieser Energie bleibt der Wirkungsquerschnitt konstant.

Dagegen rührt die Bremsstrahlung beim Spin 1 von sehr nahen Vorübergängen am Kern her. In diesem Fall wird die Formel aber aus einem anderen Grunde falsch. Bei ihrer Herleitung ist vorausgesetzt, daß die Wechselwirkung zwischen Meson und Kern klein sei; es ist zur Rechnung die Bornsche Stoßmethode verwendet. Diese Voraussetzung wird falsch bei $E_0 \approx 2 \cdot 10^{10}\,\text{eV}$. Es ist anzunehmen, daß oberhalb dieser Energie überhaupt keine einfache Erzeugung eines Lichtquants, sondern eine „Explosion", d. h. gleichzeitige Erzeugung vieler Teilchen (vermutlich vor allem Mesonen) erfolgt. Christy und Kusaka haben versucht, wenigstens eine untere Grenze für den Querschnitt bei höherer Energie abzuleiten. Die Größe der Wechselwirkung rührt von der Strahlung hoher Frequenzen (oberhalb $137\,\mu c^2/\hbar$) her. Die Autoren berechnen nun nur den Beitrag zur Bremsstrahlung, den die Frequenzen unterhalb dieser Grenze leisten. Unter der plausiblen, aber nicht bewiesenen Voraussetzung, daß die Strahlung bei höheren Frequenzen diejenige der niederen Frequenzen nicht durch eine nichtlineare Interferenzerscheinung wieder vermindert, darf man den so abgeschätzten Querschnitt wohl für einen Mindestwert halten. Er lautet:

$$\frac{\sigma(E_0,\varepsilon)\,d\varepsilon}{\omega} = A\left(1 + \ln \frac{\pi E_0}{5 A \mu c^2 Z^{1/3}}\right)\left(\frac{2 - 2\varepsilon + 7\varepsilon^2}{12}\right) d\varepsilon + \cdots \qquad (5)$$

Dabei ist A eine Konstante, welche die bis zu einem gewissen Grad willkürliche Abschneidefrequenz in Einheiten $\mu c^2/\hbar$ mißt und hier gleich 137 gesetzt wurde. Die hier weggelassenen Zusatzglieder sind von A unabhängig.

5. Vergleich mit der Erfahrung. Der Spin des Mesons.

Es ist nun die Frage, ob die oben angeführten Prozesse ausreichen, um die beobachteten Stöße zu erklären. Dies scheint der Fall zu sein; dabei ergibt sich gleichzeitig eine unerwartete Auskunft über den Spin des Mesons. Die Abhängigkeit der Stoßerzeugung vom Material ergibt sich nach Überlegungen von OPPENHEIMER (O 1) und von CHRISTY und KUSAKA, die wir hier nicht im einzelnen anführen wollen, im wesentlichen im Einklang mit der Erfahrung. Die Abhängigkeit der Stoßhäufigkeit von der Stoßgröße ist in der Abb. 2 dargestellt. Dabei bedeuten die Kurven die theoretische Abhängigkeit, die Kreise die experimentelle nach SCHEIN und GILL. Kurve 1 entspricht dem Spin 1 nach Gleichung (5), Kurve 2 dem Spin 1 nach Gleichung (4), die Kurven 3 und 4 den Spins $\frac{1}{2}$ und 0. Der Schluß erscheint zwingend, daß diese Stöße von Mesonen des Spins 0 (oder höchstens $\frac{1}{2}$) ausgelöst sind.

Dieses Ergebnis scheint überraschend, wenn wir uns daran erinnern, daß die Kernphysik, der ja die Idee des Mesons entstammt, einen Spin $\neq 0$ des Mesons annehmen muß, um das Verhalten der Kernkräfte richtig darzustellen. Der Widerspruch läßt sich vermeiden, und es läßt sich eine Anknüpfung an eine Reihe neuerer Erfahrungen finden, wenn man annimmt, daß es zwei Sorten von Mesonen gibt: solche vom Spin 1 und solche vom Spin 0.

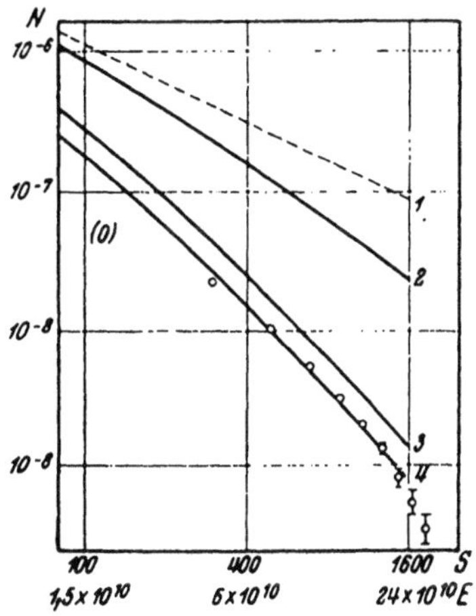

Abb. 2.

Dieser Gedanke ist zuerst aufgetaucht in der Theorie von MÖLLER und ROSENFELD (M 5) über die Kernkräfte. Diese Autoren zeigten, daß die Annahme zweier zusammenwirkender Mesonenfelder, deren Feldstärken sich nach der Art eines Vektors bzw. eines Pseudoskalars transformieren, und die demzufolge zu Mesonen vom Spin 1 bzw. 0 gehören, die Divergenz der Kernkräfte wenigstens in klassischer Näherung beseitigt. Anschaulich kann man sagen, daß die beiden Teilchensorten für sich jeweils ein divergentes Kraftgesetz ergeben, aber daß durch geeignete Überlagerung ihrer Wirkungen gerade der divergente Anteil aufgehoben werden kann, während eine endliche Kraft zurückbleibt. Wenn man gegen diese Theorie auch einwenden kann, daß sie die quantentheoretisch bedingten Divergenzen unerklärt läßt, so hat sie doch durch die nun zu nennenden Erfahrungen an Wahrscheinlichkeit gewonnen.

Eine der wichtigsten Schwierigkeiten der Mesonentheorie. ist der Unterschied zwischen den beiden Werten für die Lebensdauer des Mesons, welche aus der Kernphysik bzw. aus der Höhenstrahlung folgen. Nach Höhenstrahlenmessungen soll das Meson 10- bis 100mal länger leben, als YUKAWA aus dem β-Zerfall geschlossen hatte. Dieser Widerspruch klärt sich auf, wenn man annimmt, daß sowohl das Kernfeld wie die Höhenstrahlung zwei Mesonensorten enthält, und daß das eine der beiden Mesonen die lange und das andere die kurze Lebensdauer hat. Denn dann muß man beim β-Zerfall stets gerade die kurze Lebensdauer beobachten, da die kurzlebigen Mesonen den langlebigen im Zerfall zuvorkommen. In der Höhenstrahlung hingegen werden die kurzlebigen Mesonen in den hohen Atmosphärenschichten zerfallen, und auf Meeresniveau wird man nur noch die langlebigen beobachten.

Immerhin sollte man in der Höhenstrahlung noch etwas von den kurzlebigen Mesonen wahrnehmen, und eben dafür bestehen starke Indizien. So hat Weisz (W 3) bemerkt, daß die verschiedenen Bestimmungen der Lebensdauer des Mesons aus der Höhenstrahlung eine um so längere Lebensdauer ergaben, je länger der Weg war, den die zur Messung verwendeten Mesonen in der Atmosphäre durchsetzten. Weisz hat daraus auf eine Uneinheitlichkeit der Masse der Mesonen geschlossen; doch muß jede Uneinheitlichkeit der Zerfallszeit, auch die von uns vermutete Anwesenheit von zwei getrennten, aber in sich einheitlichen Mesonensorten, zu demselben Resultat führen, da die kurzlebigen Mesonen um so mehr ausfallen, je länger der Beboachtungsweg ist. Direkte Anzeichen für kurzlebige Mesonen in größerer Höhe hat Juilfs (J 16) aus der Richtungsverteilung der harten Komponente gefunden.

Wenn wir annehmen, daß die Mesonen vom Spin 1 kurzlebig, die vom Spin 0 langlebig sind, so ist es nunmehr verständlich, daß die Stoßmessungen den Mesonenspin 0 ergeben. Die weiteren Anwendungen, die von der Annahme der zwei Mesonensorten gemacht werden können, überschreiten den Rahmen dieses Referats.

8. Der radioaktive Zerfall der Mesonen.

Von W. Heisenberg-Berlin-Dahlem.

Mit 1 Abbildung.

Nach der Yukawaschen Theorie sollte ein ruhendes Meson radioaktiv in ein Elektron und ein Neutrino zerfallen können, wobei die beiden entstehenden Teilchen je ungefähr die halbe Ruhmasse des Mesons als kinetische Energie mitbekommen. Die mittlere Lebensdauer τ_0 des ruhenden Mesons sollte nach der Theorie der Größenordnung nach etwa 10^{-8} sec betragen; neuere Arbeiten von Möller und Rosenfeld (M 5) und Rozental (R 11) haben jedoch darauf hingewiesen, daß man vielleicht zwei Arten von Mesonen, solche vom Spin 1 und vom Spin 0, unterscheiden muß, von denen die eine Sorte diese kurze Lebensdauer haben sollte, während die andere Sorte eine (theoretisch ohne neue Annahme nicht zu bestimmende) erheblich längere Lebensdauer haben kann.

Daß die in der kosmischen Strahlung beobachteten Mesonen tatsächlich radioaktiv zerfallen, wurde zuerst von EULER (E 4) (vgl. auch K 6a) aus der Anzahl der Sekundärelektronen indirekt erschlossen, später durch Nebelkammeraufnahmen von WILLIAMS und ROBERTS (W 12) experimentell sichergestellt [Vgl. auch KUNZE (K 7)]. Eine der wichtigsten Aufgaben besteht jetzt in der experimentellen Bestimmung der mittleren Lebensdauer τ_0. Die ersten Schätzungen dieser Konstanten durch EULER auf Grund der damals vorliegenden Experimente (K 6a) gaben Werte für τ_0 zwischen $2 \cdot 10^{-6}$ und $3 \cdot 10^{-6}$ sec. Spätere Untersuchungen führten teils auf größere [POMERANTZ und JOHNSON (P 5)], teils auf kleinere Werte [KOLHÖRSTER und MATTHES (K 5)]. Die genauesten Arbeiten des letzten Jahres haben jedoch gezeigt, daß der richtige Wert von τ_0 wohl noch etwas tiefer liegt als die ursprüngliche EULERsche Schätzung, etwa bei

$$\tau_0 \sim 1{,}5 \text{ bis } 2{,}5 \cdot 10^{-6}\,\text{sec}. \tag{1}$$

Von diesen Experimenten soll im folgenden die Rede sein.

Zur Bestimmung der Zerfallszeit sind bisher drei grundsätzlich verschiedene Wege beschritten worden. Man kann erstens in irgendeiner Weise die Abnahme der Mesonenintensität als Funktion der durchlaufenen Strecke untersuchen. Man erhält dann den mittleren Zerfallsweg R, der mit der mittleren Zerfallszeit τ_0 der ruhenden Mesonen, dem Impuls p und der Ruhmasse μ der Mesonen verknüpft ist durch die aus der Zeitdilatation der Relativitätstheorie folgende Beziehung:

$$R = \tau_0 c \cdot \left(\frac{p}{\mu c}\right). \tag{2}$$

Man kann zweitens, nach EULER und WILLIAMS, aus der Anzahl der Zerfallselektronen, die mit der Mesonenkomponente im Gleichgewicht stehen, indirekt die Zerfallszeit berechnen: Von der Energie $E \sim pc$ des zerfallenden Mesons geht nämlich im Mittel die Hälfte an das Zerfallselektron über, das seinerseits nun eine Kaskade bildet. Die Energie $pc/2$ des Zerfallselektrons verteilt sich dabei schließlich irgendwie auf Elektronen niedriger Energie (10^6 bis 10^8 eV), die keine Vermehrung mehr erfahren. Es sei nun $\varkappa$ das Gleichgewichtsverhältnis der Anzahl solcher Elektronen niedriger Energie zur Anzahl der Mesonen. Dann muß im Gleichgewicht der Energieverlust der Mesonen pro cm durch Zerfall doppelt so groß sein wie der Energieverlust pro cm der Elektronen. Der Energieverlust durch Zerfall setzt sich aus zwei Anteilen zusammen: Dem Anteil $\frac{p_c}{R}$ der bewegten Mesonen und einem Anteil der zur Ruhe gekommenen Mesonen. Der letztere ist offenbar gleich der Ruheenergie des Mesons multipliziert mit der relativen Abnahme der gesamten Mesonenzahl pro cm durch Ionisierung. Die letztere ist bei einer Tiefenabhängigkeit $J \sim T^{-\gamma}$ durch $\frac{\gamma}{T}$ gegeben. Der mittlere Energieverlust a eines Elektrons zwischen 10^6 und 10^8 eV beträgt in Luft pro cm etwa:

$$a \approx 3 \cdot 10^3 \,\mathrm{eV/cm}.$$

Es folgt also die Beziehung:

$$\frac{pc}{2R} + \frac{\mu c^2}{2} \frac{\gamma}{T} = \varkappa a, \quad \text{d. h.} \quad \varkappa = \frac{\mu c^2}{2a}\left(\frac{1}{\tau_0 c} + \frac{\gamma}{T}\right). \tag{3}$$

Allerdings wird sich später zeigen, daß auf Grund der Versuche von RASETTI (R 1) und der theoretischen Überlegungen von TOMONAGA und ARAKI (T 2) die Gleichung (3) nur für positiv geladene Mesonen gelten kann.

Schließlich kann drittens die Zerfallszeit ruhender Mesonen direkt gemessen werden, indem man die Mesonen zur Ruhe kommen läßt und die Zeit mißt, die im Mittel bis zur Aussendung des Zerfallselektrons vergeht [RASETTI (R 1)].

Die ersten beiden Methoden geben einen experimentellen Wert für τ_0/μ, die letzte bestimmt τ_0. Aus dem Verhältnis der Resultate kann daher grundsätzlich die Masse der Mesonen erschlossen werden; doch wird sich zeigen, daß die direkten Massenbestimmungen wahrscheinlich genauer sind als die Zahlen τ_0/μ und τ_0.

Nach den ersten der drei genannten Methoden sind in der letzten Zeit drei Bestimmungen von τ_0/μ vorgenommen worden. AGENO, BERNARDINI, CACCIAPUOTI, FERRETTI und WICK (A 1) haben Werte von $\tau_0\left(\frac{10^8 \,\mathrm{eV}}{\mu c^2}\right)$ in der Gegend von 4 bis 5 Mikrosekunden gefunden. In zwei anderen Arbeiten wurde der mittlere Zerfallsweg für Mesonen verschiedener Energien gemessen: ROSSI und HALL (R 7) haben im Anschluß an eine frühere Arbeit von ROSSI, HILBERRY und HOAG (R 8) Absorptionsmessungen der durchdringenden Komponente in Denver (1616 m) und am Echosee (3240 m) durchgeführt; NIELSEN, RYERSON, NORDHEIM und MORGAN (N 6) haben ähnliche vergleichende Registrierungen in geringerer Höhe (125 m und 2040 m) vorgenommen. Das Prinzip der Messungen ist in allen Fällen praktisch das gleiche. Auf zwei verschiedenen Höhen werden Absorptionsmessungen der durchdringenden Komponente durch Mehrfachkoinzidenzen von 4 bis 6 Zählrohren mit dazwischen liegenden Bleischichten durchgeführt. Bei der Messung in größerer Höhe wird über der Zählrohranordnung eine bestimmte Menge Absorptionsmaterial angebracht, die so berechnet ist, daß ihre Absorption (wenn man vom Zerfall absieht) genau der Absorption der Luftschicht entspricht, die zwischen den beiden Meßorten liegt. Als Absorptionsmaterial werden Stoffe verwendet, die im Atomgewicht den Elementen Sauerstoff und Stickstoff so nahe stehen, daß man einigermaßen sicher mit den üblichen Bremsformeln umrechnen kann.

Ohne den radioaktiven Zerfall sollten nun die Meßreihen in den verschiedenen Höhen die gleichen Resultate ergeben, da die Menge des durchlaufenen Absorptionsmaterials in beiden Fällen die gleiche ist; ein kleiner Unterschied ist wegen des von FERMI gefundenen Effektes[1] zu erwarten, nach dem die Absorption in Material verschiedener Dichte nicht genau massenproportional stattfindet; der Einfluß des FERMIschen Effektes ist jedoch gering und wird als Korrektur berücksichtigt. Der radioaktive Zerfall bewirkt dann, daß die Intensität in geringerer Höhe kleiner ist, der Vergleich der beiden Intensitäten liefert unmittelbar den mittleren Zerfallsweg. Dabei gestattet die Intensitätsmessung hinter verschiedenen Bleidicken noch, Mesonengruppen verschiedener Energiebereiche zu unterscheiden: etwa alle Mesonen, die in einem Bleiblock bestimmter Dicke steckenbleiben, und alle, die diesen Block durchqueren können. Für jede dieser Mesonengruppen kann man dann aus der Bleidicke (und aus dem ziemlich gut bekannten Mesonenspektrum) die mittlere Energie berechnen, die Messung liefert für diese Gruppe den mittleren Zerfallsweg. Die folgende Tabelle gibt den Vergleich der mittleren Energien und der gemessenen mittleren Zerfallswege, die einander ungefähr proportional sein sollten.

Tabelle 1.

	ROSSI und HALL		NIELSEN, RYERSON, NORDHEIM und MORGAN			
pc (in 10^8 eV) .	5,1	13	3,50	4,55	5,6	14
R (in km) . . .	4,5	13,3	2,0	2,3	2,5	8

Die Tabelle zeigt, daß zwar jede einzelne Meßreihe die Proportionalität von R mit pc befriedigend zeigt, also indirekt die Zeitdilatation der Relativitätstheorie bestätigt, daß aber die beiden Meßreihen schlecht zusammenstimmen. Dementsprechend sind auch die aus den Meßreihen folgenden (und mit etwas verschiedenen Korrekturen gewonnenen) Werte für τ_0/μ recht verschieden; so finden ROSSI und HALL:

$$\tau_0\left(\frac{10^8\,\text{eV}}{\mu c^2}\right) = (3,0 \pm 0,4)\cdot 10^{-6}\,\text{sec}\,,$$

NIELSEN, RYERSON, NORDHEIM und MORGAN: (4)

$$\tau_0\left(\frac{10^8\,\text{eV}}{\mu c^2}\right) = (1,25 \pm 0,3)\cdot 10^{-6}\,\text{sec}\,.$$

Eine direkte Bestimmung von τ_0 hat RASETTI (R 1) mit der in Abb. 1 dargestellten Anordnung vorgenommen. In der Abbildung sind parallel geschaltete Zählrohre durch eine Linie verbunden und durch einen Buchstaben bezeichnet. Die Koinzidenzapparatur *1* registriert Fünffachkoinzidenzen der Zählrohre *A-B-C-D-E*, die Apparatur *2*

[1] Vgl. 6. Bericht, VOLZ.

Antikoinzidenzen der Apparatur *1* und der Zählrohre *F*, *G*. In *2* werden also nur die Fälle registriert, in denen ein Meson durch die Zähler *ABCD* in den Absorberblock (aus Al oder Fe) eindringt und dort steckenbleibt und ein Zerfallselektron in einen der Zähler *E* entsendet oder ein Meson vom Absorber in einen Zähler *E* hinein abgelenkt wird. Die Apparaturen *1* und *2* haben ein verhältnismäßig geringes Auflösungsvermögen ($15 \cdot 10^{-6}$ sec). Nun werden gleichzeitig durch zwei weitere Koinzidenzanordnungen *4* und *6* Zweierkoinzidenzen *D*—*E* mit hoher Auflösung ausgesiebt, durch die Koinzidenzzähler *3* und *5* mit der Apparatur *2* verknüpft und in der Registrieranordnung *3* und *4* gezählt. Das Auflösungsvermögen von Apparatur *4*, registriert in *Reg 3*, ist $1{,}95 \cdot 10^{-6}$ sec, das von Apparatur *6*, registriert in *Reg 4*, ist $0{,}76 \cdot 10^{-6}$ (bzw. in anderen Messungen $0{,}95 \cdot 10^{-6}$) sec. Bezeichnet man nun die in einem bestimmten, größeren Zeitraum von den Zählern *1* bis *4* gezählten Koinzidenzen mit n_1 bis n_4, so bedeutet $n_2 - n_4$ bzw. $n_2 - n_3$ die Anzahl der verspäteten Koinzidenzen, bei denen zwischen dem Ansprechen des Zählers *D* und eines Zählrohrs *E* mehr als $1{,}95 \cdot 10^{-6}$ bzw. $0{,}76 \cdot 10^{-6}$ sec vergangen sind. Daher sollten diese Differenzen mit der mittleren Lebensdauer τ_0 zusammenhängen durch die Gleichung:

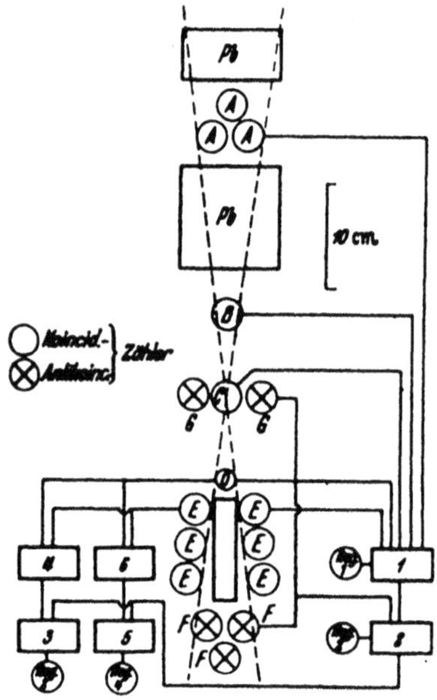

Abb. 1. RASETTIS Anordnung zur Messung der Zerfallszeit der Mesonen.

$$\frac{n_2 - n_3}{n_2 - n_4} = e^{-\frac{(1{,}95 - 0{,}76) \cdot 10^{-6}}{\tau_0}} \tag{5}$$

RASETTI findet aus längeren Registrierungen, die teils mit Eisen, teils mit Aluminium als Absorber vorgenommen worden sind, als Mittelwert nach (5)

$$\tau_0 = (1{,}5 \pm 0{,}3) \cdot 10^{-6}\,\text{sec}.$$

Dieser Wert paßt besser zu den Werten von τ_0/μ, die von NIELSEN, RYERSON, NORDHEIM und MORGAN gewonnen sind, als zu denen von ROSSI und HALL; denn die Masse der Mesonen dürfte von dem Wert $\mu c^2 = 10^8$ eV höchstens um 30% abweichen. Der statistische Fehler ist aber auch bei den Messungen von RASETTI noch recht erheblich. Man kann also einstweilen nur feststellen, daß der Wert von τ_0 kleiner ist, als früher angenommen wurde, und wahrscheinlich zwischen 1 und 2,5 Mikrosekunden liegt.

Dieser geringe Wert von τ_0 und τ_0/μ ist zunächst schwer zu vereinbaren mit dem von EULER aus der Anzahl der Sekundärelektronen nach Gleichung (3) geschlossenen Wert, insbesondere da BERNARDINI, CACCIAPUOTI, FERRETTI, PICCIONI und WICK (B 9) gezeigt haben, daß die Anzahl der Zerfallselektronen noch geringer ist, als EULER früher angenommen hatte. RASETTI hat daher mit der oben beschriebenen Apparatur auch untersucht, in wievielen Fällen der radioaktive Zerfall eines im Absorberblock steckengebliebenen Mesons tatsächlich beobachtet werden kann. Er hat (nach Berücksichtigung der Absorption im Absorberblock und des von den Zählrohren E erfüllten Raumwinkels) gefunden, daß im Mittel nur etwa die Hälfte aller Mesonen radioaktiv zerfällt, während die andere Hälfte ohne Zerfall absorbiert wird.

Dieses Resultat kann befriedigend gedeutet werden durch theoretische Überlegungen, die die Japaner TOMONAGA und ARAKI (T 2) angestellt haben. Diese Forscher haben nach der YUKAWAschen Theorie die Wahrscheinlichkeit für den Einfang eines Mesons im Atomkern (unter Übertragung der Energie an einen Kernbaustein) abgeschätzt. Dabei ergibt sich ein wesentlicher Unterschied zwischen negativen und positiven Mesonen. Der Wirkungsquerschnitt für Einfang *negativer* Mesonen genügt für geringe Geschwindigkeiten dem $1/v$-Gesetz und führt zu einer Lebensdauer τ_e der negativen Mesonen für Einfang, die zwar von der Dichte des betreffenden Materials abhängt, die aber selbst in Luft noch erheblich kürzer ist als die Lebensdauer für Zerfall. (Die theoretischen Werte sind $\tau_e \sim 0{,}3 \cdot 10^{-7}$ sec in Luft.) Langsame positive Mesonen können dagegen wegen der COULOMBschen Abstoßung vom Atomkern praktisch überhaupt nicht eingefangen werden, für die positiven Mesonen ist der Zerfall außerordentlich viel wahrscheinlicher als der Einfang.

Aus dieser Überlegung und dem RASETTIschen experimentellen Befund kann man schließen, daß nur die positiven Mesonen radioaktiv zerfallen, daß die negativen dagegen vorher von Atomkernen eingefangen werden und dort in der Regel eine Kernumwandlung hervorrufen. Auch die Formel (3) bezieht sich daher nur auf die positiven Mesonen, $\varkappa$ bedeutet in ihr das Gleichgewichtsverhältnis der Zerfallselektronen zu den positiven Mesonen. Auf Meeresniveau beträgt nach der Diskussion im 9. Bericht von BOPP die Anzahl der Zerfallselektronen etwa 18% der Mesonen. Da etwas mehr als die Hälfte aller Mesonen auf Meeresniveau positive Ladung tragen, kann man aus der Intensität der weichen Komponente die Größe $\varkappa$ zu etwa 0,3 abschätzen. Daraus folgt nach (3):

$$\tau_0\left(\frac{10^8\,\mathrm{eV}}{\mu c^2}\right) \sim 2 \cdot 10^{-6}\,\mathrm{sec}\,.$$

Diese Zahl liegt in der Mitte zwischen den Messungen von Rossi und Hall und denen von Nielsen, Ryerson, Nordheim und Morgan und von Rasetti.

An dieser eben geschilderten Auffassung vom radioaktiven Zerfall der Mesonen bedarf noch besonders ein Punkt der experimentellen Bestätigung. Wenn die negativen Mesonen in der Regel von Atomkernen eingefangen werden, so müssen sie dort eine Kernumwandlung hervorrufen, bei der die ganze Ruhenergie des Mesons (etwa 100 MeV) zur Erwärmung des Kerns und zur Verdampfung von Kernteilchen ausgenützt werden kann. Man müßte also am Ende der Spur eines negativen Mesons (etwa in der Nebelkammer) in der Regel eine Kernumwandlung, nicht selten mit Aussendung mehrerer Protonen, beobachten. Bisher ist noch keine derartige Beobachtung veröffentlicht worden.

9. Die Zerfallselektronen der Mesonen.

Von **Fritz Bopp**-Breslau, z. Z. Berlin-Dahlem.

Mit 1 Abbildung.

Die weiche Komponente E (Elektronenkomponente) der Höhenstrahlung enthält neben einem in Meereshöhe schwachen Rest R von Kaskaden (vgl. 1. Bericht, Heisenberg) eine von der durchdringenden Komponente M (Mesonenkomponente) herrührende Sekundärstrahlung, die sich aus mehreren Anteilen verschiedener Herkunft zusammensetzt. Erstens können die Mesonen durch Wechselwirkung mit der durchstrahlten Materie, zweitens durch β-Zerfall sekundäre Kaskaden auslösen [Euler und Heisenberg (E 7)] (Wechselwirkungskomponente W, Zerfallskomponente Z). Im folgenden sollen einige neuere Arbeiten besprochen werden, die die Z-Komponente zu bestimmen suchen.

Grundsätzlich ist dazu jede Messung geeignet, die die Instabilität der Mesonen nachzuweisen erlaubt. Denn nach Euler und Heisenberg (E 7) besteht ein enger Zusammenhang zwischen der Intensität der Zerfallskomponente im Verhältnis zu der der Mesonen und der Lebensdauer τ des ruhenden Mesons. Wick (B 8) und Mitarbeiter haben diesen Zusammenhang unabhängig von den beschränkenden Voraussetzungen der Kaskadentheorie unter der von Williams (W 10) hervorgehobenen Annahme abgeleitet, daß schließlich die gesamte auf die Zerfallselektronen übertragene Energie — im Mittel also die halbe Mesonenenergie — in Ionisierungsarbeit umgesetzt werden muß. Wenn man hinzufügt, daß nach Rasetti (R 1) nur die Hälfte aller

Mesonen zerfällt (vgl. 8. Bericht, HEISENBERG), so lautet diese Gleichung:

$$\frac{Z}{M} = \frac{\mu c^2}{4a}\left(\frac{1}{c\tau} + \frac{\gamma}{T}\right). \qquad (1)$$

Darin bedeutet μc^2 die Ruhenergie des Mesons, a den Energieverlust durch Ionisation pro cm Weg in Luft und T die Tiefe unter der Atmosphärengrenze in cm Luftäquivalent (bezogen auf Luft von der Dichte am Beobachtungsort, also $T = 7{,}5$ km).

Das erste Glied gibt den Anteil der aus der Bewegung heraus, das zweite den der nach Abbremsung auf Ruhe zerfallenden Mesonen an. Für den Ionisierungsverlust erscheint der Wert von a an der Ionisierungsgrenze $E_j = 0{,}15 \cdot 10^9$ eV als brauchbarer Mittelwert, da die Energie der meisten Teilchen eines Schauers in der Nähe von E_j liegt. Nach BETHE (B 11 und 26) ist also $a = 3000$ eV/cm in Luft. In Gleichung (1) ist nicht berücksichtigt, daß die Zerfallselektronen am Beobachtungsort von Mesonen herrühren, die im Mittel einige Strahlungseinheiten höher zerfallen. Dies müßte das Verhältnis Z/M vergrößern. Andererseits werden von einer Koinzidenzanordnung nur Teilchen oberhalb einer gewissen Energie erfaßt, was den Anteil der wirksamen Teilchen verkleinert. WICK und Mitarbeiter (B8) glauben, daß der letzte Effekt überwiegt, so daß Gleichung (1) eher zu große als zu kleine Werte liefern dürfte.

Nach neueren Messungen der anomalen Absorption der harten Komponente von NIELSON, RYERSON, NORDHEIM und MORGAN (N 5) (vgl. 8. Bericht, HEISENBERG) wird für die Lebensdauer der Mesonen der sehr niedrige Wert $\tau\left(\frac{10^8\,\text{eV}}{\mu c^2}\right) = 1{,}25\,\mu$sec angegeben, so daß nach Gleichung (1) mit $\mu c^2 = 80$ MeV $Z/M = 24\%$ Zerfallselektronen zu erwarten wären. Andere Messungen geben meist höhere Werte für die Lebensdauer, bis zu etwa 4,5 μsec und führen zu Werten von Z/M bis herunter zu etwa 5%. Die höheren Werte stimmen mit dem überein, was man zunächst qualitativ aus der Analyse der gesamten weichen Komponente in Meereshöhe erwartet. Die Messung ergibt hierfür nach verschiedenen Autoren [etwa AUGER, LEPRINCE-RIGUET und EHRENFEST (A 8)] etwa $E/M = 30\%$. Von derselben Größenordnung sollte nach EULER (E 3 und 4) der Anteil der Zerfallselektronen sein, da es nach der Kaskadentheorie in Meereshöhe praktisch keine Primärelektronen geben dürfte [HEITLER (H 5)] und da die Wechselwirkungskomponente W als klein angesehen wird [AUGER u. ROSENBERG (A 12), BERNARDINI, CACCIAPUOTI u. FERRETTI (B 8), GRIVET-MEYER (G 9), WILSON (W 14), SANTANGELO und SCROCCO (S 1)].

SIEGERT (S 17) hat versucht, den Beitrag der letzten unabhängig von dem der Zerfallselektronen zu bestimmen. Hinter hinreichend dicken Materieschichten ist die Z-Komponente bis auf einen kleinen, vom Zerfall ruhender Mesonen herrührenden Rest absorbiert, so daß praktisch nur die aus dem Absorber kommenden Wechselwirkungselektronen übrigbleiben. Ihre Intensität stimmt mit der der Wechselwirkungselektronen in Luft hinreichend überein, wenn dies für die mittleren Ordnungszahlen im Absorber und in Luft zutrifft. Die SIEGERTschen Messungen ergeben als Anteil E/M der weichen Komponente unter freiem Himmel 31,6% und hinter einer 3 Strahlungseinheiten dicken Wasserschicht 20,5%. Die erste Angabe stimmt mit der anderer Autoren [NIELSEN u. MORGAN (N 4), STUHLINGER (S 23), STREET, WOODWARD, STEVENSON (S 22), AUGER, (A 7)] innerhalb der Fehlergrenzen überein. Die zweite würde anderen Messungen widersprechen, wenn man annähme, daß die benutzte Wasserschicht die Zerfallselektronen bereits vollständig absorbiert: WICK (B 9) und Mitarbeiter erhalten hinter einer etwa viermal so dicken Steinschicht nur 5% Wechselwirkungselektronen statt der obigen 20%. Nach Angabe der gleichen Autoren kommen SANTANGELO und SCROCCO nach einer abermaligen Verdopplung der Schichtdicke zum selben Ergebnis. Auch Messungen von POMERANTZ (P 4) stimmen hiermit überein. Nur die Messungen von ALEXEEVA (A 2) mit einer Absorberdicke von 4 bis 5 Strahlungseinheiten passen zu den SIEGERTschen.

Aus dem Vergleich der verschiedenen Messungen muß man schließen, daß noch ein beträchtlicher Bruchteil der Zerfallselektronen durch Absorberschichten von 3 bis 5 Strahlungseinheiten hindurchtreten kann. In der Tat darf man erwarten, daß die Zerfallselektronen von nicht zu dicken Schichten nur wenig absorbiert werden, weil ihr Spektrum für kleine Energien nur umgekehrt proportional der Energie E abfällt. Eine Abschätzung auf Grund der Kaskadentheorie [BOPP (B 30)] ergibt für die Durchlässigkeit einer 3 Strahlungseinheiten dicken Wasserschicht etwa 40%. Danach erhält man als Anteil der Zerfalls- und Wechselwirkungselektronen — wenn man den Primärrest in üblicher Weise als vernachlässigbar ansieht

$$Z/M = 18{,}5\,\%, \qquad W/M = 13{,}1\,\%, \tag{2}$$

was schon eher mit den übrigen Messungen verträglich erscheint. Auch die Messungen von ALEXEEVA (A 2) fügen sich in diese Betrachtung. Insbesondere ist sein Schluß von der verhältnismäßig starken Absorption ganz dünner Schichten auf die vollständige der von ihm benutzten mitteldicken kaum stichhaltig. Nach der Kaskadentheorie erfolgt nämlich zunächst ein verhältnismäßig rascher Abfall, unter Umständen auch ein ebensolcher Anstieg der Intensität zur Herstellung des materialeigenen Gleichgewichts zwischen Teilchen und Quanten.

In der bisherigen Analyse der weichen Komponente steckt die Voraussetzung, daß die Intensität der primären Kaskaden praktisch verschwindet. Sie stützt sich auf folgende Erfahrungen. Erstens beträgt nach HEITLER (H 5) der theoretisch berechnete Breiteneffekt der primären Kaskaden auf Meeresniveau nur etwa $^1/_{10}$ des beobachteten Breiteneffektes der harten Komponente. Der Breiteneffekt der weichen Komponente stimmt aber empirisch mit dem der harten ungefähr überein. Zweitens zeigen Messungen von BOWEN, MILLIKAN und NEHER (B 32), daß die Kaskaden von Elektronen eines engen Bandes primärer Energien in der oberen Atmosphäre ziemlich genau den theoretischen Intensitätsverlauf zeigen. Der Intensitätsüberschuß in Meereshöhe muß also sekundären Ursprungs sein. Drittens kann man nach EULER (E 5), da sowohl die ausgedehnten Luftschauer und die großen HOFFMANNschen Stöße als der Rest *R* primärer Kaskaden in Meereshöhe von den sehr energiereichen Primärelektronen herrühren, die Intensität der *R*-Komponente in Meereshöhe aus der Häufigkeit der großen Stöße abschätzen und als vernachlässigbar erkennen.

BERNARDINI, CACCIAPUOTI, FERRETTI, PICCIONI und WICK (B 9) haben in der schon obenerwähnten Arbeit versucht, diesen indirekten Schluß durch eine direkte Messung zu bestätigen. Sie bestimmen die Intensität der weichen Komponente in Meereshöhe unter freiem Himmel und auf einem Berg hinter einem die Luftschicht zwischen den beiden Stationen kompensierenden Absorber. Der Überschuß an Intensität in Meereshöhe sollte gleich der Intensität der zwischen den beiden Beobachtungsorten entstehenden Zerfallselektronen sein und gleich der *Z*-Komponente überhaupt, wenn die Absorberschicht keine der oberhalb entstehenden Zerfallselektronen mehr durchläßt. Die Verfasser diskutieren das Ergebnis ihrer Messung unter der letzten Annahme, die nach dem obigen Vergleich der verschiedenen Bestimmungen der *W*-Komponente vielleicht nicht ganz berechtigt ist. Im folgenden werden der Auswertung die Ergebnisse der Rechnungen über die Absorption der Zerfallselektronen [BOPP (B 30)] zugrunde gelegt.

Tabelle 1.

E/M in %	A	B	C
Talstation	25,0	22,5	33,3
Bergstation	26,2	31,1	51,6

Das Ergebnis der Untersuchungen von WICK und Mitarbeitern ist in vorstehender Tabelle (Spalte A) dem der unter ganz ähnlichen Bedingungen arbeitenden Messungen der Arbeitsgruppe [NIELSON, RYERSON, NORDHEIM und MORGAN (N 5 und 6)] der Duke-Universität (Spalten B und C) gegenübergestellt (vgl. Abb. 1). Die letzten Messungen sind zwar zu anderem Zwecke durchgeführt worden (vgl. 8. Bericht, HEISENBERG), liefern aber auch den Anteil der weichen Komponente und sollten sich darum zur Bestimmung der Zerfallskomponente eignen. Mindestens dürften sie die Beurteilung der ersten Arbeit erleichtern. Die zum Vergleich wichtigen Daten der beiden Meßanordnungen sind in folgender Übersicht enthalten.

Tabelle 2.

Messung	A	B	C
Talstation	Rom 50 m	Durham 123,5 m ü. M.	
Bergstation	Cervinia 2050 m	Mt. Mitchell 2040 m ü. M.	
Koinzidenzanordnung	dreifach	vierfach	
Kompensationsabsorber	170 g/cm² Erde	204 g/cm² Graphit (massenäquivalent)	
Seitliche Abschirmung	nein	nein	ja

Die Erdschicht ist weniger als massenäquivalent zum Ausgleich der etwas höheren Ladungszahl gegenüber Luft.

Entgegen der Erwartung sind die Anteilszahlen der weichen Komponente in Meereshöhe keineswegs größer als 2000 m darüber. Während Wick und Mitarbeiter annehmen, daß der aus der Zerfallsvorstellung folgende Unterschied im Meßfehler untertaucht, legt der Vergleich mit Spalte C die Annahme nahe, daß die Zahlen in größerer Höhe durch seitliche Schauer merklich gefälscht werden. Das stimmt auch mit den Feststellungen von Cocconi und Tongiorgi (C 5) überein, nach denen selbst bei einer Vierfachkoinzidenzanordnung in 2000 m Höhe bis zu 30% seitliche Schauer vorkommen können. Eine die Annahme seitlicher Schauer abweisende Bemerkung in den Arbeiten [Nielson, Ryerson, Nordheim und Morgan (N 5 und 6)]

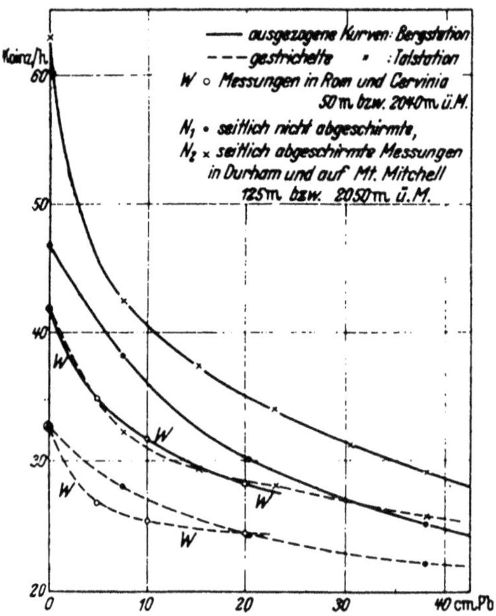

Abb. 1.

bezieht sich entsprechend dem Ziel der Arbeiten wahrscheinlich nur auf die harte Komponente, was mit den Messungen von Cocconi und Tongiorgi im Einklang wäre, die eine Abnahme des Einflusses seitlicher Schauer mit zunehmender Pb-Absorberdicke feststellen. Der Unterschied zwischen den Ergebnissen in den Spalten A und B der Tabelle 1 beruht wohl auf der geringeren Genauigkeit der als Vorversuch dienenden Messungen unter B. Jedenfalls ist die Abweichung nicht größer als die zwischen den im Mittelwert unter A zusammengefaßten Einzelmessungen.

Für die Auswertung kommen darum, soweit sie unter den geschilderten Umständen überhaupt möglich ist, nur die Messungen von BERNARDINI, CACCIAPUOTI, FERRETTI, PICCIONI und WICK (B 9) in Frage. Dem Einfluß der seitlichen Schauer kann man nach den Angaben von COCCONI und TONGIORGI in grober, etwas willkürlicher Weise durch Verkleinerung der auf dem Berg gewonnenen Meßwerte um etwa 20% Rechnung tragen. Der Anteil der zwischen Berg- und Talstation entstehenden Zerfallselektronen ist danach $\Delta Z/M = 0{,}042 \pm 0{,}042$. Unter Berücksichtigung des mittleren statistischen Fehlers erhält man also als statistisch gesicherte obere Schranke $\Delta Z/M = 0{,}10$. Eine Abschätzung für die gesamte Zerfallskomponente ergibt sich aus folgender Bilanz. Sei Z die Intensität der Zerfallskomponente in Meereshöhe und $Z' = \gamma Z$ die in 2000 m ü. M., so folgt, wenn α die Durchlässigkeit der dazwischen liegenden Luftschicht ist:

$$Z = \alpha\gamma Z + \Delta Z \quad \text{und} \quad Z = \frac{\Delta Z}{1 - \alpha\gamma}. \tag{2}$$

Nach einer Abschätzung von CACCIAPUOTI (C 1) und nach Messungen von COCCONI und TONGIORGI (C 5) ist $\gamma = 1{,}5$ bis 2. Für die Durchlässigkeit einer Luftschicht von 2000 m, also für eine 5,2 Strahlungseinheiten dicken Schicht, ist nach unseren Rechnungen [BOPP (B 30)] $\alpha = 0{,}3$, und der Anteil der Zerfallselektronen beträgt:

$$Z/M = 10{,}5 \pm 10{,}5\,\%. \tag{3}$$

Der erwartete Wert liegt also noch innerhalb der statistischen Schwankung.

Die wirkliche Unsicherheit des Wertes ist wegen der Unsicherheit in der Annäherung der Korrekturen noch größer als diese Schwankung. Wahrscheinlich ist der Einfluß der seitlichen Schauer noch unterschätzt, da die Messungen (BERNARDINI, CACCIAPUOTI, FERRETTI, PICCIONI u. WICK) nur mit einer Dreifachkoinzidenzanordnung erfolgen. Aber auch eine Änderung in der umgekehrten Richtung kann nicht ausgeschlossen werden. Im letzten Fall würden Z- und W-Komponente allein nicht zur Deckung aller Teilchen der weichen Komponente ausreichen. Es müßte noch ein merklicher Primärrest R in Meereshöhe vorhanden sein.

Beobachtungen von WICK und Mitarbeitern, die das Vorhandensein einer merklichen R-Komponente qualitativ belegen sollen, sind nach den vorangegangenen Bemerkungen nicht mehr unbedingt schlüssig. Erstens kann die Tatsache, daß die in Cervinia unter der 170 g/cm² dicken Erdschicht aufgenommene ROSSI-Kurve noch ein ausgeprägtes Maximum zeigt, mindestens teilweise auf den nicht absorbierten Anteil der Zerfallselektronen zurückzuführen sein. Zweitens könnte der gegenüber der Erwartung für Zerfallselektronen verhältnismäßig rasche Anstieg der Intensität der weichen Komponente mit der Höhe auch durch die seitlichen Schauer vorgetäuscht werden. Erst Messungen von Cocconi und Tongiorgi (C 5) ergeben einwandfrei einen Anteil der R-Komponente in Meereshöhe. Die Messungen zeigen nämlich eine Abnahme des relativen Anteils der weichen Komponente mit wachsendem Zenithabstand sowohl 120 m als 2200 m ü. M., während die W- und Z-Komponente konstant sein müßten. Der daraus zu berechnende Wert von 6,5% für den Anteil der R-Komponente ist noch mit der Abschätzung von Euler (E 5) verträglich.

Zusammenfassend kann man feststellen, daß die gegenwärtig vorliegenden Bestimmungen der Z-Komponente den aus der Lebensdauer der Mesonen folgenden Erwartungen nicht widersprechen. Doch ist die Meßgenauigkeit noch so gering, daß das Vorhandensein selbst eines beträchtlichen Anteils an Primärelektronen in Meereshöhe nicht ausgeschlossen werden kann. Eine direkte Bestimmung des Primärrestes ist mit der Abschätzung ihrer Intensität aus der Häufigkeit der großen Hoffmannschen Stöße im Einklang. Als wahrscheinlichste Anteilszahlen möchten wir ansetzen:

$$Z/M = 18\%, \quad W/M = 5\%, \quad R/M = 6\%. \tag{5}$$

Doch kann vor allem der erste Wert noch etwas zu hoch sein.

10. Theorie des Mesons.

Von C. F. v. Weizsäcker-Straßburg.

1. Grundlagen.

Bekanntlich hat Yukawa (Y 2—6) schon 1935 aus kernphysikalischen Überlegungen heraus die Existenz eines Teilchens postuliert, das dieselben Eigenschaften haben sollte, die wir heute auf Grund der Erfahrung dem Meson zuschreiben. Zur theoretischen Beschreibung des Mesons werden wir daher an Yukawa anknüpfen. Zu diesem Zweck werfen wir zunächst einen Blick auf die Lage der Kernphysik, welche Yukawa vorfand.

Die Atomkerne, welche nur aus Protonen und Neutronen bestehen, können gleichwohl im β-Zerfall Elektronen und Positronen aussenden. Um diese Tatsache zu erklären, postuliert man die folgenden Elementarvorgänge: Ein Neutron kann sich unter geeigneten energetischen Voraussetzungen in ein Proton und ein Elektron verwandeln, und umgekehrt ein Proton in ein Neutron und ein Positron. Hieraus folgt nach Heisenberg die Existenz von „Austauschkräften" zwischen Protonen und

Neutronen. Verwandelt sich ein Neutron, das im Raum allein ist, in ein Proton und ein Elektron, so kann das Elektron nur entweder in den Raum hinauslaufen oder sich mit dem Proton wieder zum Neutron vereinigen; befindet sich aber in der Nähe des ursprünglichen Neutrons noch ein Proton, so kann dieses sich mit dem Elektron zu einem Neutron vereinigen. Dann ist nach dem Prozeß das ursprüngliche Neutron zum Proton und das ursprüngliche Proton zum Neutron geworden. Mit diesem Ladungsaustausch muß eine Kraftwirkung zwischen Proton und Neutron verbunden sein. Das wird vielleicht am einleuchtendsten, wenn man für das ausgetauschte Elektron nicht das Korpuskelbild, sondern das Wellenbild verwendet. Man kann dann sagen: Das Neutron erzeugt bei seiner Umwandlung ein Feld (nämlich die ψ-Funktion des Elektrons), welches nunmehr auf das benachbarte Proton einwirkt. Der wichtigste qualitative Unterschied gegen die elektromagnetische Wechselwirkung zweier geladener Teilchen besteht hier darin, daß ein Ladungsaustausch auftritt, der, wie man zeigen kann, notwendig ist, damit die Kernkräfte die empirisch geforderte Eigenschaft der „Absättigung" haben.

Zu einer quantitativen Theorie wurden diese Vorstellungen durch FERMIs Theorie des β-Zerfalls. FERMI nahm nach einem älteren Vorschlag von PAULI an, daß gleichzeitig mit dem Elektron beim β-Zerfall ein ungeladenes Teilchen, das „Neutrino", emittiert wird, das den Spin $1/2\hbar$ und FERMI-Statistik hat und dadurch für die Erhaltung von Energie, Drehimpuls und Statistik beim Zerfall sorgt. Dadurch wurde der β-Zerfall der quantenmechanischen Rechnung zugänglich. Das „Feld der leichten Teilchen", d. h. die Wellenfunktionen der Elektronen und Neutrini, ergab zugleich eine berechenbare Wechselwirkung zwischen Protonen und Neutronen.

Leider war diese Wechselwirkung aber um einen Faktor der Größenordnung 10^{12} zu klein. Das konnte im Grunde nicht überraschen, denn der vorausgesetzte Elementarprozeß, der β-Zerfall, ist, gemessen an normalen Kernvorgängen, ein eminent unwahrscheinlicher Prozeß. Die kleinsten bekannten Lebensdauern von β-Strahlern sind von der Größenordnung einer Sekunde, d. h. etwa 10^{20}mal länger als die Zeit, die ein normales Teilchen braucht, um den Kern zu durchqueren. Es ist einleuchtend, daß ein so seltener Vorgang keine merkliche Wechselwirkung ergibt.

Um dieser Schwierigkeit zu entgehen, behielt YUKAWA die Annahme eines besonderen Feldes der Kernkräfte bei, ließ aber die Gleichsetzung der diesem Feld zugeordneten Teilchen mit den β-Elektronen fallen. Er versuchte vielmehr die Eigenschaften des Feldes so zu bestimmen, daß sie die empirischen Kernkräfte richtig lieferten. Nun bleibt aber der β-Zerfall zunächst unerklärt. Daher führt YUKAWA die weitere Hypothese ein, daß das „Quant" des Kernfeldes, das wir heute Meson nennen, selbst instabil sei gegen den Zerfall in ein Elektron und ein Neutrino. Damit steht eine neue Naturkonstante zur Verfügung, nämlich die Zerfallskonstante des Mesons, die wir so wählen können, daß die Größenordnung der β-Lebensdauern richtig herauskommt. Zur Übersicht stellen wir den Prozeß nach beiden Theorien einander gegenüber (P = Proton, N = Neutron, μ = Meson, e = Elektron, ν = Neutrino):

		FERMI	YUKAWA
Austauschkraft:	Anfangszustand	$N + P$	$N + P$
	Zwischenzustand	$P + e + \nu + P$	$P + \mu + P$
	Endzustand	$P + N$	$P + N$
β-Zerfall:	Anfangszustand	N	N
	Zwischenzustand	—	$P + \mu$
	Endzustand	$P + e + \nu$	$P + e + \nu$

Da nach YUKAWA nun auch der β-Zerfall ein Doppelprozeß ist (1. Entstehung eines Mesons, 2. Zerfall des Mesons), ist seine geringe Wahrscheinlichkeit ohne allzu extreme Annahmen über die Naturkonstanten begreiflich.

Wichtig ist noch die Frage der Ladung der Mesonen. Da beim β-Zerfall nicht nur Elektronen, sondern auch Positronen entstehen können, muß es auch positiv und negativ geladene Mesonen geben, was die Erfahrung an der Höhenstrahlung bestätigt. Zur Erklärung der Kernkräfte muß man anscheinend darüber hinaus auch die Existenz neutraler Mesonen fordern. Denn bekanntlich herrscht zwischen zwei Protonen (und ebenso zwischen zwei Neutronen) dieselbe Kraftwirkung wie zwischen einem Proton und einem Neutron. Gäbe es nur geladene Mesonen, so könnte die Kraftwirkung zwischen zwei Protonen nur durch einen doppelten Austauschprozeß vermittelt werden (jedes Proton emittiert ein Meson und absorbiert dann das vom andern Proton emittierte Meson). Würde die übliche genäherte Berechnung derartiger Kraftwirkungen, bei der ein Prozeß erst in um so höherer Näherung auftritt, aus je mehr Elementarprozessen er zusammengesetzt gedacht werden kann, konvergieren, so müßte dieser doppelte Austauschprozeß seltener sein als der einfache, und die empirische Ladungsunabhängigkeit der Kernkräfte wäre unerklärlich. Nun werden wir allerdings weiter unten besprechen, daß die genannte Näherungsrechnung divergiert und der Schluß daher nicht zwingend ist. Doch bliebe es immer sonderbar, wie zwei wesentlich verschiedene Vorgänge genau dieselbe Kraftwirkung vermitteln sollten. Nimmt man hingegen die Existenz neutraler Mesonen an, so können diese natürlich die Kraftwirkung zwischen gleichen Teilchen im einfachen Austausch vermitteln: Ein Proton emittiert ein neutrales Meson und bleibt dabei ein Proton; ein anderes Proton absorbiert das neutrale Meson.

Am einfachsten für die Theorie der Kernkräfte wäre es sogar, gar keine geladenen, sondern nur neutrale Mesonen anzunehmen. Denn auch die Kraft zwischen Proton und Neutron kann durch ein neutrales Meson vermittelt werden; die Ladungsunabhängigkeit der Kernkräfte erklärt sich am einfachsten, wenn der Träger der Kraftwirkung keine Ladung hat („neutrale Theorie"). Eine andere Möglichkeit („symmetrische Theorie") besteht darin, jedem Teilchen die gleiche Wahrscheinlichkeit für die Emission geladener wie neutraler Mesonen zuzuschreiben und die Vorzeichen der Wechselwirkungsenergie so zu wählen (vgl. 11. Bericht, FLÜGGE), daß sich durch geeignete Superposition der Wirkungen der verschiedenen Mesonensorten gerade wieder die Ladungsunabhängigkeit ergibt. Die neutrale Theorie widerspricht dem Grundansatz von YUKAWA, da sie den Zusammenhang mit dem β-Zerfall (und der Höhenstrahlung) wieder aufgibt; wir werden sie aber im folgenden teilweise als einfachstes Modell einer Mesonentheorie vorführen, von dem sich die symmetrische Theorie nur durch einige zusätzliche Komplikationen unterscheidet.

2. Skalare Theorie.

Um nun zu quantitativen Aussagen zu kommen, muß eine Annahme über die Feldgleichungen gemacht werden, denen das Feld der Kernkräfte genügt. Als einfachste Gleichung bietet sich die gewöhnliche Wellengleichung an:

$$\Delta U - \frac{1}{c^2}\frac{\partial^2 U}{\partial t^2} = 0. \tag{1}$$

Diese Gleichung müßte im „leeren Raum" gelten, d. h. in einem Raum, der nur das Kernfeld (oder, was gleichbedeutend ist, Mesonen), aber insbesondere keine Protonen und Neutronen enthält, da diese ja Quellen des Kernfeldes sind. Ergänzt man die Gleichung in der Weise, in der wir es unten im Abschnitt 3 durchführen, durch Gleichungen, welche die Wechselwirkung der Mesonen mit Protonen und Neutronen beschreiben, so erweist sich die Feldgröße U als das Potential der durch die Mesonen vermittelten Austauschkraft.

Die kugelsymmetrische Lösung der Gleichung (1), mit einer Singularität im Nullpunkt, welche also das Kernfeld um ein Proton oder Neutron herum darstellen sollte, ist bekanntlich das COULOMB-Potential

$$U = \frac{\text{const}}{r}. \tag{2}$$

Dieses Potential kann aber nicht das richtige sein, denn alle charakteristischen Eigenschaften der Kerne (Absättigung, Gültigkeit des

COULOMB-Gesetzes bis nahe an den Kernrand) beweisen, daß die Kernkräfte schnell mit der Entfernung abfallen. Die Gleichung (1) muß also abgeändert werden. Als einfachste Abänderung wählte YUKAWA die Hinzufügung eines zu U proportionalen Gliedes:

$$\Delta U - \frac{1}{c^2}\frac{\partial^2 U}{\partial t^2} - \varkappa^2 U = 0. \tag{3}$$

Diese Gleichung hat, wie man durch Einsetzen leicht bestätigt, die kugelsymmetrische Lösung

$$U = g^2 \frac{e^{-\varkappa r}}{r}, \tag{4}$$

wobei g eine zunächst beliebige Konstante ist. Dieses Potentialgesetz hat nun die erwünschte Eigenschaft der kleinen Reichweite. Die Erfahrung fordert dann

$$\varkappa^{-1} \approx 2 \cdot 10^{-13}\,\text{cm}. \tag{5}$$

Was bedeutet das für die physikalischen Eigenschaften des Kernfeldes?

Wir betrachten dazu die dem Feld U zugeordneten Teilchen. Gleichung (3) kann als relativistische SCHRÖDINGER-Gleichung (KLEIN-GORDON-Gleichung) der Mesonen angesehen werden. Schreibt man die relativistische Beziehung zwischen Energie und Impuls in der Form

$$-p^2 + \left(\frac{E}{c}\right)^2 - \mu^2 c^2 = 0, \tag{6}$$

ersetzt $\vec{p}$ und E nach der quantenmechanischen Vorschrift durch $\frac{\hbar}{i}$ grad und $-\frac{\hbar}{i}\frac{\partial}{\partial t}$, dividiert durch $\hbar^2$ und wendet den so entstehenden Operator auf U an, so entsteht genau die Gleichung (3), wobei nun

$$\varkappa = \frac{\mu c}{\hbar} \tag{7}$$

gesetzt ist. Da μ die Ruhmasse der betrachteten Teilchen ist, bedeutet also $\varkappa^{-1}$ die COMPTON-Wellenlänge der Mesonen. Aus (5) folgt

$$\mu \approx 200 \text{ Elektronenmassen}, \tag{8}$$

eine Voraussage, die durch die Beobachtungen an der Höhenstrahlung bestätigt wurde.

Trotzdem kann die Theorie in der vorliegenden Form noch nicht richtig sein. Die Erfahrung lehrt nämlich, daß das Potential stark von der gegenseitigen Spinorientierung der Kernteilchen abhängt. Eine Theorie wie die vorliegende, welche nur eine skalare Feldgröße hat, kann diese Richtungsabhängigkeit nicht darstellen. Wir besprechen daher alle Einzelheiten an Hand der heute vollkommensten, der vektoriellen Form der Theorie.

3. Vektorielle Theorie.

Das ständige Übergehen von einer willkürlich gewählten Wellengleichung zur nächsten könnte den Eindruck erwecken, als bestehe die Theorie nur aus ad hoc gemachten Annahmen und enthalte genau so viele Hypothesen, wie sie Erfahrungen erklären soll. Aus solchen Erwägungen heraus hat die Theorie in der Tat ursprünglich wenig Beachtung gefunden. Um so überraschender war die glänzende Bestätigung ihrer Grundannahmen durch die Höhenstrahlerfahrungen. Nachträglich können wir uns diesen Erfolg durch die Bemerkung einleuchtend machen, daß die Freiheit zur Wahl beliebiger Wellengleichungen sehr viel geringer ist, als es zunächst scheinen könnte. Legt man die Zahl räumlicher Komponenten fest, welche die Wellenfunktion haben soll, so lassen die verschiedenen Invarianzforderungen, denen die Gleichung genügen muß, stets nur eine sehr geringe Auswahl von Möglichkeiten.

Aus der Art der Spinabhängigkeit der Kernkräfte folgt, daß die Feldgröße zum mindesten ein Vierervektor sein muß. Spinabhängigkeit einer Austauschkraft bedeutet nämlich, daß in manchen Fällen nicht nur die Ladungen, sondern auch die Spins vom Proton und Neutron ausgetauscht werden. Wenn also z. B. ein Neutron vom Spin $+1/2\hbar$ sich in ein Proton und ein Meson verwandelt, muß es vorkommen können, daß das Proton mit dem Spin $-1/2\hbar$ zurückbleibt, und aus dem Drehimpulssatz folgt, daß das Meson den Spin $+1\hbar$ tragen muß. Da die Austauschwechselwirkung im wesentlichen durch Mesonen vermittelt wird, deren Bahndrehimpuls Null ist, muß das Meson einen echten Spin $+1\hbar$ haben, analog dem Lichtquant. Ein derartiges Teilchen erfordert zu seiner Beschreibung im Wellenbild wenigstens einen Vierervektor als Feldgröße (beim Lichtquant bilden das skalare und das Vektorpotential diesen Vierervektor). Die Analogie des Mesons zum Lichtquant wird noch enger, wenn man berücksichtigt, daß das Meson, damit bei der Umwandlung des Neutrons in Proton und Meson das statistische Verhalten erhalten bleibt, BOSE-Statistik haben muß.

Wir wählen nun unter der kleinen Anzahl möglicher Gleichungen, die ein Meson vom Spin 1 darstellen, diejenige, welche die engste Analogie zu der MAXWELLschen Theorie des Lichtes hat [PROCA (P 7)]. Das Mesonenfeld wird beschrieben durch vier Feldgrößen $\varphi_1, \varphi_2, \varphi_3, \varphi_4$, die miteinander einen Vierervektor bilden. In Analogie zum MAXWELLschen Feld bezeichnen wir sie als Potentiale und schreiben [nach BETHE (B 13) und JENSEN (J 5)]

$$\left.\begin{aligned} \varphi_k &= \mathfrak{A}_k, \\ \varphi_4 &= i\Phi, \end{aligned}\right\} \qquad (k = 1, 2, 3) \tag{9}$$

wobei nun $\mathfrak{A}$ dem Vektorpotential, Φ dem skalaren Potential entspricht. Verwechslungen mit dem wirklichen elektromagnetischen Feld, das in unseren Betrachtungen nie auftritt, sind nicht zu befürchten. Ferner definieren wir[1], entsprechend dem antisymmetrischen Tensor der elektrischen und magnetischen Feldstärke, 6 Größen $\chi_{\alpha\beta}$ (griechische Indizes laufen stets von 1 bis 4, lateinische von 1 bis 3):

$$\left.\begin{aligned} \chi_{4k} &= i\mathfrak{E}_k, & \chi_{\alpha\alpha} &= 0, \\ \chi_{kl} &= \mathfrak{H}_m, \quad (k \neq l \neq m) & \chi_{\alpha\beta} &= -\chi_{\beta\alpha}. \end{aligned}\right\} \tag{10}$$

Der Zusammenhang zwischen den χ und φ wird durch die Definitionsgleichung vermittelt:

$$\chi_{\alpha\beta} = \frac{\partial \varphi_\beta}{\partial x_\alpha} - \frac{\partial \varphi_\alpha}{\partial x_\beta} \tag{11}$$

oder ausgeschrieben:

$$\left.\begin{aligned} \mathfrak{E} &= -\operatorname{grad}\Phi - \frac{\partial \mathfrak{A}}{c\,\partial t}, \\ \mathfrak{H} &= \operatorname{rot}\mathfrak{A}, \end{aligned}\right\} \tag{12}$$

woraus die beiden ersten MAXWELLschen Gleichungen folgen:

$$\left.\begin{aligned} \operatorname{rot}\mathfrak{E} + \frac{\partial \mathfrak{H}}{c\,\partial t} &= 0, \\ \operatorname{div}\mathfrak{H} &= 0. \end{aligned}\right\} \tag{13}$$

An Stelle der beiden anderen MAXWELLschen Gleichungen schreiben wir

$$\sum_\alpha \frac{\partial \chi_{\alpha\beta}}{\partial x_\alpha} = \varkappa^2 \varphi_\beta \tag{14}$$

oder ausgeschrieben:

$$\left.\begin{aligned} \operatorname{div}\mathfrak{E} + \varkappa^2\Phi &= 0, \\ \operatorname{rot}\mathfrak{H} - \frac{\partial \mathfrak{E}}{c\,\partial t} + \varkappa^2\mathfrak{A} &= 0. \end{aligned}\right\} \tag{15}$$

Diese Gleichungen unterscheiden sich von den MAXWELLschen um das Glied mit $\varkappa^2$. Es sei nebenbei bemerkt, daß sich in dieser Theorie durch Differenzieren der Gleichung (14) nach x_β die LORENTZsche Konvention:

$$\sum_\beta \frac{\partial \varphi_\beta}{\partial x_\beta} = \operatorname{div}\mathfrak{A} + \frac{\partial \Phi}{c\,\partial t} = 0 \tag{16}$$

zwangsläufig ergibt. Die physikalische Bedeutung des $\varkappa^2$-Gliedes wird am deutlichsten, wenn man in (14) für $\chi_{\alpha\beta}$ aus (11) einsetzt und unter Berücksichtigung von (16) erhält:

$$\left.\begin{aligned} \Delta\Phi - \frac{1}{c^2}\ddot{\Phi} - \varkappa^2\Phi &= 0, \\ \Delta\mathfrak{A} - \frac{1}{c^2}\ddot{\mathfrak{A}} - \varkappa^2\mathfrak{A} &= 0. \end{aligned}\right\} \tag{17}$$

[1] Diese Bezeichnungen nach FRÖHLICH, HEITLER und KEMMER (F 4).

D. h. für jede der vier Feldgrößen φ gilt gesondert die KLEIN-GORDON-Gleichung, und das $\varkappa^2$-Glied drückt wie in der skalaren Theorie die Existenz einer Ruhmasse des Mesons aus.

Die Analogie zur Theorie des Lichts ist vollkommen, wenn man fordert, daß alle Feldgrößen reell sind. Dann beschreibt die Theorie eine einzige Teilchensorte und wird zur Darstellung von neutralen Mesonen verwendet. Läßt man hingegen zu, daß die φ und χ komplex sind, und fügt zu den Gleichungen (11) und (14) die konjugiert komplexen hinzu:

$$\chi^*_{\alpha\beta} = \frac{\partial \varphi^*_\beta}{\partial x_\alpha} - \frac{\partial \varphi^*_\alpha}{\partial x_\beta}, \tag{11*}$$

$$\sum_\alpha \frac{\partial \chi^{\alpha}_{*\beta}}{\partial x_\alpha} = \varkappa^2 \varphi^*_\beta, \tag{14*}$$

so hat man gewissermaßen zwei unabhängige Sätze von Wellenfunktionen: φ und φ^* bzw. geeignete Linearkombinationen. Der der räumlichen Dichte entsprechende Ausdruck ist dann wie in der KLEIN-GORDON-Gleichung nicht mehr positiv definit, und man kann, wie es dort PAULI und WEISSKOPF (P 1) gezeigt haben, darin die Beschreibung des Auftretens zweier Teilchensorten mit entgegengesetzter Ladung sehen. Die komplexe Theorie stellt also geladene Mesonen dar.

4. Wechselwirkung mit Kernmaterie.

Die obigen Gleichungen stellen das Verhalten von Mesonen im Vakuum dar. Für die Behandlung ihrer Wechselwirkung mit Materie lassen wir uns wieder von der Analogie zur MAXWELLschen Theorie leiten. So wie wir oben eine „klassische" Theorie des Mesonenfeldes aufgestellt, d. h. davon abgesehen haben, daß die Feldgrößen φ und χ nicht gewöhnliche Zahlen, sondern Operatoren sind, so behandeln wir auch diese Wechselwirkung nur in klassischer Näherung und besprechen den darin liegenden (großen!) Fehler erst weiter unten. Wir beschränken uns zunächst auf neutrale Mesonen.

Das durch eine Ladungsdichte ϱ und eine Stromdichte $\mathfrak{i}$ erzeugte elektromagnetische Feld berechnet man, indem man auf der rechten Seite von (14) den Vierervektor mit den Komponenten $4\pi\varrho$, $4\pi\mathfrak{i}/c$ hinzufügt. Ebenso wollen wir das von Kernteilchen erzeugte Mesonenfeld berechnen. ϱ setzen wir dabei proportional dem Dichteausdruck $\psi^*\psi$ (ψ ist die Wellenfunktion der Kernteilchen), $\mathfrak{i}/c$ proportional dem zugehörigen Stromausdruck $\psi^*\vec{\alpha}\psi$. Der Proportionalitätsfaktor g von der Dimension einer Ladung mißt die Stärke der mesonenerzeugenden Wechselwirkung zwischen Kernteilchen und Mesonfeld, so wie in der Strahlungstheorie die Elementarladung e die Wechselwirkung von Materie und Strahlung mißt. (Als weiterer Faktor für geladene Mesonen tritt ein Operator Q hinzu, der z. B. bei der Erzeugung eines negativen Mesons die Wellenfunktion eines Neutrons in die eines Protons verwandelt.)

Da die Kräfte wesentlich spinabhängig sein sollen, genügt dieser Ansatz, der genau der Felderzeugung durch reine elektrische Ladung analog ist, noch nicht. Nun haben wir die Freiheit, auch zur Gleichung (11) einen Sechsertensor hinzuzufügen, der der Wirkung eines magnetischen Dipols (und eines imaginären elektrischen Dipols) entspricht. Die Art, wie ein derartiger Tensor aus den Wellenfunktionen mittels der DIRACschen Matrizen α, β und σ zu bilden ist, zeigen nachstehende Formeln. Dabei tritt naturgemäß ein neuer Proportionalitätsfaktor f von der Dimension einer Ladung auf. Im ganzen lauten die Gleichungen dann

$$\left.\begin{aligned} \operatorname{div}\mathfrak{E} + \varkappa^2\Phi &= 4\pi\varrho, & \varrho &= g\psi^*\psi,\\ \operatorname{rot}\mathfrak{H} - \frac{\partial\mathfrak{E}}{c\,\partial t} + \varkappa^2\mathfrak{A} &= 4\pi\frac{\mathfrak{i}}{c}, & \frac{\mathfrak{i}}{c} &= g\psi^*\vec{\alpha}\psi,\\ \mathfrak{E} + \operatorname{grad}\Phi + \frac{\partial\mathfrak{A}}{c\,\partial t} &= \frac{4\pi}{\varkappa}\mathfrak{N}, & \mathfrak{N} &= i f\psi^*\beta\vec{\alpha}\psi,\\ \mathfrak{H} - \operatorname{rot}\mathfrak{A} &= \frac{4\pi}{\varkappa}\mathfrak{M}, & \mathfrak{M} &= f\psi^*\beta\vec{\sigma}\psi. \end{aligned}\right\} \qquad (18)$$

Die reziproke Länge $\varkappa$ muß in den beiden letzten Gleichungen im Nenner auftreten, damit der Faktor $f/\varkappa$ die Dimension eines Dipolmomentes hat. Im Grenzfall der Strahlungstheorie ist zwar $\varkappa$, aber auch $f/\varkappa$ gleich Null.

Wir beschränken uns nun auf unrelativistische Effekte für die schweren Kernteilchen, d. h. auf Effekte, bei denen wir die zu v/c proportionale Matrix $\vec{\alpha}$ vernachlässigen dürfen. Damit fallen $\mathfrak{i}$ und $\mathfrak{N}$ weg, und analog zu (17) ergibt sich

$$\left.\begin{aligned} \Delta\Phi - \frac{1}{c^2}\ddot{\Phi} - \varkappa^2\Phi &= -4\pi\varrho,\\ \Delta\mathfrak{A} - \frac{1}{c^2}\ddot{\mathfrak{A}} - \varkappa^2\mathfrak{A} &= \frac{4\pi}{\varkappa}\operatorname{rot}\mathfrak{M}. \end{aligned}\right\} \qquad (19)$$

Ist eine Dichteverteilung $\varrho(\mathfrak{r})$ und eine Momentverteilung $\mathfrak{M}(\mathfrak{r})$ der Kernteilchen vorgegeben, so kann man analog dem elektrostatischen Verfahren die Gleichungen (19) auflösen und erhält für die Feldverteilung:

$$\begin{aligned} \Phi(\mathfrak{r}) &= \int d\tau' \frac{\varrho(\mathfrak{r}')}{|\mathfrak{r}-\mathfrak{r}'|} e^{-\varkappa|\mathfrak{r}-\mathfrak{r}'|} \approx \frac{g}{r} e^{-\varkappa r},\\ \mathfrak{A}(\mathfrak{r}) &= -\frac{1}{\varkappa}\int d\tau' \frac{\operatorname{rot}\mathfrak{M}(\mathfrak{r}')}{|\mathfrak{r}-\mathfrak{r}'|} e^{-\varkappa|\mathfrak{r}-\mathfrak{r}'|} \approx -\frac{f}{\varkappa}\operatorname{rot}\left(\mathfrak{s}\frac{e^{-\varkappa r}}{r}\right). \end{aligned} \qquad (20)$$

Dabei bezieht sich die Näherung, in der die Ausdrücke ganz rechts gelten, auf Abstände r von den erzeugenden Kernteilchen, die groß sind gegen das Raumgebiet, in dem ϱ bzw. $\mathfrak{M}$ merklich von Null verschieden ist. Ferner ist

$$\mathfrak{s} = \int \psi^* \beta \vec{\sigma} \psi \, d\tau' \approx \int \psi^* \vec{\sigma} \psi \, d\tau' \tag{21}$$

der mittlere Momentvektor der Kernteilchen.

Suchen wir nun die Kraft, die ein Kernteilchen vermittels des Mesonenfeldes auf ein anderes Kernteilchen ausübt, so können wir in der statischen Näherung, auf die wir uns hier beschränken, die Mesonen-Feldgrößen ganz eliminieren und eine nur von den Orten und Spins der schweren Teilchen abhängige potentielle Energie angeben. Um sie zu berechnen, brauchen wir zunächst den Ausdruck für die Wechselwirkungsenergie zwischen Kernteilchen und Materiefeld. Er kann genau analog zum Verfahren in der MAXWELLschen Theorie abgeleitet werden (vgl. BETHE) und lautet:

$$H = \int d\tau \left\{ \varrho \Phi - \frac{1}{c} (\mathfrak{i} \mathfrak{A}) + \frac{1}{\varkappa} (\mathfrak{M} \mathfrak{H}) - \frac{1}{\varkappa} (\mathfrak{N} \mathfrak{E}) \right\}. \tag{22}$$

Wir verzichten auf die Herleitung; die beiden für uns wichtigen Glieder sind unmittelbar einleuchtend: der erste Summand des Integranden (d. h. der Energiedichte) $\varrho \Phi$ aus der Elektrostatik, der dritte Summand $1/\varkappa (\mathfrak{M} \mathfrak{H})$ aus der Magnetostatik.

Wirkt nun das von einem Teilchen 1 erzeugte Feld $\mathfrak{E}_1, \mathfrak{H}_1$ auf ein Teilchen 2, so folgt ($r = |\mathfrak{r}_1 - \mathfrak{r}_2|$)

$$E_{\text{pot}} = \frac{g_1 g_2}{r} e^{-\varkappa r} + \frac{1}{\varkappa} (\mathfrak{M}_2 \mathfrak{H}_1 (\mathfrak{r}_2)), \tag{23}$$

mit

$$\mathfrak{H}_1 (\mathfrak{r}_2) = \frac{4\pi}{\varkappa} \mathfrak{M}_1 (\mathfrak{r}_2) - \operatorname{rot} \mathfrak{A}_1 (\mathfrak{r}_2). \tag{24}$$

Ausrechnen von (24) ergibt schließlich:

$$\left.\begin{aligned} E_{\text{pot}} &= U + V_1 + V_2, \\ U &= g_1 g_2 \frac{e^{-\varkappa r}}{r}, \\ V_1 &= \frac{2}{3} f_1 f_2 (\mathfrak{s}_1 \mathfrak{s}_2) \frac{e^{-\varkappa r}}{r}, \\ V_2 &= f_1 f_2 \frac{e^{-\varkappa r}}{r} \left(\frac{1}{\varkappa^2 r^2} + \frac{1}{\varkappa r} + \frac{1}{3} \right) \left(-3 \frac{(\mathfrak{s}_1 \mathfrak{r})(\mathfrak{s}_2 \mathfrak{r})}{r^2} + (\mathfrak{s}_1 \mathfrak{s}_2) \right). \end{aligned}\right\} \tag{25}$$

Dieses Potential zeigt nun eine sehr unangenehme Eigenschaft. Der Ausdruck V_2 enthält Summanden, die bei $r = 0$ wie $1/r^3$ bzw. $1/r^2$ divergieren. Während nun eine Divergenz wie $1/r$ bekanntlich (COULOMB-Feld!) quantenmechanisch keine Schwierigkeit darstellt, existieren in einem stärker als $1/r^2$ divergierenden Potential keine stationären Zustände. Die Ursache davon läßt sich leicht an Hand der Unbestimmtheitsrelation klarmachen. Wenn ich durch ein Potential ein Teilchen auf einen Raum vom ungefähren Durchmesser r beschränke, so erhält es einen unbestimmten Impuls der Größenordnung $\hbar/r$, also eine kinetische Energie, die zu $1/r^2$ proportional ist. Wächst nun die potentielle Energie bei kleiner werdendem r schwächer als $1/r^2$, so muß es einen Wert r geben, bei dem die kinetische Energie die potentielle überwiegt; d. h. ein Teilchen, das auf einen noch kleineren Raum beschränkt wäre, könnte von dem Potential nicht mehr festgehalten werden. Dieser kritische Wert von r gibt ungefähr die Ausdehnung der Wellenfunktion im tiefsten stationären Zustand an. Wächst hingegen die potentielle Energie stärker als $1/r^2$, so überwiegt sie bei Verkleinerung des Abstandes immer mehr; d.h. die Teilchen müssen sich einander (unter Ausstrahlung der jeweils durch die Beschleunigung gewonnenen kinetischen Energie) unbegrenzt nähern können, und es existiert überhaupt kein tiefster stationärer Zustand. Die empirische Existenz von Kernen mit festem Radius beweist also, daß (25) nicht das richtige Potential sein kann.

Diese Schwierigkeit ist nicht zufällig. Sie hängt vielmehr mit den Grundproblemen jeder derartigen Theorie zusammen, die wir am Ende besprechen. Man hat aber vielfach die Hoffnung gehabt, daß wenigstens die Ergebnisse der Theorie für hinreichend große Teilchenabstände richtig seien, und, in der Hoffnung auf eine künftige Rechtfertigung des Verfahrens, das Potential bei einem bestimmten kleinen Abstand „abgeschnitten". Die Folgen eines derartigen Verfahrens behandelt der nachfolgende Bericht von FLÜGGE.

Wir schätzen noch die absolute Größe der Kraftkonstanten ab. $\varkappa$ haben wir schon im 2. Abschnitt aus der Reichweite der Kernkräfte bestimmt. g und f müssen aus der Stärke der Kernkräfte folgen. Die Bestimmung ist freilich sehr ungenau, da man in dem divergierenden Potential bei jeder beliebigen Kraftkonstanten noch immer jede beliebige Bindungsenergie der Atomkerne herausrechnen kann, wenn man nur den Radius, bei dem man das Potential abschneidet, geeignet wählt. Die Abschätzung wird aber möglich, wenn man außerdem die Größe der Kerne berücksichtigt. Wählt man z. B. eine sehr kleine Kraftkonstante, so muß man zu sehr kleinen Radien gehen, um eine hinreichende Bindung zu erhalten. Dann wird aber auch die Eigenfunktion des durch diese Kraft gebundenen Teilchens nur auf Strecken der Größenordnung dieses kleinen Abschneideradius von Null verschieden sein. Man muß also fordern, daß der Abschneideradius nicht sehr viel kleiner ist als der Radius eines leichten Kerns, und erhält damit auch eine Bedingung für g und f. Nimmt man speziell an, daß $g = 0$ sei (diese Hypothese von BETHE wird im 11. Bericht von FLÜGGE besprochen), so folgt

$$\frac{f^2}{\hbar c} \approx 0{,}08. \tag{26}$$

f ist dann also etwa dreimal größer als die elektrische Elementarladung e ($e^2/\hbar c = 0{,}0073$).

5. Theorie des β-Zerfalls.

Die Theorie des β-Zerfalls ist für uns vor allem wichtig, weil sie gestattet, aus der beobachteten Lebensdauer der β-Strahler die Lebensdauer des Mesons auszurechnen, die wir in der Höhenstrahlung mit der Erfahrung vergleichen können. Wir schildern die Grundzüge der Rechnung nach einer Arbeit von BETHE und NORDHEIM (B 18).

Die Wechselwirkung der Mesonen mit leichten Teilchen (Elektron und Neutrino) kann genau analog ihrer Wechselwirkung mit schweren Teilchen (Proton und Neutron) behandelt werden. Beim β-Zerfall wird zunächst von den schweren Teilchen ein Meson emittiert, indem nämlich gleichzeitig ein Neutron verschwindet und ein Proton entsteht; dann wird dieses Meson gleichsam von den leichten Teilchen absorbiert, indem ein Elektron und ein Neutrino entsteht. Man kann die Analogie sogar formal noch enger machen. Behandelt man das Neutrino nach der DIRAC-Gleichung, dann gibt es so, wie zum Elektron das Positron, zum Neutrino ein Gegenteilchen, das man Antineutrino nennt. So wie die Entstehung eines Positrons als Vernichtung eines Elektrons negativer Energie beschrieben wird, so stellt sich die Entstehung eines Antineutrinos als Vernichtung eines Neutrinos dar. Dieselbe Wechselwirkung, die gleichzeitig ein Neutrino und ein Elektron entstehen läßt, kann wegen der Symmetrie von Emission und Absorption auch beide gleichzeitig verschwinden, und somit auch ein Antineutrino und ein Positron gleichzeitig entstehen lassen. Dies ist die Art, auf welche in der FERMIschen Theorie des β-Zerfalls der Positronenzerfall beschrieben wird. Nun haben wir aber zunächst freie Hand, welche der beiden Neutrinosorten wir als Neutrino und welche als Antineutrino bezeichnen wollen, und man hat sich geeinigt, das gleichzeitig mit dem Positron entstehende Teilchen Neutrino zu nennen. Denn dann bleibt die Zahl der leichten Teilchen formal erhalten: indem ein Neutrino entsteht, verschwindet ein Elektron negativer Energie; indem ein Elektron entsteht, verschwindet ein Neutrino negativer Energie. Der β-Zerfall lautet dann kurz: ein Neutron verwandelt sich in ein Proton unter Emission eines Mesons, und ein Neutrino (negativer Energie) verwandelt sich in ein Elektron unter Absorption desselben Mesons.

Dieser Fähigkeit der leichten Teilchen, Mesonen zu emittieren und absorbieren, tragen wir Rechnung, indem wir zu dem von den schweren Teilchen erzeugten Dichte-Strom-Vektor ϱ, $\mathfrak{i}$ und Momententensor $\mathfrak{N}$, $\mathfrak{M}$ in Gleichung (18) einen ebensolchen hinzufügen, der von den leichten Teilchen herrührt. Wir müssen nun die Ladung berücksichtigen und schreiben:

$$\left.\begin{aligned} \varrho_s &= g\psi^* Q_s \psi, & \mathfrak{i}_s &= c g \psi^* \vec{\alpha} Q_s \psi, \\ \mathfrak{M}_s &= f\psi^* \beta \vec{\sigma} Q_s \psi, & \mathfrak{N}_s &= i f \psi^* \beta \vec{\alpha} Q_s \psi. \end{aligned}\right\} \qquad (27\,\text{a})$$

Dabei ist Q_s ein Operator, der die Eigenfunktion eines Neutrons in die eines Protons verwandelt und umgekehrt. Genau analog schreiben wir für die leichten Teilchen, deren Wellenfunktionen χ heißen mögen:

$$\left.\begin{aligned} \varrho_l &= G\chi^* Q_l \chi, & \mathfrak{i}_l &= cG\chi^* \vec{\alpha} Q_l \chi, \\ \mathfrak{M}_l &= F\chi^* \beta \vec{\sigma} Q_l \chi, & \mathfrak{N}_l &= iF\chi^* \beta \vec{\alpha} Q \chi. \end{aligned}\right\} \tag{27b}$$

F und G sind neue Konstanten, welche die Zerfallswahrscheinlichkeit des Mesons messen. Die in (18) eingehenden Ausdrücke sind jeweils als die Summe der entsprechenden Ausdrücke aus (26) und (27) anzusetzen:

$$\varrho = \varrho_s + \varrho_l \quad \text{usw.} \tag{27c}$$

Indem wir nun einerseits die aus der Höhenstrahlung ungefähr bekannte Lebensdauer eines freien Mesons, andererseits die Lebensdauer eines bekannten β-Strahlers ausrechnen, erhalten wir zwei unabhängige Auskünfte über die Konstanten F und G und können daran die Theorie prüfen.

Es gibt eine den ebenen Wellen der Lichttheorie entsprechende Lösung der Gleichungen (12) und (15), die das freie Meson darstellt. Mit diesen und den Wellenfunktionen des freien Elektrons und Antineutrinos kann das Matrixelement H_{nm} der potentiellen Energie (22) ausgerechnet werden, das dem Übergang vom freien Meson zum Elektron und Antineutrino entspricht, und hieraus folgt die Zerfallsperiode τ_μ des freien Mesons nach der bekannten Formel

$$\frac{1}{\tau_\mu} = \frac{2\pi}{\hbar} |H_{nm}|^2 \sigma, \tag{28}$$

wobei σ die Anzahl der möglichen Endzustände pro Energieintervall ist. Es ergibt sich

$$\frac{1}{\tau_\mu} = \frac{\mu c^2}{\hbar} \left(\frac{2}{3} \frac{G^2}{\hbar c} + \frac{1}{3} \frac{F^2}{\hbar c} \right). \tag{29}$$

Der β-Zerfall eines Neutrons im Kern wird ebenso berechnet wie die Austauschkraft im vorigen Abschnitt, nur mit dem Unterschied, daß das von den schweren Teilchen emittierte Meson nun von leichten Teilchen „absorbiert" wird. In die HAMILTON-Funktion (22) hat man für $\varrho\Phi$ die symmetrische Form $\frac{1}{2}(\varrho_s \Phi_l + \varrho_l \Phi_s)$ einzusetzen und ebenso für die weiteren Glieder; dabei ist Φ_s das von den schweren Teilchen erzeugte Mesonfeld, Φ_l das von den leichten erzeugte. Vernachlässigen wir wieder $\mathfrak{i}_s$ und $\mathfrak{N}_s$, so ergibt sich die genau zu (25) analoge Formel (in der nur nicht wie dort die Annahme gemacht ist, die Dichteverteilungen der beiden Teilchensorten seien fast punktförmig, und daher die räumliche Integration nicht ausgeführt ist):

$$\left.\begin{aligned} H = & \iint \frac{e^{-\varkappa r}}{r} \varrho_s \varrho_l \, d\tau_s \, d\tau_l + \\ & + \iint \frac{e^{-\varkappa r}}{r} \left[\frac{2}{3} (\mathfrak{M}_s \mathfrak{M}_l) + \left\{ 3 \frac{(\mathfrak{M}_s \mathfrak{r})(\mathfrak{M}_l \mathfrak{r})}{r^2} - (\mathfrak{M}_s \mathfrak{M}_l) \right\} \left\{ \frac{1}{\varkappa^2 r^2} + \frac{1}{\varkappa r} + \frac{1}{3} \right\} d\tau_s \, d\tau_l \right]. \end{aligned}\right\} \tag{30}$$

Da die Wellenlänge der entstehenden leichten Teilchen groß ist gegen die Kerndimensionen, also gegen das Gebiet, in dem ϱ_s und $\mathfrak{M}_s$ von Null verschieden ist, darf man die Wellenfunktionen der leichten Teilchen durch konstante Werte χ_e und χ_ν ersetzen. Mit

$$\int \frac{e^{-\varkappa r}}{r} d\tau = \frac{4\pi}{\varkappa^2} \tag{31}$$

folgt dann

$$H = \frac{4\pi}{\varkappa^2} \int \{ g G \chi_e^* \chi_\nu \psi_P^* \psi_N + \tfrac{1}{3} f F (\chi_e^* \beta \vec{\sigma} \chi_\nu) \psi_P^* \beta \vec{\sigma} \psi_N) \} d\tau . \tag{32}$$

Der erste Summand des Integranden ist genau gleich dem Ansatz von FERMI; nur im Auftreten zweier Konstanten g und G zeigt sich noch, daß in dem Prozeß zwei Übergangswahrscheinlichkeiten zusammenwirken. Der zweite Summand bewirkt einen β-Übergang, bei dem der Spin der schweren Teilchen umklappen kann, so wie es von GAMOW und TELLER (G 1) diskutiert worden ist.

Wir vergleichen die Theorie mit der Erfahrung. Die Systematik der β-Zerfälle leichter Kerne [GRÖNBLOM (G 10)] verlangt, daß beim β-Zerfall Spinumklappungen vorkommen. Insbesondere könnte der einfachste gut bekannte β-Strahler He^6 ohne Spinumklappung gar nicht zerfallen, da wir He^6 den Spin Null und dem Folgekern Li^6 den Spin 1 zuschreiben müssen. Nun ist zwar eine Spinumklappung in einem in erster Näherung verbotenem Übergang, bei dem die leichten Teilchen Bahndrehimpuls haben, auch mit der reinen FERMI-Wechselwirkung möglich; der Zerfall von He^6 ist aber zu rasch, als daß man ihn für verboten halten könnte. Jedenfalls werden wir keine zu kleine Lebensdauer des Mesons errechnen, wenn wir die Konstante F so berechnen, als sei sie allein für den Zerfall von He^6 verantwortlich ($G = 0$), ferner die Konstante f so berechnen, als sei sie allein für die Kernkräfte verantwortlich ($g = 0$, vgl. den vorigen Abschnitt), und mit diesen Konstanten in (29) eingehen. Es folgt dann $F^2/\hbar c \approx 10^{-18}$ und $\tau_\mu \approx 10^{-8}$ sec. Hiermit ist der aus der Höhenstrahlung bestimmte Wert $\tau_\mu = 1$ bis $2 \cdot 10^{-6}$ zu vergleichen.

Die Übereinstimmung der beiden Zahlen ist zwar schlecht, aber doch besser, als daß man sie für reinen Zufall halten sollte. Wir vergegenwärtigen uns noch einmal qualitativ den Sinn der obigen Rechnung. Die normalen β-Strahler haben Lebensdauern, die nur bis in die Größenordnung von einigen Sekunden hinunterreichen. Die Lebensdauer des Mesons muß nach der Theorie von YUKAWA aus zwei Gründen kleiner sein. Erstens zerfällt das Meson unmittelbar, während ein β-Strahler erst ein Meson erzeugen muß, das dann zerfällt. (Da die Masse des Mesons so groß ist, daß seine Erzeugung nach dem Energiesatz an sich nicht möglich ist, kann es dabei in bekannter Weise nur in einem virtuellen Zwischenzustand erzeugt werden, d. h. jeweils nur für eine

Zeitspanne, die so klein ist, daß in ihr nach der Unbestimmtheitsrelation $\Delta E \cdot \Delta t \geqq \hbar$ die Energie des Systems nur mit einer Ungenauigkeit von der Größenordnung der Ruhenergie des Mesons bestimmt werden kann.) Die Tatsache, daß $f^2/\hbar c$ von der Größenordnung 1/10, also nicht sehr viel kleiner als 1 ist, bedeutet nun aber, daß die Mesonen sehr häufig erzeugt werden und daher diese Ursache für eine kürzere Lebensdauer nicht sehr viel ausmacht. Die zweite Ursache liegt in der großen Ruhmasse der Mesonen, welche den leichten Teilchen eine Zerfallsenergie von fast 100 Millionen Volt mitgibt. Nun besteht die bekannte Sargentsche Beziehung zwischen Energie und Lebensdauer der β-Strahler, nach der ein so energiereicher β-Strahler in der Tat eine Lebensdauer von der für das Meson gefundenen Größenordnung haben muß. Die Yukawasche Einordnung des Mesons in die Reihe der β-Strahler ist also, angesichts der Ungenauigkeit, mit der die empirische Sargent-Beziehung nach so hohen Energien extrapoliert werden kann, mit der Erfahrung im Einklang.

Unsere obige Rechnung ist nun gewissermaßen ein Versuch, auf Grund der theoretischen Deutung, welche schon Fermi der Sargent-Beziehung gegeben hat, diese Extrapolation quantitativ durchzuführen. Dieser Versuch ist angesichts des Faktors 100, der die beiden Werte von τ_μ unterscheidet, als mißlungen anzusehen. Die Yukawasche Theorie ist also auch hier, wie im Fall der Kernkräfte, zwar offenbar in qualitativem Einklang mit der Erfahrung, aber in ihrer bisherigen Form zu quantitativen Aussagen ungeeignet.

6. Streuung von Mesonen an Kernteilchen.

Für das Verständnis des Durchgangs der Mesonen durch die Atmosphäre ist es entscheidend wichtig, wie stark sie gestreut werden. Die Streuung an Elektronen kann, wenn keine andere als die im Abschnitt über β-Zerfall behandelte Kraft zwischen Meson und Elektron wirkt, vernachlässigt werden (vgl. jedoch Abschnitt 7 und den 7. Bericht über Stoßerzeugung durch Mesonen). Die Streuung an Kernteilchen kann man nach der Theorie genau so berechnen, wie man die Streuung von Licht an Elektronen berechnet. Man erhält für den Wirkungsquerschnitt der Streuung

$$Q = \text{const}\,\frac{1}{\varkappa^4}\,\frac{p^4}{E^2}\,, \tag{33}$$

wobei p der Impuls und E die Energie des Mesons ist. Die Konstante ist unabhängig von der Protonenmasse und größer, als es mit der Erfahrung vereinbar wäre. Von dem Wirkungsquerschnitt für die Streuung von Lichtquanten an Elektronen unterscheidet der Ausdruck sich dadurch, daß er mit wachsender Energie des Mesons schließlich quadratisch anwächst, und dadurch, daß er, wegen seiner Unabhängigkeit von der Protonenmasse, selbst für unendlich schwere Protonen noch einen endlichen Wert behielte. Letzteres ist sehr auffallend, wenn man bedenkt, daß die Streuung ja nur durch ein Mitschwingen des streuenden Teilchens unter dem Einfluß der einfallenden Welle zustande kommt und daher bei unendlicher Trägheit des streuenden Teilchens verschwinden sollte.

Die Aufklärung liegt nach HEISENBERG (H 2) darin, daß es nicht der Schwerpunkt des Protons ist, der durch sein Mitschwingen die Streuung verursacht, sondern die zwei trägheitslosen Freiheitsgrade, nämlich der Spin und die „Ladungskoordinate" (die Freiheit, entweder Proton oder Neutron zu sein). Die Streuung beruht also auf den in der Elektrodynamik nicht auftretenden f-Gliedern. Nun ist die berechnete Streuung sicher nicht mit der Erfahrung vereinbar, und wir haben hier daher einen dritten Hinweis auf das Versagen der Theorie in quantitativen Fragen. Den fundamentalen Schwierigkeiten, die sich in diesem Versagen verbergen, wenden wir uns nun zu.

7. Diskussion der Schwierigkeiten.

Die Schwierigkeit der Divergenz des Potentials bei kleinen Abständen kann man ebenso wie diejenige des zu großen Streuquerschnitts in die Formel fassen: Die Theorie versagt, wenn Mesonen von zu hohem Impuls ins Spiel kommen. Denn die Austauschwechselwirkung zwischen zwei schweren Teilchen von gegebenem Abstand r wird im wesentlichen durch Mesonen vermittelt, deren Wellenlänge von der Größenordnung r, deren Impuls also von der Größenordnung $\hbar/r$ ist. Die Schwierigkeiten deuten daher darauf hin, daß bei einem bestimmten hohen Impuls oder, was dasselbe ist, bei einer bestimmten kleinen Länge, unsere Theorien versagen.

Man kann allerdings, wie MÖLLER und ROSENFELD (M 5) gezeigt haben, durch zusätzliche Verwendung von Feldgrößen mit anderen relativistischen Transformationseigenschaften eine Theorie aufstellen, in der die divergenten Potentialglieder nicht auftreten. Doch gibt es andere, tiefer liegende Divergenzschwierigkeiten, die auch in dieser Formulierung der Theorie nicht verschwinden, und die daher dem erzielten Erfolg nur einen fraglichen Wert lassen. Diese Divergenzen ergeben sich, wenn man von der klassischen Näherungsrechnung, die wir bisher getrieben haben, zur strengen quantentheoretischen Rechnung übergehen.

Die Darstellung der Theorie, die wir oben gegeben haben, behandelt die Mesonen als ein kontinuierlich im Raum ausgebreitetes Feld. Sie sieht also gerade von der fundamentalen Erfahrungstatsache ab, daß die Mesonen als einzelne Teilchen in Erscheinung treten. Gemäß den allgemeinen Regeln der Quantentheorie berücksichtigt man nun die Teilcheneigenschaften der Materie, wenn man vom klassischen Wellenbild ausgegangen ist, indem man die Feldgrößen nicht als gewöhnliche Zahlen, sondern als Operatoren auffaßt. Den zugehörigen mathematischen Formalismus stellen wir hier nicht dar, suchen aber die wichtigsten seiner Konsequenzen anschaulich zu beschreiben. In der Quantentheorie pflegt man, wie wir es oben klassisch taten, von den Feldgleichungen im leeren Raum auszugehen und die Glieder, welche die Wechselwirkung zwischen den verschiedenen Teilchensorten angeben, nachträglich als Störung einzuführen. Das Rechnungsergebnis z. B. für das Potential der Austauschkraft hat dann die Form einer Potenzreihe in den Wechselwirkungskonstanten g und f, deren erstes Glied das oben berechnete ist. Die höheren Glieder sind aber keineswegs klein. Erstens ist die dimensionslose Konstante $f^2/\hbar c$, welche analog der Feinstrukturkonstante $e^2/\hbar c$ der Elektrodynamik hier als Entwicklungsparameter fungiert, nicht sehr klein gegen Eins. Und zweitens sind die Koeffizienten der höheren Glieder groß und teilweise unendlich, analog den Selbstenergiegliedern in der Elektrodynamik.

Welche physikalischen Vorgänge entsprechen den höheren Entwicklungsgliedern? Im Fall der Austauschkraft ist das erste Glied diejenige Wechselwirkung, die dadurch zustande kommt, daß *ein* Meson emittiert und absorbiert wird; das zweite Glied rührt von der gleichzeitigen Emission und Reabsorption von zwei Mesonen her usw. Schlechte Konvergenz der Entwicklung bedeutet also, daß bei dem betrachteten Prozeß häufig viele Mesonen in einem Elementarakt entstehen. Heisenberg (H 2) hat gezeigt, daß dies eintritt, sobald sehr kleine Längen (von der Größenordnung $1/\varkappa$) bzw. hohe Impulse ins Spiel kommen. Es ist nun die Frage, ob man derartige „Explosionsschauer" in der Natur wirklich zu erwarten hat. Hierüber sind, vom theoretischen Standpunkt aus, zwei entgegengesetzte Ansichten vertreten worden. Offenbar kann die Theorie nicht richtig sein, solange in ihr divergente Ausdrücke auftreten. Da nun die geschilderten Mehrfachprozesse gerade mit den divergenten Ausdrücken zusammenhängen, haben zumal amerikanische Autoren vermutet, in einer (noch unbekannten) richtigen Fassung der Theorie, welche keine Divergenzen enthält, würden auch die Mehrfachprozesse nicht (oder wenigstens nur äußerst selten) auftreten. Diese Ansicht gibt aber nicht an, wodurch die Divergenzen eigentlich zum Verschwinden gebracht werden sollen, und Heisenberg ist umgekehrt der Meinung, daß gerade nur im Rahmen einer korrekten Beschreibung der Mehrfachprozesse die Theorie frei von den Divergenzen werden könne. Wenn man weiß, daß überwiegend Mehrfachprozesse auftreten, ist es in der Tat inkonsequent, von einer Beschreibung der Phänomene auszugehen, in der die Entstehung jedes einzelnen neuen Teilchens als kleine Störung betrachtet wird, und es ist nicht verwunderlich, daß in diesem Formalismus Divergenzen auftreten.

Der genaue Sinn des letztgenannten Standpunktes sei an einem Beispiel erläutert. HEISENBERG hat die Bedingung für die Anwendbarkeit der bisherigen Quantentheorie so formuliert: Es muß bei dem betrachteten Prozeß der in dem Koordinatensystem, in dem der Schwerpunkt des betrachteten physikalischen Gebildes ruht, übertragene Impuls kleiner sein als μc (μ = Masse des Mesons), oder Energieübertragung E und Impulsübertragung p in einem beliebigen Koordinatensystem müssen der Bedingung genügen

$$p^2 - \frac{E^2}{c^2} < \mu^2 c^2. \tag{34}$$

Denn sonst besteht eine große Wahrscheinlichkeit für die gleichzeitige Entstehung mehrerer Mesonen, welche die Voraussetzungen für die Anwendungen der üblichen quantentheoretischen Methoden (und damit auch der in ihnen auftretenden Divergenzen) aufhebt. Hiergegen haben OPPENHEIMER und SNYDER eingewandt, daß nach dieser Bedingung in dem speziellen Problem der Erzeugung von Sekundärelektronen durch Mesonen (vgl. 7. Bericht über Stoßerzeugung durch Mesonen) die Rechnung schon für eine Primärenergie der Mesonen von 10^{10} eV versagen müßte, während die Wechselwirkungsglieder erst bei 10^{12} eV so groß werden, daß deshalb ein Versagen der Näherung zu erwarten wäre; mit der Erfahrung ist die Ausdehnung des Geltungsbereichs der Formel bis 10^{12} eV vereinbar. OPPENHEIMER und SNYDER sind also der Ansicht, daß es gar nicht das Auftreten kleiner Längen (bzw. hoher Impulse), sondern die Stärke der Wechselwirkungsenergien ist, welche die bisherige Theorie begrenzt. Hierauf ist nach HEISENBERG zu antworten, daß die Formel wohl bis zu 10^{12} eV hinauf gültig bleiben mag, daß sie dann aber nicht mehr das bedeuten wird, was sie im Sinn der Rechnung bedeutet, durch die sie gewonnen wurde: nämlich die Wahrscheinlichkeit dafür, daß ein Meson ein Sekundärelektron *und sonst nichts* erzeugt. Vielmehr ist aus den hohen übertragenen Impulsen zu folgern, daß vermutlich gleichzeitig mit dem Sekundärelektron auch mehrere Mesonen erzeugt wurden. Dies ist genau analog dem Ergebnis von BLOCH und NORDSIECK (B 27), die gezeigt haben, daß die übliche Formel für den RUTHERFORDschen Streuquerschnitt von Elektronen an geladenen Teilchen nicht die Wahrscheinlichkeit dafür angibt, daß das Elektron gestreut wird und sonst nichts geschieht, sondern dafür, daß das Elektron gestreut wird und gleichzeitig eine beliebige Anzahl von Lichtquanten emitiert wird.

Alle diese Fragen könnten erst entschieden werden, wenn wir eine quantitative Theorie dieser Vorgänge besäßen. Ein Näherungsverfahren zu ihrer Behandlung, das HEISENBERG entworfen hat, stellen wir hier nicht dar, sondern beschränken uns auf eine qualitative Diskussion der weiter oben genannten Schwierigkeiten vom jetzt eingenommenen Standpunkt aus.

Daß der Ausdruck für die Austauschkraft bei kleinen Abständen der Kernteilchen schon in der oben berechneten ersten Näherung zu stark divergiert, ist belanglos, da die höheren Näherungen dort noch viel stärker divergieren. Man hat versucht, den Potentialausdruck für größere Abstände zu verwenden und bei kleinen Abständen „abzuschneiden". Doch dürfte dem so gewonnenen Ausdruck keine quantitative Bedeutung zukommen, da es anscheinend kein Experiment gibt, durch welches das Potential bei großem Abstand unabhängig von dem Verhalten bei kleinem Abstand geprüft werden könnte. Für die Berechnung stationärer Zustände versteht sich das von selbst; denn da es ohne Abschneiden gar keinen stationären Zustand gibt, hängt die Lage der stationären Zustände ganz von der Art des Abschneidens ab. Aber auch z. B. Stoßversuche, bei denen die Ablenkung eines Kernteilchens an einem anderen, an dem es in gegebenem, hinreichend großem Abstand vorbeifliegt, gemessen wird, sind grundsätzlich ungeeignet, und zwar wegen des exponentiellen Abfalls des Potentials bei großen Abständen. Wollen wir nämlich sicher sein, daß das vorüberfliegende Teilchen dem andern nicht beliebig nahekommt, so müssen wir es räumlich lokalisieren und damit auf eine beliebig genaue Kenntnis seines Impulses verzichten. Wenn aber die Änderung seines Impulses, die es beim Vorbeifliegen durch die Austauschkraft erfährt, kleiner ist als die so bedingte Ungenauigkeit unserer anfänglichen Impulskenntnis, so läßt sich offenbar durch dieses Experiment keine Kenntnis über das Potential gewinnen.

Wir beweisen diese Behauptung durch eine Überschlagsrechnung. Wir lassen ein Kernteilchen im Abstand r an einem anderen Kernteilchen vorbeifliegen. Damit wir sicher wissen, daß es nicht in Wirklichkeit im Abstand Null vorbeifliegt, muß seine Ortsungenauigkeit $\Delta q < r$ sein, also seine Impulsungenauigkeit

$$\Delta p > \frac{\hbar}{r}. \tag{35}$$

Dies gilt vom Impuls senkrecht zur Bewegungsrichtung. In der Bewegungsrichtung muß seine Geschwindigkeit v so groß sein, daß während

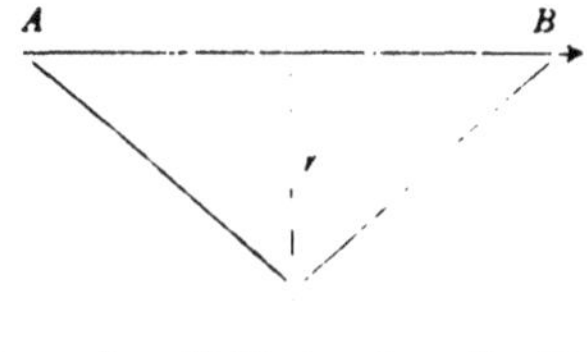

der „Stoßzeit", d. h. etwa der Zeit, in der die Strecke AB zurückgelegt wird und die von der Größenordnung r/v ist, seine seitliche „Versetzung" infolge der genannten Impulsungenauigkeit kleiner als v bleibt. Die unbekannte Geschwindigkeit quer zur Bewegungsrichtung ist $\Delta p/M$, also muß

$$\frac{\Delta p}{M} \cdot \frac{r}{v} < r \tag{36}$$

oder

$$v > \frac{\Delta p}{M} = \frac{\hbar}{M r} \tag{37}$$

sein. Mit Δp ist nun zu vergleichen der während der Stoßzeit übertragene Impuls p. Er ist etwa gleich der mittleren in dieser Zeit wirkenden Kraft mal der Stoßzeit, d. h.

$$p \approx -\frac{\partial U}{\partial r} \cdot \frac{r}{v} = \frac{g^2 \varkappa e^{-\varkappa r}}{v}, \tag{38}$$

wobei einfachheitshalber das statische Potential U eingesetzt und einmal $1/r$ neben $\varkappa$ vernachlässigt, d. h. angenommen ist, daß der Stoßabstand groß ist gegen die COMPTON-Wellenlänge des Mesons, bei der ja das Kraftgesetz schon anfängt, falsch zu werden. Aus (35) und (38) folgt

$$\frac{p}{\Delta p} \lesssim \frac{g^2}{\hbar c} \cdot \frac{c}{v} \varkappa r e^{-\varkappa r}. \tag{39}$$

Im Grenzfall sehr großer Abstände ist also die Impulsübertragung wegen des exponentiellen Potentialabfalls beliebig klein gegen die Impulsungenauigkeit. Am günstigsten ist das Verhältnis, wenn r nahe $1/\varkappa$ ist. Damit $p/\Delta p$ größer als Eins werden kann, muß dann aber, da $g^2/\hbar c \approx 1/10$ ist, $v \lesssim c/30$ sein. Andererseits fordert (37) dann

$$v > \frac{\hbar}{M} \cdot \frac{\mu c}{\hbar} = \frac{\mu}{M} c \approx \frac{c}{10}, \tag{40}$$

so daß die beiden Bedingungen für v selbst bei günstigster Rechnung unvereinbar sind.

Die Bedingungen (37) und (39) lassen sich zusammenfassen in die Bedingung

$$\frac{g^2}{\hbar c} \frac{M}{\mu} \gg 1 . \tag{41}$$

Da wir $\frac{g^2}{\hbar c} < 1$ voraussetzen müssen, wenn die begriffliche Trennung in schwere Teilchen und Mesonenfeld, von der wir ausgehen, einen Sinn behalten soll, so wäre der einzige Weg, in einer abstrakten Theorie ein ausmeßbares Feld zu schaffen, eine Vergrößerung des Massenverhältnisses von Proton und Meson. In dieser Weise hängt die faktische Unmöglichkeit einer klassischen Mesonentheorie mit der empirischen Tatsache zusammen, daß es keine Elementarteilchen von größerer Ruhmasse als das Proton gibt, mit deren Hilfe das Mesonfeld ausgemessen werden könnte.

Was läßt sich nun vermuten über die Art der Abweichung der wirklichen Kraft von der bisher berechneten? Die wirkliche Kraft wird schwerlich durch ein von den Koordinaten zweier Teilchen abhängiges Potential darstellbar sein. Die gleichzeitige Emission und Absorption mehrerer Mesonen, welche zu der Korrektur des Kraftgesetzes führt, braucht sich ja nicht auf *zwei* Kernteilchen zu beschränken. Z. B. können aus einem Kernteilchen mehrere Mesonen entstehen, die dann von verschiedenen anderen Kernteilchen absorbiert werden. Derartige Vorgänge müssen zu Kräften führen, die von den Koordinaten mehrerer Teilchen abhängen, so daß etwa die Kraft zwischen einem Proton und einem Neutron von der gleichzeitigen Lage aller anderen benachbarten Kernteilchen abhängt. Die Erfahrungen der Kernphysik (z. B. bezüglich der Bindungsenergie von He^5) deuten in der Tat in diese Richtung, vgl. insbes. H. Primakoff u. T. Hostein P 8).

Eine andere Konsequenz der starken Wechselwirkung wäre die Existenz höherer Zustände von Proton und Neutron, in denen das Teilchen 2-, 3- usw. fach geladen ist. Hierauf hat Wentzel (W 5) hingewiesen. Die zusätzliche Ladung kann dem umgebenden Mesonenfeld zugeschrieben werden. Die Erfahrung hat uns derartige Gebilde freilich noch nicht kennengelehrt.

Schließlich wird, wie Heisenberg gezeigt hat, die Mesonenstreuung an Kernteilchen wesentlich herabgesetzt, wenn man berücksichtigt, daß die beiden zunächst als „trägheitslos" eingeführten Freiheitsgrade des Kernteilchens infolge der virtuellen Emission und Reabsorption von Mesonen ein starkes „Eigenfeld" haben, welches ähnlich der Erzeugung von Ruhmasse durch das elektromagnetische Eigenfeld einer Ladung ihrer Schwingung eine Trägheit verleiht.

11. Mesontheorie des Deuterons.

Von S. Flügge-Berlin.

Ein Versuch, zu einer quantitativ einwandfreien Formulierung der Mesontheorie zu gelangen, wurde 1940 von Bethe (B 13, 14) unternommen. Der Grundgedanke dieses Versuchs ist der folgende: Wird die Kraftwirkung zwischen zwei Kernteilchen durch das Mesonfeld vermittelt, so müssen die empirisch bekannten Meßgrößen, welche Folgen dieser Kraftwirkung sind, sich auch quantitativ durch die Theorie des Mesons darstellen lassen. Solcher Meßgrößen sind an dem System aus zwei Kernteilchen folgende bekannt:

1. Der Massendefekt des Deuterons im Grundzustande, d. h. die gesamte Bindungsenergie zwischen Proton und Neutron bei paralleler Ausrichtung ihrer Spins.

2. Die Bindungsenergie des Zustandes, in dem die beiden Kernteilchen ihre Spins entgegengesetzt richten. Letztere wird aus Streuversuchen erschlossen und stimmt quantitativ überein für die Systeme Proton-Neutron (d. h. den ersten Anregungszustand des Deuterons) und Proton-Proton.

3. Das Quadrupolmoment des Deuterons im Grundzustande, das davon herrührt, daß die elektrische Ladungsverteilung nicht kugelsymmetrisch um den Schwerpunkt, sondern etwas gestreckt ist. Die Existenz eines derartigen Quadrupolmoments weist darauf hin, daß die Neutron-Proton-Kraft ein Spin-Bahn-Kopplungsglied enthalten muß. In der Tat tritt ein derartiges Glied in der Mesontheorie zwangsläufig auf, im Gegensatz zu dem älteren und willkürlicheren Ansatz von MAJORANA und HEISENBERG für die Kernkräfte.

Der Versuch, diese drei Größen aus der Mesontheorie quantitativ abzuleiten und auf diese Weise zu präzisen Aussagen über die dort noch verbliebenen Freiheiten zu gelangen, die sich von allgemeineren Gesichtspunkten aus, etwa durch Invarianzargumente, nicht entscheiden lassen, muß im Grunde als gescheitert angesehen werden. Das ist nicht sehr verwunderlich, wenn man sich die Argumente des vorstehenden Referats noch einmal vor Augen hält. Dennoch soll hier nicht ganz auf die Darstellung dieses Versuchs verzichtet werden, da er ein interessantes Anwendungsbeispiel der Mesontheorie ist und es immer sehr das Verständnis erleichtert, an einem konkreten Falle die Auswirkung von Schwierigkeiten zu betrachten, deren allgemeines Vorliegen man bereits aus grundsätzlichen Erwägungen heraus eingesehen hat.

Im vorstehenden Artikel wurde bereits auseinandergesetzt, daß zwei Möglichkeiten für die Mesontheorie zunächst auf der Hand liegen:

a) Neutrale Theorie. Es wird nur ein ungeladenes Meson eingeführt. Infolgedessen ergibt sich kein Unterschied zwischen Proton und Neutron bei den durch Austausch eines Mesons zwischen zwei Kernteilchen vermittelten Kraftwirkungen, was mit der oben angegebenen zweiten experimentellen Erfahrung übereinstimmt. Es hat sich gezeigt, daß diese neutrale Theorie bei Einführung gewisser Abschneidevorschriften geeignet ist, auch die beiden anderen experimentellen Erfahrungen am Deuteron quantitativ darzustellen. Dagegen erweist sie sich grundsätzlich als ungeeignet zur Erklärung des β-Zerfalls, da sie keinen Raum läßt für die Umwandlung eines Protons in ein Neutron und umgekehrt. Sie kann aus diesem Grunde allein schon sicher nicht die volle Wahrheit enthalten.

b) Symmetrische Theorie. Um den β-Zerfall zu erklären, müssen wir geladene Mesonen beider Vorzeichen einführen. Dann lassen sich damit nur diejenigen Prozesse verstehen, bei denen sich ein Proton in ein Neutron verwandelt und umgekehrt. Daher ergeben sich hierbei auch nur Kräfte zwischen Proton und Neutron, dagegen keine Kraftwirkung gleichartiger Kernteilchen untereinander, was in Widerspruch steht zu der zweiten experimentellen Erfahrung (Streuung von Protonen an Protonen). Um diese Erfahrung und zugleich den β-Zerfall darzustellen, muß man geladene *und* ungeladene Mesonen einführen; damit die Proton-Proton-Kraft auch quantitativ mit der Proton-Neutron-Kraft übereinstimmt, ist es notwendig, jedem Kernteilchen die gleiche Emissionswahrscheinlichkeit und Absorptionswahrscheinlichkeit für geladene wie für ungeladene Mesonen zuzuschreiben. Es wird sich zeigen, daß eine derartige symmetrische Theorie nicht in der Lage ist, die Eigenschaften des Deuterons quantitativ darzustellen. Auch diese Betrachtungsweise kann daher höchstens einen Teil der Wahrheit enthalten.

Die mathematische Formulierung für die aus der neutralen Theorie folgende Kraftwirkung zwischen zwei Kernteilchen wurde bereits im vorstehenden Artikel durchgeführt. Es ergab sich für die potentielle Energie der Wechselwirkung zweier Kernteilchen im Abstande r voneinander

$$V = U + V_1 + V_2$$

mit

$$U = g^2 \frac{e^{-\varkappa r}}{r},$$

$$V_1 = \frac{2}{3} f^2 (\vec{\sigma}_1 \cdot \vec{\sigma}_2) \frac{e^{-\varkappa r}}{r},$$

$$V_2 = f^2 \left(-3 \frac{(\vec{\sigma}_1 \cdot \mathfrak{r})(\vec{\sigma}_2 \cdot \mathfrak{r})}{r^2} + (\vec{\sigma}_1 \cdot \vec{\sigma}_2) \right) \frac{e^{-\varkappa r}}{r} \left(\frac{1}{3} + \frac{1}{\varkappa r} + \frac{1}{\varkappa^2 r^2} \right).$$

Die beiden ersten Terme U und V_1 entsprechen Zentralkräften; nur die Intensität der Kraftwirkung ist hierbei von den Spins $\vec{\sigma}_1$ und $\vec{\sigma}_2$ der beiden Teilchen abhängig. Der dritte Term, V_2, der auch als „Tensorkraft" bezeichnet wird, enthält die Spin-Bahn-Kopplung, die das elektrische Quadrupolmoment verursacht.

Die symmetrische Theorie erfordert zu ihrer Formulierung die Erfassung des Unterschiedes zwischen Proton und Neutron. Dies geschieht zweckmäßig so, daß man die Ladung als eine weitere Quantenzahl einführt, die zweier Werte fähig ist und daher völlig analog zum Spin behandelt werden kann. Man wird also jedem Kernteilchen fünf Freiheitsgrade zuschreiben, drei für die räumliche Bewegung, einen für den Spin und einen für die Ladung.

Die genaue mathematische Erläuterung dieser Methode soll hier übergangen werden. Man geht so vor, daß man analog zum Spinoperator $\vec{\sigma}$ den „Ladungsoperator" $\vec{\tau}$ einführt; die potentielle Energie nimmt dann die Form an

$$V = (U + V_1 + V_2) \cdot (\vec{\tau}_1 \cdot \vec{\tau}_2)$$

Unter Verzicht auf diese Symbolik können wir den Sachverhalt folgendermaßen ausdrücken: Da es nach dem Pauli-Prinzip nur Zustände gibt, die gegen eine Vertauschung zweier Teilchen, d. h. zweier Variablen-Quintupel, antimetrisch sind, lassen sich die Zustände folgendermaßen gruppieren:

Tabelle 1.

Spektroskopische Bezeichnung	Ort	Spin	Ladung	$(\vec{\tau}_1 \vec{\tau}_2)$	Beispiel
^3S, ^3D ...	symmetr.	symmetr.	antimetr.	-3	Grundzust. des Deuterons
^1S, ^1D ...	symmetr.	antimetr.	symmetr.	$+1$	Angeregtes Deuteron
^3P	antimetr.	symmetr.	symmetr.	$+1$	
^1P	antimetr.	antimetr.	antimetr.	-3	

Wir haben danach für den Grundzustand des Deuterons die potentielle Energie $-3V$, für den angeregten Zustand $+V$ einzuführen.

Für die *quantitative* Durchführung, d. h. also im wesentlichen für die Lösung der Schrödinger-Gleichung mit den angegebenen Potentialfunktionen, hat Bethe eine Vereinfachung vorgenommen, indem er $g = 0$ setzt, also den Term U ausläßt. Dieser Term würde in der neutralen Theorie sowie für den angeregten Zustand in der symmetrischen Theorie eine zusätzliche Abstoßung bedeuten, für den Grundzustand in der symmetrischen Theorie eine Anziehung. Die Weglassung ist gänzlich willkürlich und nur durch das heuristische Argument der größeren Einfachheit („single force hypothesis") zu begründen.

Weiterhin erweist es sich als notwendig, das Potential V bei einem gewissen Radius r_0 abzuschneiden, um die vom Gliede V_2 herrührenden Divergenzschwierigkeiten an der Stelle $r = 0$ zu vermeiden. Über diese Schwierigkeiten wurde bereits im vorstehenden Referat gesprochen; hier liegt eine der Hauptursachen für das Scheitern des Betheschen Versuchs. Für das Abschneiden wurden dort zwei verschiedene Vorschriften benutzt; bei der ersten Vorschrift wurde für $r < r_0$ $V = 0$ gesetzt, bei der zweiten wurde dort $V = V(r_0)$ angenommen.

Die *Ergebnisse* sind in der folgenden Übersicht zusammengestellt.

Tabelle 2.

	Neutrale Theorie		Symmetrische Theorie	
	1. Abschneidevorschrift	2. Abschneidevorschrift	1. Abschneidevorschrift	2. Abschneidevorschrift
r_0 (in 10^{-13} cm)	0,695	0,885	3,05	3,77
$f^2/\hbar c$	0,0800	0,0770	0,181	0,152
$\sqrt{\overline{r'^2}}$ (10^{-13} cm)	1,82	1,81	2,88	2,74
q (in 10^{-27} cm^2)	$+2,71$	$+2,62$	$-20,0$	$-17,9$

Dabei wurde die Mesonenmasse gleich 177 Elektronenmassen, die charakteristische Länge demgemäß zu $1/\varkappa = 2{,}185 \cdot 10^{-13}$ cm angenommen. Die Größe r' bedeutet den Abstand des Protons vom Schwerpunkt des Deuterons im Grundzustande, der Mittelwert $\sqrt{\overline{r'^2}}$ kann also etwa als „Radius" des Deuterons angesprochen werden. Das Quadrupolmoment wurde nach der Vorschrift $q = 3\overline{z^2} - \overline{r^2}$ berechnet; es setzt voraus, daß die Ortseigenfunktion nicht nur von r abhängt. Dies tritt dadurch ein, daß infolge der Spin-Bahn-Kopplung V_2 der Grundzustand des Deuterons eine Mischung eines (überwiegenden) S-Zustandes mit einem D-Zustande ist. Da nämlich nur der Gesamtdrehimpuls und der Gesamtspin wahre Quantenzahlen sind, dagegen nicht der Bahndrehimpuls, bleiben die beiden Möglichkeiten frei, daß entweder kein Bahnimpuls und der Spin $\hbar$ oder der Bahnimpuls $2\hbar$ und der Spin $\hbar$ in der entgegengesetzten Richtung vorliegt, so daß sich wiederum der empirische Gesamtdrehimpuls $\hbar$ ergibt.

Die beiden Größen r_0 und $f^2/\hbar c$ sind so bestimmt worden, daß die Bindungsenergien von Grundzustand und Anregungszustand richtig wiedergegeben werden. Man sieht, daß die Ergebnisse weitgehend unabhängig sind von der Art der Abschneidevorschrift, daß sich aber in der symmetrischen Theorie im ganzen ein viel größeres Gebilde ergibt als in der neutralen Theorie. Entsprechend seiner viel lockereren Struktur ergibt sich dort die Notwendigkeit eines größeren Wertes von $f^2/\hbar c$, um den gleichen empirischen Wert der Bindungsenergie zu erreichen. Es spricht von vornherein sehr gegen quantitative Schlüsse aus der symmetrischen Theorie, daß der Abschneideradius r_0 dort größer herauskommt als der mittlere Abstand des Protons vom Schwerpunkt. Das heißt nämlich, daß sich die beiden Teilchen oft in Abständen voneinander befinden, für die die Mesontheorie infolge ihrer Divergenzschwierigkeiten bereits nicht mehr zutrifft.

Eine quantitative Kontrollmöglichkeit bietet der Wert des Quadrupolmoments q. Es ist empirisch bekannt zu $+2{,}75 \cdot 10^{-27}$ cm^2. Man sieht, daß die neutrale Theorie diesen Wert sehr gut wiedergibt, während die symmetrische sowohl hinsichtlich des Vorzeichens als der Größenordnung zu einem Fehlresultat führt.

Zusammenfassend läßt sich also sagen, daß von einer quantitativen Behandlung auch nur der einfachsten Probleme der Kernphysik mit Hilfe der Mesontheorie noch bei weitem nicht die Rede sein kann. Die neutrale Theorie ist nicht in der Lage, den β-Zerfall und das tatsächliche Auftreten geladener Mesonen in der Höhenstrahlung zu erklären; die symmetrische Theorie versagt völlig bei der quantitativen Behandlung des Deuterons. Beide sind entstellt durch willkürliche Abschneidevorschriften, die hier eine viel ernstere Belastung bedeuten als in der relativistischen Quantenmechanik. Die großen Hoffnungen, die man zuerst in die Mesontheorie gesetzt hat, haben sich also einstweilen nicht erfüllt. Das ist auch nach allem, was in den beiden Referaten ausgeführt wurde, nicht sehr verwunderlich, da wir hier offenbar die Grenze der Leistungsfähigkeit des bisherigen Schemas bereits überschritten haben und Prozesse mit mehreren Teilchen, Nichtlinearität der Gleichungen und ähnliche Dinge hier eine gänzlich neue Situation schaffen dürften, der unser mathematischer Apparat noch in keiner Weise angepaßt ist.

12. Theorie der explosionsartigen Schauer.

Von W. HEISENBERG-Berlin-Dahlem.

Die Wirkungsquerschnitte für irgendwelche Stoßprozesse sind bisher meistens mit Hilfe der quantenmechanischen Störungstheorie, d. h. der BORNschen Stoßtheorie, berechnet worden. Da die Matrix der Wechselwirkungsenergie im allgemeinen nur Elemente für Übergänge enthält, bei denen nur eines oder höchstens zwei Teilchen entstehen, so muß man die Störungsrechnung im allgemeinen bis zur n [bzw. $(n/2)$]-ten Näherung treiben, wenn man Prozesse erhalten will, bei denen n Teilchen gleichzeitig entstehen. Wenn die Störungsrechnung überhaupt vernünftig konvergiert, so wird daher die Wahrscheinlichkeit für die gleichzeitige Emission vieler Teilchen sehr gering. Diese allgemeine Überlegung hat zu der Vermutung geführt, daß es derartige echte Mehrfachprozesse praktisch nicht geben könne, und auch in der YUKAWAschen Theorie haben YUKAWA (Y 1 bis 6), BHABHA (B 19, 20) und HEITLER (H 5, 6) die Wirkungsquerschnitte für Streuung und Mesonenerzeugung zunächst nach der BORNschen Methode berechnet und angenommen, daß die Konvergenz des Störungsverfahrens, die durch die bekannten Divergenzen (Selbstenergie der Teilchen) stets problematisch ist, durch eine spätere Vervollkommnung der Theorie begründet werden könne.

Die genauere Untersuchung dieser Frage [HEISENBERG (H 3)] hat jedoch im Gegenteil zu dem Ergebnis geführt, daß die YUKAWAsche Theorie bereits zu einer Gruppe von Theorien gehört, in denen die Störungsrechnung oberhalb einer gewissen Energie der stoßenden Teilchen grundsätzlich nicht mehr konvergieren kann und in denen daher von diesen Energien ab echte explosionsartige Schauer zu erwarten sind. Die Gründe für diese Eigenschaft der YUKAWAschen Theorie sollen im folgenden Referat ohne nähere mathematische Durchführung besprochen werden.

Zwei Ursachen sind an dem Zustandekommen der Mehrfachprozesse in der YUKAWAschen Theorie beteiligt: erstens die enge Verwandtschaft der YUKAWAschen Teilchen mit den Lichtquanten und zweitens die Besonderheiten der Wechselwirkungsenergie zwischen Mesonen und Kernbausteinen, die durch Spin und Ladung der Mesonen bedingt sind.

Die enge formale Verwandtschaft zwischen Mesonen und Lichtquanten, die von der YUKAWAschen Theorie ausgesprochen wird, hat zur Folge, daß beim Zusammenstoß energiereicher Kernbausteine in ähnlicher Weise mehrere Mesonen entstehen können, wie beim Zusammenstoß elektrisch geladener Teilchen in der Regel unendlich viele Lichtquanten entstehen. Die letztere Tatsache ist durch eine Arbeit von BLOCH und NORDSIECK (B 27) quantentheoretisch verständlich gemacht worden: Wenn ein energiereiches geladenes Teilchen plötzlich abgelenkt wird, so wird nach der klassischen Theorie im Moment der Ablenkung die Differenz des das Teilchen umgebenden elektromagnetischen Feldes vor und nach der Ablenkung gewissermaßen abgeschüttelt und wandert als Strahlung in den Raum. Dieses Strahlungsfeld ist im Moment seiner Entstehung offenbar ein relativ kleines Wellenpaket, seine FOURIER-Entwicklung ergibt dann ein Spektrum, dessen Intensität im Gebiet sehr kleiner Frequenzen einem konstanten Wert zustrebt. Dieses Spektrum stellt bei der quantentheoretischen Behandlung den Erwartungswert des entstehenden Spektrums dar. Die mittlere Anzahl dn der Lichtquanten pro Frequenzintervall $d\nu$ wird daher (vgl. z. B. die bekannten Formeln für das Röntgen-Bremsspektrum)

$$dn \sim \text{const}\, \frac{d\nu}{h\nu}, \tag{1}$$

und die Integration über alle Frequenzen führt zu einer unendlichen Anzahl sehr energiearmer Lichtquanten.

Völlig analog hierzu wird bei der plötzlichen Ablenkung eines sehr energiereichen Protons oder Neutrons die Differenz des zugehörigen YUKAWA-Feldes vor und nach der Ablenkung abgeschüttelt und wandert als Mesonenstrahlung in den Raum. Wieder entsteht ein Spektrum, dessen Erwartungswert näherungsweise durch (1) gegeben ist. Für die Gesamtzahl n der Mesonen erhält man jedoch hier einen endlichen Wert, da die Mesonen eine endliche Ruhmasse besitzen; das Integral über dn hat also die untere Grenze $h\nu = \mu c^2$. Daraus folgt, daß die mittlere Anzahl der Mesonen mit dem Logarithmus der zur Verfügung stehenden Stoßenergie anwächst, denn die obere Grenze von (1) liegt in der Gegend, wo $h\nu$ mit der Primärenergie E vergleichbar wird. Es folgt daher:

$$n \sim \text{const} \cdot \lg \frac{E}{\mu c^2}. \tag{2}$$

Der konstante Faktor hat in der Lichtquantentheorie einen Wert der Ordnung $e^2/\hbar c$, also in der YUKAWAschen Theorie die Größenordnung $g^2/\hbar c$, doch soll auf seine Berechnung hier verzichtet werden. Der eben genannte Effekt gibt also prinzipiell die Möglichkeit zum Verständnis der Entstehung mehrerer Mesonen in einem Akt, allerdings nur bei extrem hohen Energien des stoßenden Primärteilchens. Zur Deutung der Experimente wird dieser Effekt allein kaum ausreichen.

Die YUKAWAsche Theorie unterscheidet sich aber zweitens in einem wesentlichen Punkte von der Lichtquantentheorie: sie enthält Terme in der Wechselwirkung zwischen den schweren Teilchen und dem YUKAWA-Feld, die mit wachsender Energie der beteiligten Teilchen beliebig anwachsen. Man kann dies am einfachsten durch eine Dimensionsbetrachtung einsehen. Man kann durch Multiplikation mit geeigneten Potenzen von $\hbar$ und c jede physikalische Größe dimensionsmäßig in eine Potenz einer Länge überführen. Mißt man in dieser Weise alle Feldgrößen in Einheiten von $\hbar$ und c, so bleibt in der MAXWELLschen Theorie nur eine dimensionslose Wechselwirkungskonstante stehen $\left(\text{nämlich } \frac{e}{\sqrt{\hbar c}}\right)$, die Konvergenz einer Störungsrechnung hängt hier also allein vom Zahlwert dieser Konstanten ab. Die YUKAWAsche Theorie dagegen enthält wegen des Spins und der Ladung der Mesonen Wechselwirkungsterme mit einer Konstanten von der Dimension einer Länge (und der Größenordnung 10^{-13} cm). Dies hat zur Folge, daß jede Störungsrechnung schließlich divergiert, wenn die Wellenlänge der beteiligten Teilchen hinreichend klein gegen diese Konstante wird. Die Divergenz des Störungsverfahrens ist aber gleichbedeutend mit der Möglichkeit zur Erzeugung vieler Mesonen in einem einzigen Akt.

Im einzelnen kommt diese Entstehung eines Explosionsschauers wohl in folgender Weise zustande: Ähnlich wie die Erzeugung von Elektron-Positron-Paaren in der Strahlungstheorie Anlaß gibt zu nichtlinearen Gliedern in den MAXWELLschen Gleichungen, die zur Streuung von Licht an Licht führen [EULER und KOCKEL (E 6)], so gibt es auch in der YUKAWA-Theorie auf dem Umweg über Proton-Neutron-Paare nichtlineare Terme, die eine Streuung von Mesonen an Mesonen bewirken [HEISENBERG (H 3)]. Diese nichtlinearen Terme sind zwar im allgemeinen sehr klein. In den besonders dichten Wellenpaketen jedoch, die bei der Ablenkung energiereicher schwerer Teilchen abgeschüttelt werden, spielen sie bei hinreichend großer Energie eine größere Rolle als die normalen linearen Terme. Die nichtlinearen Terme werden also eine Art turbulenter Durchmischung des Wellenpaketes zur Folge haben, bis sich das Wellenpaket über so große Raumgebiete ausgebreitet hat, daß die nichtlinearen Glieder ihre Bedeutung verlieren. Das FOURIER-Spektrum des Wellenpaketes wird sich dabei nach kleineren Frequenzen hin verschieben, und das bedeutet die Entstehung vieler energiearmer Mesonen. Eine quantitative Berechnung des Mesonenspektrums innerhalb eines solchen Explosionsschauers ist beim jetzigen Stand der

Theorie noch nicht möglich. Man kann nur die ziemlich selbstverständliche Voraussage machen, daß ein solcher Schauer im allgemeinen viel mehr energiearme als energiereiche Mesonen enthalten wird und daß die mittlere Teilchenzahl um so größer wird, je größer die zur Verfügung stehende Primärenergie ist. Dagegen wird die Form des Mesonenspektrums nur wenig von der Primärenergie abhängen.

Die Grundannahme der YUKAWAschen Theorie, daß nämlich die Mesonen der kosmischen Strahlung einen ganzzahligen Spin tragen und für die Kernkräfte maßgebend sind, ist einstweilen experimentell noch nicht völlig gesichert. WIGNER, CRITCHFIELD und TELLER (W 8) haben z. B. eine Theorie der Kernkräfte vorgeschlagen, in der die Kräfte durch Paare von Teilchen vom Spin $\frac{1}{2}\hbar$ übertragen werden, wobei es offen bleiben kann, ob diese Teilchen mit den beobachteten Mesonen identisch sind. In einer solchen Theorie würde die erste der obenerwähnten Ursachen für die Entstehung von echten Mehrfachprozessen wegfallen, dagegen würde die zweite im gleichen Maß wie in der YUKAWA-Theorie gelten. Tatsächlich ist die Möglichkeit der explosionsartigen Mehrfachprozesse gerade zuerst an einer Theorie der WIGNER-CRITCHFIELD-TELLERschen Art, nämlich der FERMIschen β-Zerfallstheorie studiert worden [HEISENBERG (H 1)].

Im Hinblick auf diese Situation in der Theorie ist es befriedigend, daß die Experimente der letzten Jahre die Existenz der explosionsartigen Schauer ziemlich sicherstellen (vgl. 5. Bericht, KLEMM und HEISENBERG). Für die nach der gewöhnlichen Störungstheorie berechneten Wirkungsquerschnitte kann man dann nur im Gebiet kleiner Energien Übereinstimmung mit der Erfahrung erwarten, sofern es sich um Wirkungen handelt, die durch das YUKAWAsche Feld übertragen werden. Die rein elektromagnetischen Wirkungen der Mesonen können allerdings wahrscheinlich unabhängig von diesen Einschränkungen nach der gewöhnlichen Theorie behandelt werden. Nur wird man mit der Möglichkeit rechnen müssen, daß bei großer Energieübertragung die so berechneten Wirkungsquerschnitte z. B. für die Bremsstrahlung eines Mesons nicht die Wahrscheinlichkeit für die Emission *nur eines* Lichtquants messen, sondern daß sie die Wahrscheinlichkeit für die Emission eines Lichtquants messen, gleichgültig, was etwa noch an energiearmen Lichtquanten und Mesonen gleichzeitig bei diesem Prozeß entsteht (vgl. die Arbeit von BLOCH und NORDSIECK). Man muß also mit der Möglichkeit rechnen, daß z. B. die Kaskaden, die von Mesonen durch Bremsstrahlung ausgelöst werden (vgl. 5. Bericht, v. WEIZSÄCKER), auch noch eine Anzahl langsamer Mesonen enthalten. Hierüber liegen jedoch noch keine Experimente vor.

Kernteilchen.

13. Kernzertrümmerungen und schwere Teilchen in der kosmischen Strahlung.

Von ERICH BAGGE-Berlin-Dahlem.

Mit 9 Abbildungen.

1. Einleitung: Problemstellung.

Bei der Durchmusterung von photographischen Platten, die längere Zeit der Einwirkung der Höhenstrahlung ausgesetzt waren, entdeckten BLAU und WAMBACHER (B 25) im Jahre 1937 die Kernzertrümmerungen. Diese waren daran zu erkennen, daß innerhalb der Gelatineschicht von einem Zentrum mehrere Punktreihen von Schwärzungskörnern in radialer Richtung ausstrahlen (Abb. 1), die von den beim Zertrümmerungsprozeß ausgesandten Kernsplittern herrühren. Bei vielen der beobachteten Spuren waren die Teilchenreichweiten so groß, daß sich eine Verwechselung dieser Erscheinungen mit den durch radioaktive Einlagerungen vorgetäuschten „Sternen" mit Sicherheit ausschließen ließ.

Der Beweis für die Auslösung der Kernzertrümmerungen durch die kosmische Strahlung wurde durch STETTER und WAMBACHER (S 19) erbracht, indem sie durch Messungen an verschiedenen Orten zeigen konnten, daß die Häufigkeit dieser Prozesse mit der Seehöhe sehr rasch ansteigt.

Unabhängig von diesen Erscheinungen waren in den letzten Jahren die einzeln in der Ultrastrahlung auftretenden Protonen und Neutronen Gegenstand mehrerer Untersuchungen [WIDHALM (W 7), SCHOPPER (S 11, 12), RUMBOUGH und LOCHER (R 12), FÜNFER (F 5, 6), KORFF (K 6), MONTGOMERY und MONTGOMERY (M 6)]. Auch hier zeigte die Höhenabhängigkeit der Häufigkeiten dieser Teilchen einen ähnlichen Verlauf, wie er bei den Kernzertrümmerungen festgestellt wurde, und es liegt darum nahe, einen Zusammenhang zwischen den beiden Erscheinungsgruppen zu vermuten.

In der Tat läßt sich auch zeigen, daß in der unteren Atmosphäre jedenfalls die beobachteten Protonen- und Neutronenintensitäten zwanglos auf die Häufigkeiten der Kernzertrümmerungen zurückzuführen sind. Die Frage nach der auslösenden Strahlung für die schweren Kernteilchen läuft also in Wirklichkeit auf die andere hinaus, die Ursache für die Zertrümmerungsprozesse aufzufinden, und alle bisherigen Beobachtungen sprechen dafür, daß die letzteren von den energiereichen Lichtquanten oder Elektronen der weichen Ultrastrahlungskomponente

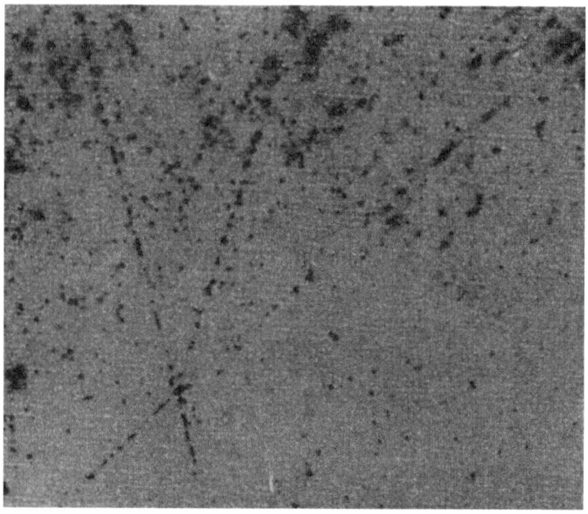

Abb. 1. Beispiel einer Kernzertrümmerung in der photographischen Schicht.

erzeugt werden. Den schweren Teilchen und den Kernzertrümmerungen wird damit ein bestimmter Platz im Gesamtbild der kosmischen Strahlung zugewiesen.

2. Häufigkeiten der Kernzertrümmerungen und der schweren Teilchen in verschiedenen Seehöhen.

Die Häufigkeiten der Kernzertrümmerungen in verschiedenen Seehöhen nach STETTER und WAMBACHER zeigt die Abb. 2. Außerdem sind eingezeichnet die Meßwerte von WIDHALM (W 7) für die Protonenintensitäten und eine Kurve (I), die den theoretisch zu erwartenden Verlauf der Elektronen-Lichtquanten-Intensität nach der Kaskadentheorie angibt.

Man entnimmt ihr folgendes: Die Meßwerte für die Häufigkeiten der Kernzertrümmerungen mit der Höhe zeigen einen ähnlichen raschen Anstieg wie die der Protoneneinzelbahnen. Außerdem aber schmiegen sich beide Meßreihen ungefähr der theoretischen Kurve für die Intensitätszunahme der Kaskadenelektronen an.

Zwischen dem Häufigkeitsanstieg der Protonen und dem der Kernzertrümmerungen ist ein gewisser Unterschied angedeutet: Während man für die extremsten Meßwerte bei den Protonen ein Intensitätsverhältnis von 64:1 bestimmt, hat das entsprechende Verhältnis für die Kernzertrümmerungen einen Wert zwischen 30 und 60:1. Wir bemerken dies hier und werden weiter unten darauf zurückkommen (s. S. 129 Mitte).

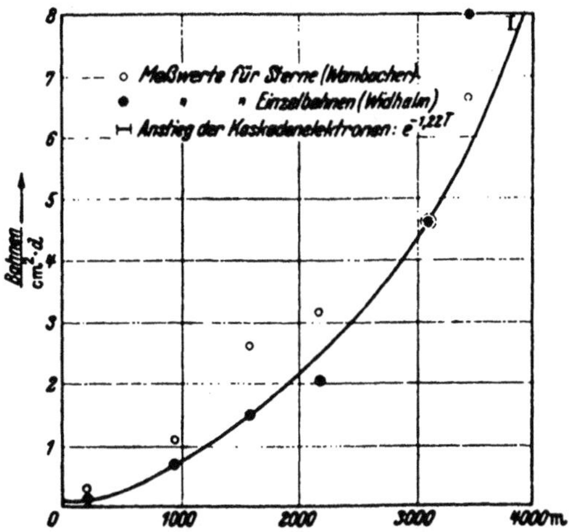

Abb. 2. Häufigkeitsverteilung der Sterne und Protoneneinzelbahnen als Funktion der Höhe in der Atmosphäre.

In Abb. 3 sind jetzt die Meßergebnisse für die Neutronenintensitäten in verschiedenen Seehöhen eingetragen. Auch hier zeigt ein Vergleich mit der von Abb. 2 übernommenen Kurve (I) für die Kaskadenelektronen einen Häufigkeitsanstieg derselben Größenordnung, wie er bei den Kernzertrümmerungen und den Protoneneinzelbahnen beobachtet ist. Außerdem sind noch die von Korff im Anschluß an Fünfers erste Messungen erzielten Ergebnisse für die Neutronenhäufigkeiten eingetragen, die sich ebenso zwanglos der Kurve einfügen.

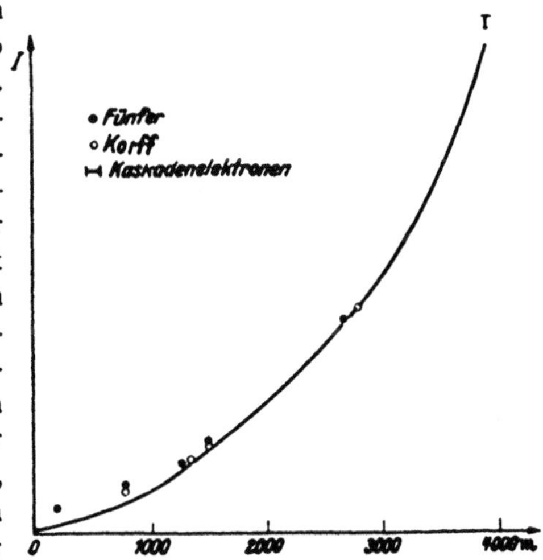

Abb. 3. Häufigkeitsverteilung der Neutronen als Funktion der Höhe in der Atmosphäre.

Zwischen den hier betrachteten Erscheinungsgruppen besteht also in ihrer Höhenabhängigkeit ein weitgehender Parallelismus, und man sieht sofort folgendes: Wenn man annimmt, daß die Kernzertrümmerungen als die wesentliche Ursache für das Auftreten von Einzelbahnen schwerer Teilchen zu betrachten sind, und wenn sich weiter zeigen läßt, daß die Wirkungen der Einzelteilchen nur über Gebiete hinwegreichen, in denen sich ihre Intensität nicht allzu stark ändert, dann wird der Gleichlauf der Häufigkeiten mit der Seehöhe in einfachster Weise erklärt. Die Einzelbahnen der Protonen und Neutronen können also wahrscheinlich einfach als Folgeprodukte der Kernzertrümmerungen betrachtet werden.

Von den Kernprozessen selbst kann man sich nach Theorie und Experiment etwa folgendes Bild machen (B 1a): Zunächst werden in einem Kern, etwa durch den Stoßprozeß eines Photons, ein oder mehrere schnellbewegte schwere Teilchen hervorgerufen. Diese energiereichen Neutronen oder Protonen stoßen nun ihrerseits beim Durchgang durch den Kern andere schwere Teilchen an und erteilen diesen größere oder kleinere Energien. Diese Sekundärteilchen können entweder den Kern direkt verlassen, oder sie bilden wieder Tertiärteilchen derart, daß schließlich ein erheblicher Teil der Energie des Primärteilchens als Temperaturbewegung auf den Kern verteilt wird. Dem eigentlichen Stoßprozeß wird sich dann eine Kernverdampfung (im Sinne der Bohrschen Theorie der Kernprozesse) anschließen. Der ganze Vorgang verläuft auch ähnlich, wenn ein sehr energiereiches Proton oder Neutron von außen auf einen Atomkern trifft (H 1a). Ganz allgemein wird man also die aus dem Kern ausgeschleuderten Teilchen in zwei Gruppen einteilen können; die einen werden unmittelbar beim Stoß als Sekundärteilchen fortgeschleudert, die anderen werden hinterher vom Kern durch Verdampfung abgelöst.

Dementsprechend kann das (über alle Sterne gemittelte) empirische Spektrum der ausgeschleuderten Protonen gut in der Form

$$f(E)\,dE = \left(\frac{a}{\varepsilon}\,e^{-\frac{E}{\varepsilon}} + \frac{b}{\eta}\,e^{-\frac{E}{\eta}}\right)dE$$

mit $a = 3{,}18$, $b = 1{,}60$, $\varepsilon = 2{,}72$ MeV, $\eta = 17$ MeV dargestellt werden. Der zweite Teil dieses Spektrums ist etwa den direkt emittierten Protonen, der erste den Verdampfungsprotonen zuzuschreiben. Die Kerntemperatur hätte in diesen Prozessen dann die Größenordnung von einigen wenigen MeV. Aber natürlich wird die Einteilung des Spektrums in die beiden Exponentialfunktionen nicht genau der Einteilung der Teilchen in die beiden Gruppen entsprechen; auch ist zu bedenken, daß die Temperatur des Kerns sich im Laufe des Verdampfungsprozesses allmählich verringert. — Gelegentlich ist die Ansicht geäußert worden (S 19), daß die ganzen Blau-Wambacherschen Sterne einfach als Kernverdampfung aufgefaßt werden könnten. Eine solche Annahme würde aber nach dem empirischen Spektrum der Protonen zu Temperaturen von 10—15 MeV und damit zu viel zu hohen Gesamtanregungsenergien führen. Da man die Gesamtenergie eines Zertrümmerungsvorgangs abschätzen kann, muß umgekehrt aus der relativ großen Häufigkeit von Protonen hoher Energie geschlossen werden, daß es sich nicht um einen reinen Verdampfungsprozeß handelt. Man könnte höchstens das, was geschieht, in folgender Weise beschreiben: Die den Kern durchdringenden schnellen, schweren Teilchen führen zunächst an der Stelle des Durchgangs zu einer sehr starken lokalen Erhitzung, die die sofortige Aussendung relativ energiereicher Kernbausteine zur Folge hat und die sich erst allmählich über den Kern ausbreitet. Diese Annahme ist aber natürlich nur eine andere Formulierung für die oben angenommene Einteilung der emittierten Teilchen in zwei nach der Zeit der Emission getrennte Gruppen.

3. Natur und Energie der auslösenden Strahlung.

Es werde zunächst die Frage nach der Natur der die Kernprozesse auslösenden Strahlung genauer behandelt. Als wichtigsten Hinweis für die Lösung dieses Problems kann man die aus den Abb. 2 und 3 zu entnehmende Feststellung betrachten, daß die experimentell wie theoretisch gut begründete Intensitätszunahme der Kaskadenelektronen und -lichtquanten mit der Höhe und der Anstieg der Zertrümmerungssterne weitgehend übereinstimmen.

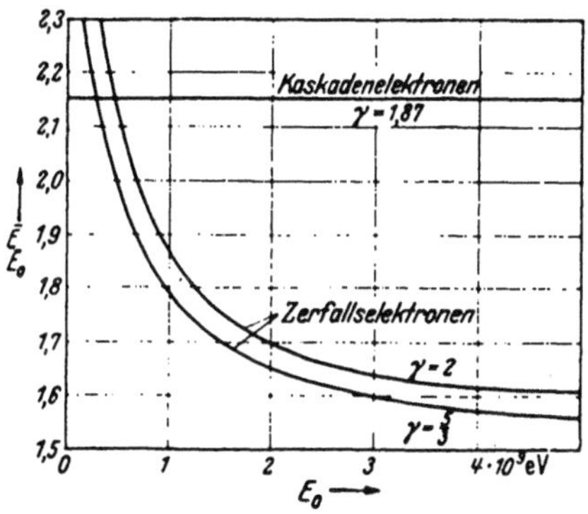

Abb. 4. Die mittlere Energie der Kaskadenelektronen und der Zerfallselektronen als Funktion der unteren Grenze E_0, von der ab Kernzertrümmerungen ausgelöst werden können.

Die analoge Beobachtung bei den Kaskadenelektronen und den großen HOFFMANschen *Stößen* führte EULER (E 3) dazu, anzunehmen, daß die Stöße durch die energiereichen Kaskadenteilchen erzeugt seien. Auf Grund des völlig ähnlichen Sachverhalts werde hier die Auslösung der Zertrümmerungen ebenso auf die Wirkungen der weichen Ultrastrahlungskomponente zurückgeführt, wobei man jedoch zulassen muß, daß auch die energiereichen Zerfallselektronen bei den Prozessen mit wirksam sein können.

Allerdings tritt bei dieser Deutung zunächst eine Schwierigkeit auf. Während nämlich experimentell die mittlere, bei allen Kernzertrümmerungen umgesetzte Energie von 89 MeV bei 200 m Sehhöhe auf 144 MeV bei 3450 m ansteigt, bleibt die mittlere Energie der Kaskadenelektronen im gleichen Höhenintervall konstant, und die der Zerfallselektronen fällt sogar etwas ab, solange man die Energiespektren von etwa $5 \cdot 10^8$ eV ab rechnet. Rückt man die untere Grenze nach kleineren Energien, so wird dieser Sachverhalt nur noch deutlicher.

Anders liegen die Verhältnisse, wenn man die Mittelung erst von höheren Energien ab vornimmt. Die Abb. 4 möge dies veranschaulichen. Sie zeigt für die Verhältnisse in Meereshöhe die mittleren Energien des Spektrums der Kaskadenelektronen:

$$F_k = \text{const} \frac{e^{-1,28\,T}}{E^{\gamma}} \qquad (\gamma = 1{,}87;\ T \text{ in m Wasser}) \qquad (1)$$

und die mittlere Energie der Zerfallselektronen:

$$F_z = \text{const}\,\frac{1}{E\,(E + aT)^{\gamma}} \quad (a = 2 \cdot 10^8\,\text{eV/m Wasser}), \qquad (2)$$

als Funktion der unteren Grenze E_0 des jeweiligen Spektrums, von der ab gerechnet wird. Es ergibt sich, daß von $E > 10^9$ eV ab die mittlere Energie der Zerfallselektronen $\bar{E}_z \approx 1{,}6\,E_0$ deutlich unter der der Kaskadenelektronen $\bar{E}_k \approx 2{,}15\,E_0$ liegt. Andererseits ist bekannt, daß bei kleinen Energien in Meereshöhe von den Kaskadenelektronen nur noch wenig vorhanden ist und die Zerfallselektronen vorherrschen, während umgekehrt in größeren Höhen infolge ihres exponentiellen Anstiegs gerade die Kaskadenelektronen den ausschlaggebenden Anteil darstellen.

Man braucht also nur anzunehmen, daß im wesentlichen die energiereichen Teile der weichen Komponenten $E > 5 \cdot 10^9$ eV für die Auslösung der Kernzertrümmerungen verantwortlich sind, um damit auch den Anstieg der mittleren bei diesen Prozessen umgesetzten Energien verstehen zu können. Denn in diesem Falle vollzieht sich eben beim Aufstieg in größere Höhen der Übergang von einem $E \approx 1{,}6\,E_0$ der Zerfallselektronen zu einem $E \approx 2{,}15\,E_0$ der Kaskadenelektronen. Leider sind die Absolutwerte der einzelnen Spektren im Augenblick noch nicht so gut bekannt, daß man diesen Übergang im einzelnen theoretisch verfolgen kann.

Jedenfalls aber wird man schließen, daß die mittlere Energie der primären Lichtquanten oder Elektronen um mindestens eine Größenordnung, vielleicht sogar noch um mehr als dieses höher liegt als die aus der Energie der emittierten Protonen erschlossene umgesetzte Energie der Prozesse. Dies paßt durchaus zu den Beobachtungen an Kernzertrümmerungen in der WILSON-Kammer [z. B. bei FUSSELL (F 7)]. Eine Zusammenstellung der Literatur für WILSON-Kammeraufnahmen von Kernzertrümmerungen findet sich bei H. WAMBACHER (W 1)], bei denen neben den schweren Teilchen auch häufig leichte Teilchen, also Elektronen, und in einigen Fällen auch mit großer Wahrscheinlichkeit einige beim Stoßprozeß neu erzeugte Mesonen festgestellt wurden.

4. Die Protoneneinzelbahnen als Folge der Kernzertrümmerungen.

Es erhebt sich nunmehr die Frage, wieweit es möglich ist, die beobachteten Protoneneinzelbahnen auf die Kernzertrümmerungen zurückzuführen. Man muß dazu die Zahl der Protonen berechnen, die die Einheitsfläche pro Tag treffen und die von allen Kernzertrümmerungen aus der Umgebung herrühren.

Zur Behandlung dieser Frage ist es nötig, die Häufigkeiten aller Zertrümmerungsprozesse pro Tag in 1 cm³ Luft zu kennen. Aus dieser

Angabe, zusammen mit dem von WAMBACHER bestimmten Energiespektrum der Zertrümmerungsprotonen, folgt dann unter Berücksichtigung des Bremsverlustes der Protonen in Luft zwangsläufig das zu erwartende Energiespektrum der Einzelbahnen.

Hierbei treten allerdings im wesentlichen zwei Schwierigkeiten auf, deren Überwindung nur teilweise möglich ist.

Zunächst einmal sind die Häufigkeiten der Kernzertrümmerungen bisher nur zuverlässig für die Gelatineschicht der Photoplatte gemessen, während man sie eigentlich für Luft benötigt. Man muß also von den Verhältnissen in der photographischen Emulsion auf die in der Luft umrechnen. Eine solche Abschätzung ist natürlich infolge der verschiedenen chemischen Zusammensetzungen beider Stoffe nur ungefähr richtig.

Außerdem aber besteht die weitere Schwierigkeit, daß bei den bisherigen Messungen über die Häufigkeiten der Kernzertrümmerungen alle solchen „Einser"- und teilweise auch „Zweier"-Prozesse nicht mitgezählt wurden, bei denen nur ein einziges bzw. zwei Protonen den Kern verlassen. Es liegt dies an der im Meßverfahren begründeten Schwierigkeit, daß solche Prozesse grundsätzlich nicht von Rückstoßprotonen schneller Neutronen oder von geknickten Einfachbahnen zu unterscheiden sind.

Zur Ermittlung dieser „Einser"- und „Zweier"-Zertrümmerungen ist man deshalb auf gewisse Extrapolationen angewiesen. Diese erscheinen zwar nicht unplausibel, ihre eigentliche Rechtfertigung erfahren sie aber erst dadurch, daß es gelingt, mit denselben Zahlwerten die Häufigkeiten der Protoneneinzelbahnen und gleichzeitig die der schnellen Neutronen annähernd mit den Aussagen der Messungen in Übereinstimmung zu bringen, obwohl die Häufigkeiten der beiden Teilchensorten um etwa zwei Größenordnungen voneinander abweichen (B 1b).

a) Bestimmung des Energiespektrums der Protoneneinzelbahnen.

Bei der Berechnung des Energiespektrums der Protoneneinfachbahnen verfährt man so: Sei etwa n die Zahl der Kernzertrümmerungen pro cm³ und Tag, und sei $f(E_0)\,dE_0$ das im Mittel pro Prozeß emittierte Energiespektrum der Protonen, dann gehen vom Volumelement $d\tau$

$$n f(E_0)\, dE_0\, d\tau \frac{\cos\vartheta}{4\pi r^2} \tag{3}$$

Teilchen aus, die die Einheitsfläche im Ursprung (vgl. die Abb. 5) treffen und deren Energie zwischen E_0 und $E_0 + dE_0$ liegt.

Auf dem Wege von $d\tau$ nach 0 haben die Teilchen durch Bremsung Energie verloren, deren Betrag bekannt ist. Die Energie-Reichweiten-Beziehung werde dargestellt durch die Formel: $R = \Phi(E_0)$. Die Energie E

des Protons bei seinem Eintreffen am Ursprung ist bestimmt durch die Gleichung:

$$R - r = \Phi(E_0) - r = \Phi(E). \quad (4)$$

Man hat also eine Beziehung zwischen den drei Größen E_0, E und r und kann somit E_0 durch E und r ausdrücken. Integriert man jetzt die Formel (3) über den oberen Halbraum, so erhält man eine Funktion $F(E)\,dE$, die das Energiespektrum aller aus diesem Gebiete kommenden und von Kernzertrümmerungen stammenden Protonen beschreibt.

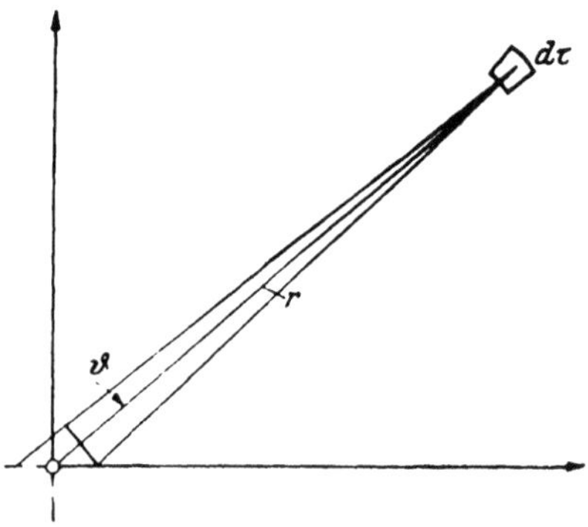

Abb. 5. Die Bedeutung von r, ϑ und $d\tau$ in Formel (3).

Für $f(E_0)\,dE_0$ nimmt man das von WAMBACHER ermittelte Spektrum, das sich, wie schon erwähnt, in guter Näherung darstellen läßt durch die Funktion:

$$f(E_0)\,dE_0 = \left(\frac{a}{\varepsilon}\, e^{-\frac{E_0}{\varepsilon}} + \frac{b}{\eta}\, e^{-\frac{E_0}{\eta}}\right) dE_0, \quad (5)$$

mit $a = 3{,}18$, $b = 1{,}60$, $\varepsilon = 2{,}72$ MeV und $\eta = 17$ MeV

Die Messungen von WAMBACHER und die Funktion (5) sind in Abb. 6 dargestellt. Wie man sieht, passen sie im Bereich zwischen 0 und 50 MeV sehr gut zusammen.

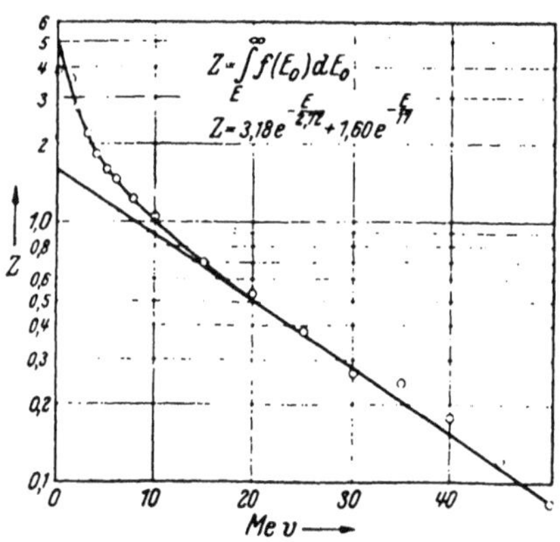

Abb. 6. Häufigkeitsverteilung der Zertrümmerungsprotonen als Funktion der Energie.

Führt man mit dieser Verteilungsfunktion die Rechnungen durch (B 1), so ergibt sich die gesuchte Funktion $F(E)\,dE$. Das Integral über die letztere liefert eine Beziehung zwischen den Gesamthäufigkeiten der Protonen pro cm² und Tag N_p und der Kernprozesse pro cm³ und Tag n. Man erhält:

$$\frac{N_p}{n} = 230\ \text{cm}. \quad (6)$$

Dieses Verhältnis werden wir zum Vergleich mit den entsprechenden, aus den Messungen entnommenen Zahlwerten heranziehen.

b) Vergleich der Gesamthäufigkeiten.

Die aus den Rechnungen folgende Verteilungsfunktion $F(E)\,dE$ ist in Abb. 7 eingetragen. Außerdem enthält die Abbildung die entsprechenden Meßwerte der Protonenhäufigkeiten von WIDHALM. Die Funktion

$F(E)dE$ ist dabei so normiert, daß sie bei etwa 25 MeV zu den Meßwerten paßt. Sie stellt dann, wie sich zeigt, nach höheren Energien hin die experimentellen Ergebnisse sehr gut dar. Bei kleineren Energiewerten hingegen weichen die Kurven völlig voneinander ab. Man wird dies nun in erster Linie auf die bei den Messungen von WAMBACHER nicht erfaßten „Einser"- und „Zweier"-Zertrümmerungen zurückführen. Diese Annahme erklärt sofort den oben besprochenen Verlauf $F(E)dE$.

Die mittlere Energie der Kernsplitter aus „Einser"- und „Zweier"-Prozessen ist nämlich von der Größenordnung 4 bis 5 MeV. Man entnimmt dies unmittelbar der Abb. 8. Sie gibt die gemessenen Mittelwerte der Teilchenenergien für die Dreier-, Vierer- usw. Sterne als Funktion der emittierten Protonenzahl an. Die Meßpunkte ordnen sich ungefähr auf einer Geraden an, die bei 15 MeV mittlerer Energie für die Teilchen der Achtersterne beginnt und dann nach kleineren Protonenzahlen abfällt. Die Extrapolation für die Teilchenzahl Eins führt auf einen Mittelwert von etwa 4 MeV. Die Existenz der Einser- und Zweier-Zertrümmerungen wird daher den Verlauf von $F(E)dE$ nur im Gebiete kleiner Energien bis zu etwa 20 MeV hin beeinflussen können.

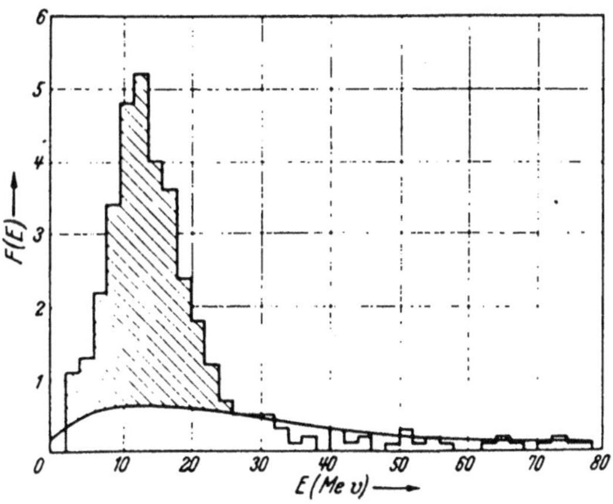

Abb. 7. Energieverteilung der Protoneneinfachbahnen. Treppenkurve: Messungen von WIDHALM. Glatte Kurve: Theoretische Kurve $F(E)dE$.

Man kann nun die Zahl der nicht erfaßten „Einser"- und „Zweier"-Zertrümmerungen ungefähr abschätzen, indem man in Abb. 7 das Verhältnis der schraffierten zur unschraffierten Fläche ermittelt. Es ergibt sich, daß etwa dreimal soviel Prozesse dieser Art unberücksichtigt blieben, als Zertrümmerungen mit höheren Teilchenzahlen überhaupt gefunden wurden. Die Gesamthäufigkeit der Kernprozesse dürfte im ganzen also viermal so groß sein wie jene, die man den Angaben von WAMBACHER entnimmt.

Dies paßt sehr gut zu dem Befund über die Verteilung der Häufigkeiten der verschiedenen Sterne, wie er in Abb. 9 dargestellt ist. Die Gesamthäufigkeiten aller Sterne, deren Teilchenzahlen ν größer sind als die in der Abszisse vorgegebenen, ordnen sich nämlich für $\nu = 3$ bis 8 ausgezeichnet auf einer Geraden an. Wenn man diese Linie jetzt versuchsweise nach kleinen Teilchenzahlen hin verlängert, so erhält man für $\nu = 1$ einen Häufigkeitswert (≈ 50), der etwa das Vier- bis Fünffache des gemessenen bei $\nu = 2$ (11) ausmacht, in befriedigender Übereinstimmung mit der obigen Abschätzung. Man kann gegen eine solche extrapolatorische Ermittlung der Prozeßhäufigkeiten natürlich gewisse Bedenken haben. Es ist aber zu bemerken, daß sich dieses Verfahren wegen der bei Abb. 8 besprochenen Verhältnisse ebensogut auffassen läßt als eine Extrapolation mit Hilfe der Teilchenzahl wie auch als eine Bestimmung unter Benützung der mittleren Protonenenergien.

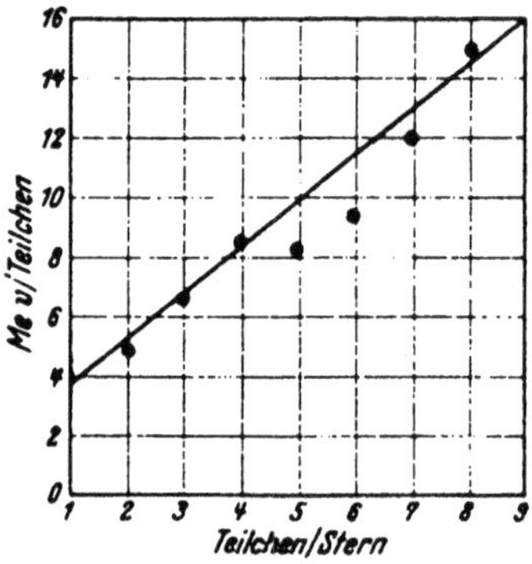

Abb. 8. Mittlere Energie pro Teilchen für Sterne von fester Teilchenzahl.

Es ist noch zu zeigen, daß bei Berücksichtigung der fehlenden „Einser"- und „Zweier"-Prozesse die beobachteten absoluten Häufigkeiten sich auf die der Kernzertrümmerungen zurückführen lassen.

Nach Stetter und Wambacher finden in 3450 m Höhe in einer 100 μ dicken Schicht der Photoplatte $n = 0{,}03$ Kernprozesse pro cm² und Tag statt. In der Schicht befinden sich zu etwa $^4/_5$ Kerne vom Typus (O, N, C) und etwa $^1/_5$ Kerne Ag und Br. Ihre Gesamtzahl ist also im wesentlichen durch die Häufigkeit der ersteren in der Gelatine bestimmt, deren Dichte annähernd 1 beträgt. Man wird darum mit etwa

$$n \approx \frac{3 \cdot 1{,}3}{1000} \approx 4 \cdot 10^{-3} \text{ Sternen}$$

pro cm³ Luft und Tag

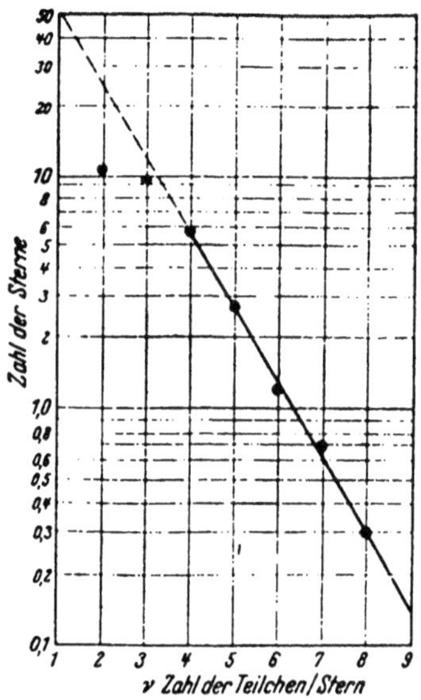

Abb. 9. Häufigkeit der Sterne, deren Teilchenzahl größer ist als ν.

rechnen können.

In der gleichen Höhe finden sich nach Widhalm 8,02 Protonen/cm² d und nach Schopper (S 11) 1,44 Protonen/cm² d. Bei diesen Zahlen sind allerdings die Protonen der „Einser"- und „Zweier"-Prozesse mitgerechnet. Um vergleichbare Verhältnisse zu haben, muß man nach den Betrachtungen zu Beginn dieses Abschnittes nur den vierten Teil auf die Zertrümmerungen mit höheren Teilchenzahlen zurückführen und erhält so: Widhalm $N_p = 2$ Protonen/cm² d;

SCHOPPER $N_p = 0{,}36$ Protonen/cm² d. Es ergibt sich demnach

$$\left(\frac{N_p}{n}\right)_{\text{exp}} \simeq \begin{cases} \dfrac{2}{4 \cdot 10^{-3}} = 500\,\text{cm}, & (\text{WIDHALM}), \\ \dfrac{0{,}36}{4 \cdot 10^{-3}} = 90\,\text{cm}, & (\text{SCHOPPER}). \end{cases} \tag{7}$$

Dieses Ergebnis ist zu vergleichen mit dem Verhältnis (6), das ja gerade für die Prozesse mit mehr als zwei Teilchen abgeleitet war:

$$\left(\frac{N_p}{n}\right)_{\text{theor}} = 230\,\text{cm}.$$

Der theoretisch zu erwartende Wert liegt also zwischen den experimentellen Bestimmungen 500 nach WIDHALM und 90 nach SCHOPPER.

Es ist damit gezeigt, daß sich Häufigkeiten der Protoneneinfachbahnen auf die der Kernzertrümmerungen zurückführen lassen. Zur Erklärung des Auftretens solcher Teilchen in der unteren Atmosphäre ist es also nicht nötig anzunehmen, daß diese Teilchen aus dem Weltraum kommen. Man wird ihr Erscheinen vielmehr als eine notwendige Folge der durch die weiche Ultrastrahlungskomponente ausgelösten Kernzertrümmerungen betrachten.

Es ist dabei zu erwarten, daß die Protonenintensität mit der Höhe etwas rascher ansteigt als die Häufigkeit der Kernzertrümmerungen, da ja bekannt ist, daß die mittlere Energie der Zertrümmerungsteilchen nach größeren Höhen hin langsam zunimmt und sich damit gleichzeitig auch die mittlere Reichweite der Protonen vergrößert. Ein Effekt in dieser Richtung scheint bei einem Vergleich der Messungen von WIDHALM und WAMBACHER angedeutet.

5. Die schnellen Neutronen als Folge der Kernzertrümmerung.

Bei den Kernzertrümmerungen werden neben den Protonen auch Neutronen emittiert. Man kann die letzteren zwar nicht in der photographischen Schicht unmittelbar beobachten, aber wenn bei solchen Stoßprozessen geladene Teilchen den Kern verlassen, werden natürlich erst recht auch die ungeladenen Neutronen ausgestoßen. Bezüglich der Zahl der emittierten Neutronen wird man nicht sehr fehlgehen in der Annahme, daß etwa ebenso viele Teilchen der einen wie der anderen Sorte beim Kernprozeß austreten. Diese Annahme werde den folgenden Betrachtungen zugrunde gelegt und dann in völliger Analogie zu dem Verfahren bei den Protonen gezeigt, daß die aus einfachen Abschätzungen folgenden Häufigkeiten der *schnellen* Neutronen ungefähr mit denen übereinstimmen, die man den Experimenten entnimmt.

Diese Bestimmungen sollen sich hier nur auf die ganz *schnellen* Teilchen beziehen. Das Verhalten der langsamen Neutronen wird im

Bericht von FLÜGGE diskutiert. Es werde hier der Fall behandelt, daß die schnellen Neutronen durch die Rückstoßprotonen aus einer dünnen Paraffinschicht nachgewiesen werden, wie dies von SCHOPPER durchgeführt wurde.

Man kann dann, wie BETHE, KORFF und PLACZEK (B 17) ausführlich diskutiert haben, einfach so rechnen, als verschwinden die schnellen Neutronen, wenn sie einen Atomkern, z. B. N_7^{14}, treffen. Sie werden zwar in vielen Fällen den Kern mit kleinerer Energie wieder verlassen, aber sie befinden sich dann in einem Geschwindigkeitsbereich, in dem sie durch ihre Rückstoßprotonen aus Paraffinschichten auf photographischem Wege nicht mehr nachweisbar sind.

Ihre mittlere freie Weglänge bis zum ersten Kerntreffer sei λ. Man erhält dann in völliger Analogie zu der Ableitung bei den Protonen für die Zahl der Teilchen, die aus dem Volumenelement $d\tau$ in der Entfernung r stammen und die die Einheitsfläche treffen:

$$n\nu d\tau \frac{\cos\vartheta}{4\pi r^2} e^{-\frac{r}{\lambda}} . \tag{8}$$

Dabei ist ν die mittlere Anzahl der pro Prozeß emittierten Neutronen.

Aus (8) folgt durch Integration über r und ϑ im oberen Halbraum die Gesamtzahl der auftreffenden Neutronen.

$$\frac{N_n}{n} = \frac{\lambda\nu}{4} . \tag{9}$$

Nun entnimmt man den Tabellen von WAMBACHER für die mittlere Protonenzahl pro Stern den Wert 3,88. Wir werden darum für die Neutronen ansetzen:

$$\nu \approx 4 \text{ Neutronen/Stern.}$$

Die freie Weglänge λ berechnet sich für einen Stoßquerschnitt von $\sigma = 10^{-24}\,\text{cm}^2$ zu etwa 360 m Normalluft.

Damit wird

$$\frac{N_n}{n} = \tfrac{1}{4}\, 3{,}6 \cdot 10^4 \cdot 4 = 3{,}6 \cdot 10^4\,\text{cm}. \tag{10}$$

Andererseits kann man das obige Verhältnis direkt aus N_n und n berechnen, in dem man aus den Messungen von SCHOPPER das N_n entnimmt und außerdem das n von S. 128 zugrunde legt.

SCHOPPER findet hinter 1 mm Paraffin in 3450 m Höhe 5,3 Rückstoßprotonen/cm² d. Bei Vernachlässigung der nur unbeträchtlichen Eigenabsorption in der Paraffinschicht ergibt sich die Anzahl Δz der Rückstoßprotonen zu:

$$\Delta Z = N_n \cdot \sigma \cdot n_H \cdot \Delta x \tag{11}$$

und daraus

$$N_n = \frac{\Delta Z}{\sigma\, n_H\, \Delta x} \tag{12}$$

(n_H = Anzahl der Protonen/cm³ Paraffin $= 9 \cdot 10^{22}$, Δx = Schichtdicke $= 0{,}1$ cm, $\sigma \simeq 10^{-24}$ cm²),

$$N_n = \frac{5{,}3}{9 \cdot 10^{22} \cdot 0{,}1 \cdot 10^{-24}} \sim 600/\text{cm}^2\, d. \tag{13}$$

Wenn wir wieder berücksichtigen, daß bei der Herleitung dieser Zahlen alle „Einser"- und „Zweier"-Zertrümmerungen mitgezählt wurden, während bei der Bestimmung von $n = 4 \cdot 10^{-3}/\text{cm}^3\, d$ auf S. 128 nur die Prozesse mit höheren Teilchenzahlen berücksichtigt sind, so muß man das N_n auf den vierten Teil herabsetzen, um vergleichbare Verhältnisse zu erhalten.

Es ergibt sich so:

$$\frac{N_n}{n} = \frac{600}{4 \cdot 4 \cdot 10^{-3}} \simeq 4 \cdot 10^4\ \text{cm}. \tag{14}$$

Die beiden Zahlwerte für das Verhältnis $\left(\frac{N_n}{n}\right)$, wie sie einerseits aus den theoretischen Betrachtungen (10) und andererseits aus den experimentellen Bestimmungen (14) folgen, stimmen also praktisch überein. Wenn es auch infolge der Unsicherheiten, die den angenommenen Wirkungsquerschnitten anhaften, zum Teil als Zufall bezeichnet werden muß, daß die Zahlwerte in beiden Fällen so gut übereinstimmen, so scheint jedoch kaum ein Zweifel darüber möglich, daß beide Zahlen in der gleichen Größenordnung liegen. Mehr ist beim gegenwärtigen Stand der experimentellen Bestimmungen nicht zu verlangen.

Man wird aber trotzdem schon jetzt feststellen können, daß allein als Folge der Kernzertrümmerung solche Häufigkeiten schneller Neutronen zu erwarten sind, wie sie tatsächlich experimentell auch beobachtet werden. Die benutzten Häufigkeiten für die Kernprozesse sind dabei dieselben wie jene, die den Betrachtungen über die Protonenintensitäten zugrunde gelegt wurden.

Es ist somit gezeigt, daß sowohl die Häufigkeiten der Protonen als auch die der Neutronen in der unteren Atmosphäre sich auf die Kernzertrümmerungen zurückführen lassen. Die Hypothese, daß solche Teilchen aus dem Weltraum bis in diese Gebiete vordringen, scheint damit jedenfalls vorläufig entbehrlich.

Der Stand der experimentellen Forschung in höheren Gebieten der Atmosphäre erlaubt im Augenblick noch nicht die dortigen Verhältnisse völlig zu übersehen. Erst wenn es gelingt, zuverlässige Zahlenangaben über die Häufigkeiten der verschiedenen Erscheinungsgruppen zu erhalten, wird man prüfen können, wieweit auch in diesem Teile der Atmosphäre die schweren Partikeln als Folgen der Kernzertrümmerungen zu betrachten sind.

14. Über die Erzeugung von Neutronen durch die Höhenstrahlung und ihre Verteilung in der Atmosphäre.

Von S. Flügge-Berlin.

Mit 1 Abbildung.

1. Experimentelle Tatsachen.

Die erste Beobachtung von Neutronen in der Atmosphäre gelang Fünfer 1937 (F 5). Er benutzte einen Proportionalzähler großen Volumens (2800 cm^3), der innen mit einer Borschicht ausgelegt war. Wurde diese Kammer allseitig von einem dicken Boraxpanzer (10 kg) umgeben, so sank die Zahl der registrierten Teilchen von $(10{,}85 \pm 0{,}23)$/min auf $(9{,}5 \pm 0{,}2)$/min im Gießener Institut. Es bestand also eine Differenz von $(1{,}35 \pm 0{,}3)$/min, die langsamen Neutronen zugeschrieben werden mußte. Diese ersten Beobachtungen gaben Anlaß zu einer systematischen Untersuchung des Effektes. Zunächst wurden Schichten wasserstoffhaltiger Substanzen (Wasser, Paraffin, Holz) vorgelegt, um etwaige schnelle Neutronen noch abzubremsen und dadurch der Messung in der Borkammer zugänglich zu machen. Während sich im Gießener Laboratorium, wo die Neutronen schon beim Durchgang durch die Betondecke abgebremst waren, kein Einfluß solcher Schichten zeigte, ergab sich bei Messungen im Freien ein Anstieg auf das Doppelte:

ohne Paraffin:	$0{,}65 \pm 0{,}1$	Neutronen/min
mit 1 cm Paraffin:	$1{,}3 \pm 0{,}12$	Neutronen/min
mit 4 cm Paraffin:	$1{,}25 \pm 0{,}12$	Neutronen/min

mit bis zu 45 cm H_2O: dasselbe.

Auch mit Holz konnte die gleiche Erhöhung des Effektes bis zur Sättigung bei etwa 1,3/min erreicht werden; dagegen gelingt keine solche Steigerung bei Bleischichten, was wieder typisch für das Vorliegen von Neutronen ist.

Es wurden nun von Fünfer 1938 (F 6) auch Messungen in verschiedener Höhe angestellt, wobei die Kammer allseitig von einem 2 cm dicken Holzkasten umgeben war und wieder die Differenzen mit und ohne Borax gemessen wurden. Es ergaben sich folgende Zahlen:

Tabelle 1.

Ort	Seehöhe m	Luftdruck at	Neutronen/min	$N_0 e^{-\mu p}$ $\mu = 6{,}93$
Gießen	160	0,99	$1{,}27 \pm 0{,}09$	1,27
Hoherodskopf . . .	780	0,91	$2{,}1 \pm 0{,}36$	2,18
Feldberg i. Schwarz-	1280	0,85	$3{,}2 \pm 0{,}3$	3,19
wald	1500	0,82	$4{,}2 \pm 0{,}2$	4,12
Zugspitze	2650	0,71	$9{,}8 \pm 0{,}25$	8,65

Versucht man die experimentellen Zahlen durch ein Gesetz der Form $N = N_0 e^{-\mu p}$ darzustellen, wobei p der Luftdruck in at ist, so ergibt sich mit $\mu = 6{,}93$ die letzte Spalte der Tabelle in recht guter Übereinstimmung mit den Messungen.

Ungefähr zur gleichen Zeit stellte SCHOPPER (S 12) Versuche an, um Neutronen in der Höhenstrahlung nachzuweisen. Es wurden nach Art des BLAU-WAMBACHERschen Verfahrens (B 25) photographische Platten in verschiedener Höhe exponiert und die darin gebildeten Spuren schwerer Teilchen gezählt. Dabei konnten zwei verschiedene Verfahren angewandt werden zur getrennten Beobachtung schneller und langsamer Neutronen. Um schnelle Neutronen nachzuweisen, wurde die Platte einmal hinter 1 mm Blei und das andere Mal hinter 1 mm Paraffin gelegt. Während die Anzahl der Spuren hinter der Bleischicht als ein Maß für die Anzahl der vorhandenen Protonen angesehen werden kann, bedeutet die beträchtlich erhöhte Anzahl von Protonenspuren hinter der Paraffinschicht, daß von primären schweren Teilchen Protonen aus dem Paraffin herausgeschlagen werden. Diese Teilchen werden als schnelle Neutronen angesprochen. Es ergaben sich folgende Zahlen:

Tabelle 2.

Ort	Seehöhe m	Luftdruck at	Protonen/cm², Stunde bei 1 mm Paraffin	Protonen/cm², Stunde bei 1 mm Blei	$N_0 e^{-\mu p}$ $\mu = 6.93$
Stuttgart	200	0,98	0,07	?	0,02
Jungfraujoch	3400	0,65	0,28	0,06	0,22
Stratosphäre	18000	0,09	5,1	?	10,2

In die letzte Spalte sind wieder Zahlen aufgenommen, die der exponentiellen Absorption entsprechen, die FÜNFER im unteren Drittel der Atmosphäre gefunden hat. Da der Nulleffekt mit Bleischicht nur an *einem* Punkt gemessen ist, können diese Zahlen nur sehr roh mit den experimentellen verglichen werden. Immerhin kann man daraus wohl schließen, daß der Stratosphärenwert von SCHOPPER geringer ist, als er es nach der exponentiellen Extrapolation sein würde.

Die Messung der langsamen Neutronen geschieht bei SCHOPPER folgendermaßen: Es wird eine borhaltige photographische Emulsion benutzt, in der von langsamen Neutronen durch die Reaktion $^{10}B\,(n,\alpha)^{7}Li$ α-Teilchen von 1,89 MeV Energie ausgelöst werden, deren Spuren man in der Platte beobachtet. Es wird nun einmal ein Borabsorber über die Platte gelegt; dann werden die langsamen Neutronen dadurch wegabsorbiert. Das andere Mal wird ohne den Borabsorber gearbeitet; nunmehr tritt eine starke Vermehrung der α-Bahnen auf. Es wurde an zwei Orten beobachtet: In Stuttgart ($p = 0{,}98$ at) ergaben sich 0,15 und am Jungfraujoch ($p = 0{,}65$ at) 0,25 α-Teilchen je cm² und Stunde.

Diese Zunahme ist sehr viel geringer, als es nach dem FÜNFERschen Absorptionskoeffizienten zu erwarten wäre.

Untersuchungen der Neutronenintensität bis hinauf zu sehr großen Höhen hat auch KORFF (K6) durchgeführt. Die Messungen erfolgten mit Zählrohren (20 cm lang, 2 cm Durchmesser), die im wesentlichen mit BF_3-Gas gefüllt waren (0,1 at Druck). Gezählt wird auf diese Weise die Gesamtzahl aller langsamen Neutronen. Die Messungen reichen bis zu Drucken von rund $^1/_{20}$ at und zeigen auch dort immer noch den gleichen Anstieg, der sich gut durch eine Exponentialfunktion beschreiben läßt mit $\mu \approx 7\,\text{at}^{-1}$.

Die Absolutzahl der Neutronen kann aus den Messungen von KORFF ebenfalls erschlossen werden. Allerdings gehen hierbei eine Reihe schlecht bekannter Größen ein, besonders die Erzeugung von Rückstoßkernen in der Borkammer, die durch andere Primärteilchen als Neutronen ausgelöst werden können. Daher sind alle Absolutzahlen um mindestens den Faktor 2 in der einen oder anderen Richtung unsicher. Aus den Messungen von KORFF, die dieser gemeinsam mit BETHE und PLACZEK (B17) eingehend diskutiert hat, folgt eine Produktion von 0,05 Neutronen je g und sec in dem Atmosphärengebiet bei 0,1 at Druck. Das stimmt gut überein mit der Auswertung eines Flugzeugaufstieges, den v. HALBAN, KOWARSKI und MAGAT in Paris bis 9500 m Höhe (0,3 at) durchführen ließen. Hierbei wurden die Neutronen in einer C_2H_5Br-Lösung verlangsamt; das entstehende aktive Brom kann dann durch ein SZILARD-CHALMERS-Verfahren abgetrennt und auf diese Weise ziemlich große Aktivität erreicht werden. Die Diskussion dieses Versuchs durch BETHE, KORFF und PLACZEK führt auf eine Neutronenproduktion von 0,01 Neutronen je g und sec, was entsprechend der geringeren Höhe gut zu dem Wert von KORFF paßt. Integriert man diese Produktion über die ganze Atmosphäre mit dem Absorptionskoeffizienten[1] $\mu = 7$, so erhält man eine Neutronenproduktion von insgesamt rund 15 Neutronen je cm^2 und sec in der ganzen Atmosphäre.

2. Kernphysikalische Unterlagen.

Um die beobachtete Neutronenverteilung in der Atmosphäre zu verstehen, ist es notwendig, die Wechselwirkung zwischen den Neutronen und den Luftatomen zu kennen. Das experimentelle Material hierüber ist nicht so reichhaltig, wie man es sich wünschen möchte, doch genügt es, um sich einen vorläufigen Überblick zu verschaffen. Es soll im folgenden im unmittelbaren Anschluß an die Arbeit von BETHE, KORFF und PLACZEK dargestellt werden.

[1] Das entspricht einem Wirkungsquerschnitt von $2 \cdot 10^{-25}\,cm^2$.

Was geschieht, wenn Neutronen von mehr als etwa 30 MeV auf Stickstoff- oder Sauerstoffkerne auftreffen, wissen wir nur unvollkommen (vgl. den vorhergehenden Vortrag). Wenn ihre Energie dagegen geringer ist, so können wir das BOHRsche Modell des Atomkerns („Sandsackmodell") sicher verwenden; hiernach wird ein Wirkungsquerschnitt für unelastische Streuung des Neutrons bestehen von der Größenordnung des geometrischen Kernquerschnitts ($\sim 10^{-24}$ cm^2), bei dem das Neutron durchschnittlich eine Verlangsamung auf einige wenige MeV erfährt. Unterhalb von 6 MeV kann an Sauerstoff, unterhalb 4 MeV an Stickstoff keine unelastische Streuung mehr stattfinden, da bei diesen Energien jeweils das tiefste Anregungsniveau dieser Kerne liegt.

Über die elastische Streuung, die weiterhin abbremsend auf das Neutron wirkt, sind einige experimentelle Zahlen bekannt. Man weiß nämlich, daß sowohl an ^{14}N wie an ^{16}O der Streuquerschnitt im Bereich von 3 MeV bis 0,15 MeV nur sehr wenig variiert, während er im Gebiet thermischer Neutronenenergie ($\frac{1}{40}$ eV) zu beträchtlich größeren Werten ansteigt.

Tabelle 3.

Prozeß	Wirkungsquerschnitt in 10^{-24} cm^2 für die Neutronenenergie von			Schwellenenergie MeV
	3 MeV (D + D)	0,15 MeV (Be + γ)	$^1/_{40}$ eV (therm.)	
Elastische Streuung an ^{14}N	1,4	1,6	10,7	—
Elastische Streuung an ^{16}O	1,2	1,8	4,2	—
^{14}N (n, p) ^{14}C	0,04	?	1,3	—
^{14}N (n, α) ^{11}B	0,16	—	—	0,30
^{16}O (n, p) ^{16}N	—	—	—	5,6
^{16}O (n, α) ^{13}C	$\sim$0,01	—	—	2,6

Die Wirkungsquerschnitte für den Einfangprozeß sind sicher sehr klein. Bekannt ist nur etwas über die Einfangreaktionen von Protonen ^{14}N$(p, \gamma)^{15}$O und ^{16}O$(p, \gamma)^{17}$F, die beide bei 4 MeV-Protonenenergie mit einem Wirkungsquerschnitt von nur $0{,}15 \cdot 10^{-28}$ cm^2 verlaufen [CURRAN und STROTHERS (C 10)]. Da der GAMOW-Faktor bei diesen Energien für so leichte Kerne noch nicht sehr viel kleiner als 1 sein kann, darf man wohl erwarten, daß die beiden Einfangprozesse für Neutronen (n, γ) die Größenordnung 10^{-28} cm^2 nicht überschreiten werden.

Die Übersicht zeigt, daß die einzige Kernreaktion, die neben den elastischen Stößen eine Berücksichtigung erfordert, der (n, p)-Prozeß am Stickstoff ist, zumal da die drei anderen in der Tabelle aufgeführten Reaktionen endotherm sind und folglich bei kleinen Neutronenenergien überhaupt nicht mehr stattfinden. Leider ist der Verlauf des Wirkungsquerschnitts mit der Energie für die (n, p)-Reaktion an ^{14}N nicht sehr gut bekannt. Dies ist um so bedauerlicher, als sicher noch unbekannte

Resonanzen die beiden gemessenen Querschnittswerte bestimmen. Würde man nämlich einen glatten Verlauf der Ausbeutekurve annehmen, so müßte der Querschnitt umgekehrt proportional der Geschwindigkeit des Neutrons und außerdem proportional einem Gamow-Faktor für den Austritt des Protons sein. Danach würde man bei thermischen Neutronen einen Wirkungsquerschnitt von rund $13 \cdot 10^{-24}\,\mathrm{cm}^2$ erwarten, während er in Wirklichkeit nur den zehnten Teil hiervon beträgt.

Als plausibelste Erklärung hierfür kann man annehmen, daß der Wert bei 3 MeV Neutronenenergie durch eine in diesem Bereich liegende Resonanz abnorm hoch ist. Da bei so leichten Kernen die Breite einer Resonanzlinie etwa 10 keV beträgt, darf man wohl annehmen, daß der Wirkungsquerschnitt bei kleinen Energien bis ungefähr aufwärts zu 10 keV Neutronenenergie dem $1/v$-Gesetz folgt; der Gamow-Faktor darf in diesem Bereich praktisch als konstant angesehen werden.

Als Näherung benutzen wir daher im folgenden das von Bethe und Mitarbeitern vorgeschlagene Modell: Neutronen, die anfänglich schneller sind als etwa 6 MeV werden durch unelastische Streuung beinahe sofort auf eine Energie von einigen MeV abgebremst. Dann hat man es praktisch nur noch mit elastischen Stößen zu tun, die eine weitere Verlangsamung hervorrufen. Endlich fängt unterhalb von 10 keV allmählich der (n, p)-Querschnitt am Stickstoff an, eine Rolle zu spielen, für den wir setzen

$$\sigma_{\mathrm{abs}} = \left(\frac{0{,}16}{\sqrt{E}}\right) \cdot 10^{-24}\,\mathrm{cm}^2\,,$$

wenn E die Neutronenenergie in eV ist. Das Auftreten dieser Reaktion führt schließlich zu einer Absorption des langsamen Neutrons.

Die angegebenen experimentellen Zahlenwerte für die Wirkungsquerschnitte bei elastischer Streuung zeigen, daß im Bereich schneller Neutronen offenbar nur geringe Variationen vorhanden sind. Deshalb wird der Streuquerschnitt eines „Luftatoms" im Mittel konstant gleich $1{,}35 \cdot 10^{-24}\,\mathrm{cm}^2$ gesetzt oberhalb einer Energie E_S, die sicher nicht größer als 0,15 MeV sein kann. Unterhalb dieser Energie tritt offenbar ein resonanzbedingtes Ansteigen des Streuquerschnitts ein, wie der große Wert für thermische Neutronen zeigt. Da bei elastischer Streuung kein $1/v$-Gesetz auftritt, ist es wohl erlaubt, den Streuquerschnitt als konstant bis zu mindestens 10 keV aufwärts anzusehen, nämlich für ein mittleres Luftatom gleich $9{,}4 \cdot 10^{-24}\,\mathrm{cm}^2$. Es wird daher folgendes einfache Modell gewählt:

$$\sigma_{\mathrm{str}} = \begin{cases} 1{,}35 \cdot 10^{-24}\,\mathrm{cm}^2 & \text{für } E > E_S \\ 9{,}4 \cdot 10^{-24}\,\mathrm{cm}^2 & \text{für } E < E_S \end{cases}$$

und

$$10\,\mathrm{keV} < E_S < 150\,\mathrm{keV}.$$

Natürlich ist die Annahme der Existenz einer derartigen „Sprungstelle" eine sehr rohe Näherung. Insbesondere wäre es wohl auch erwünscht, die Rolle der chemischen Bindung der streuenden Atome im N_2- und O_2-Molekül noch etwas eingehender zu studieren.

In der Folge benötigen wir außer den Streuquerschnitten die ihnen entsprechenden freien Weglängen λ in der Atmosphäre. Da diese vom Luftdruck p abhängen, führen wir statt ihrer die druckunabhängigen Größen

$$l = \frac{\lambda}{h} p \tag{1}$$

ein, worin $h \sim 8$ km die Höhe der homogenen Atmosphäre bedeutet. Die Größen l haben dann die Dimension eines Drucks; numerisch ergibt sich

$$l = \begin{cases} 18 \cdot 10^{-3}\,\text{at} & \text{für} \quad E > E_S \\ 2{,}6 \cdot 10^{-3}\,\text{at} & \text{für} \quad E < E_S. \end{cases} \tag{2}$$

3. Folgerungen aus der Diffusionstheorie.

a) Die Neutronen, die wir in der Atmosphäre beobachten, können nicht kosmischen Ursprungs sein, sondern müssen *sekundär* beim Durchgang irgendwelcher Höhenstrahlenteilchen in der Atmosphäre erzeugt worden sein. Das kann man zwar bisher nicht unmittelbar aus den Beobachtungen schließen; es folgt jedoch aus der β-Labilität des Neutrons, das ja eine größere Masse besitzt als ein neutrales Wasserstoffatom und infolgedessen durch β-Zerfall in dieses übergehen sollte. Die Halbwertszeit kann man aus dem SARGENT-Diagramm ablesen; es ergibt sich eine Größenordnung von etwa 1 Stunde. Es sei ausdrücklich bemerkt, daß dieser β-Zerfall des Neutrons bisher experimentell nicht beobachtet wurde, da die Wechselwirkung der Neutronen mit den Atomkernen der Experimentiergeräte immer so stark ist, daß ein Verschwinden des Neutrons erfolgt, lange ehe es ein so hohes Alter erreicht.

b) Es wird also angenommen, daß der atmosphärischen Luft eine bestimmte, zunächst unbekannte „Quellstärke" für Neutronen zugeschrieben werden muß. Wir wollen das Schicksal der während einer kurzen Zeitspanne zur Zeit $t = 0$ in der Atmosphäre entstandenen Neutronen betrachten. Ihre Dichteverteilung im Augenblick der Entstehung ist natürlich proportional der Quellstärke; sie sei $\varrho_0(p)$, wobei der Luftdruck p an Stelle der Höhe z als zweckmäßige Variable eingeführt werden soll.

Die Neutronen unterliegen nun einem *Bremsprozeß*, durch den ihre Geschwindigkeit vom Anfangswert v_0 (Energie E_0) absinkt. Die jeweilige Geschwindigkeit v (Energie E) eines Neutrons ist daher im Mittel eine Funktion der Anzahl ν elastischer Stöße, die es seit dem Zeitpunkt seiner Entstehung gemacht hat, sowie der Anfangsgeschwindigkeit v_0, die in diesem Paragraphen zunächst für alle Neutronen gleich angenommen werde. Es wird sich als zweckmäßig erweisen, diese Stoßzahl an Stelle der Zeit als unabhängige Veränderliche in die Rechnung einzuführen; beide hängen zusammen durch die Beziehung

$$\frac{d\nu}{dt} = \frac{v(\nu)}{\lambda},$$

oder da nach Gl. (1) $\lambda = h \cdot l(\nu)/p$:

$$dt = d\nu \cdot \frac{h}{p} \frac{l(\nu)}{v(\nu)}. \tag{3}$$

Da diese Bedingung nur statistischen Charakter besitzt, bedeutet ihre Einführung eine Näherung, die aber für die Lösung unseres Problems sicher keinen wesentlichen Fehler verursacht.

Außer dem Bremsprozeß erfahren die Neutronen eine Ortsveränderung durch *Diffusion*. Sie wird beherrscht von der Diffusionsgleichung

$$\frac{\partial \varrho}{\partial t} = \frac{\partial}{\partial z}\left(D \frac{\partial \varrho}{\partial z}\right).$$

Dabei ist der Diffusionskoeffizient D nach der kinetischen Gastheorie

$$D = \frac{1}{3} v \lambda = \frac{1}{3} v(\nu) \frac{h}{p} l(\nu);$$

er wird also bei unserer Fragestellung keineswegs eine Konstante, sondern hängt sowohl von p (d. h. von z) als auch von ν (d. h. von der Zeit) ab. Wir wollen nun von den Variablen t und z zu den neuen Variablen ν und p übergehen mit Hilfe der Gleichungen

$$dt = \frac{h}{p} \frac{l(\nu)}{v(\nu)} d\nu \quad \text{und} \quad p = p_0 e^{-z/h}, \tag{4}$$

deren erste eine Folge der Bremstheorie ist, und deren andere die barometrische Höhenformel für eine isotherme Atmosphäre bedeutet. Dann wird

$$\frac{\partial}{\partial t} = \frac{p}{h} \frac{v(\nu)}{l(\nu)} \frac{\partial}{\partial \nu} \quad \text{und} \quad \frac{\partial}{\partial z} = -\frac{p}{h} \frac{\partial}{\partial p},$$

so daß die Diffusionsgleichung übergeht in

$$\frac{p}{h} \frac{v(\nu)}{l(\nu)} \frac{\partial \varrho}{\partial \nu} = \frac{p}{h} \frac{\partial}{\partial p}\left(\frac{1}{3} \frac{h}{p} v(\nu) l(\nu) \frac{p}{h} \frac{\partial \varrho}{\partial p}\right)$$

oder kurz

$$\frac{\partial \varrho}{\partial \nu} = \frac{1}{3} l(\nu)^2 \frac{\partial^2 \varrho}{\partial p^2}. \tag{5}$$

c) Messen wir p in Atmosphären, d. h. setzen wir $p_0 = 1$, so sind die Stellen $p = 0$ und $p = 1$ die obere und untere Grenze der Atmosphäre. Außer der Anfangsbedingung $\varrho = \varrho_0(p)$ für $\nu = 0$ haben wir zur Durchführung der Integration der Diffusionsgleichung (5) auch noch die Randbedingungen an diesen beiden Stellen zu formulieren.

Von ihnen ist diejenige an der oberen Grenze der Atmosphäre ($p = 0$) sofort klar: Da Neutronen, die den Rand erreichen, sofort ins Unendliche weglaufen können, wird dort $\varrho = 0$. Viel schwieriger ist es, eine Aussage über die untere Begrenzung zu machen. Die Neutronen dringen in das Gestein oder in das Meerwasser ein, wo sie teils nach unbekannten Gesetzen absorbiert, teils aber auch mit verminderter Geschwindigkeit reflektiert werden können. Es ist daher gar nicht vorauszusagen, welches Verhalten in bodennahen Schichten eintritt. Eine eingehende Diskussion dessen, was z. B. über einer ausgedehnten Wasserfläche geschieht, ist in der Arbeit von BETHE, KORFF und PLACZEK durchgeführt. Wir wollen für die Zwecke unserer Rechnungen annehmen, daß die Substanzen der Erdoberfläche stark Neutronen absorbierend wirken, d. h. wir wollen auch an der Stelle $p = 1$ $\varrho = 0$ setzen.

Die Lösung der Differentialgleichung (2) unter diesen Bedingungen kann in Gestalt einer FOURIER-Reihe angegeben werden, die sich durch eine geringfügige Erweiterung der klassischen Theorie der Diffusionsgleichung wegen der Abhängigkeit des Parameters l von der Variablen ν ergibt:

$$\varrho(\nu) = \sum_{n=1}^{\infty} A_n \sin n\pi p \, e^{-\pi^2 n^2 \cdot \frac{1}{3} \int_0^{\nu} l(\nu)^2 d\nu}, \qquad (6)$$

wobei die FOURIER-Koeffizienten A_n aus der Anfangsbedingung $\varrho(0) = \varrho_0$ folgen zu

$$A_n = 2 \int_0^1 dp \, \varrho_0(p) \sin n\pi p. \qquad (7)$$

d) Um das Integral $\int_0^{\nu} l(\nu)^2 d\nu$ zu berechnen, ist es notwendig, l nicht nur als Funktion der Energie gemäß Gl. (1) zu kennen, sondern auch als Funktion der Stoßzahl ν. Hierzu müssen wir den Bremsvorgang etwas näher untersuchen. Wir können in einer ziemlich guten Näherung sagen, daß beim elastischen Stoße eines Neutrons der Energie E gegen einen Atomkern der Masse M (in Vielfachen der Neutronenmasse, also M = Atomgewicht) im Mittel der Energiebetrag

$$\Delta E = -\frac{2}{M+1} E \qquad (8a)$$

verlorengeht. Es ist also

$$\frac{dE}{d\nu} = -\frac{2}{M+1} E. \qquad (8b)$$

Mit Hilfe dieser Beziehung können wir das Integral auf die Energieskala umrechnen, in welcher l durch Gl. (1) gegeben ist. Wir erhalten so

$$\int_0^{\nu} l(\nu)^2 d\nu = -\int_E^{E} l(E)^2 \frac{M+1}{2} \frac{dE}{E} = \frac{M+1}{2} \int_E^{E_0} l(E)^2 \frac{dE}{E}.$$

Setzen wir als Mittelwert für Luft $M = 14{,}6$, so ergibt sich im Falle $E < E_S$ für den Exponenten von Gl. (6)

$$\frac{1}{3}\pi^2 n^2 \int\limits_0^{v} l(v)^2 dv = n^2 10^{-6}\left\{8320 \ln\frac{E_0}{E_S} + 174 \ln\frac{E_S}{E}\right\}. \tag{9}$$

e) Wir stellen nun die Frage, wie lange und bis zu welcher Endenergie der Bremsprozeß läuft, ehe er seinen Abschluß erreicht durch die Absorption des Neutrons im $^{14}N(n,p)$-Prozeß. Dazu können wir folgende Formel benutzen: Der Bruchteil von Neutronen einer Anfangsenergie E_1, der ohne Einfang die Energie E_2 erreicht, ist

$$\exp\left(-\int\limits_{E_2}^{E_1}\frac{\sigma_{abs}}{\sigma_{Str}+\sigma_{abs}}\,\frac{dE}{|\Delta E|}\right), \tag{10}$$

wobei ΔE der Energieverlust je elastischen Stoß, σ_{Str} der Wirkungsquerschnitt hierfür und σ_{abs} der konkurrierende (n, p)-Querschnitt ist. Mit Hilfe von Gleichung (8) erhält man für das Integral bei Vernachlässigung von σ_{abs} im Nenner:

$$\frac{M+1}{2}\int\limits_{E_2}^{E_1}\frac{\sigma_{abs}}{\sigma_{Str}}\frac{dE}{E} = \frac{M+1}{2}\int\limits_{E_2}^{\infty}\frac{0{,}16}{\sqrt{E}\cdot 9{,}4}\,\frac{dE}{E} = \frac{0{,}266}{\sqrt{E_2}}. \tag{11}$$

Es wird also die Energie E_2 noch erreicht von dem Bruchteil $e^{-0{,}266/\sqrt{E_2}}$ der Neutronen, d. h. die Energie

	$E_2 = 1$	0,5	0,2	0,1	0,05	0,02	0,01 eV
von	77%	69%	55%	43%	30%	15%	7%

aller Neutronen. Die Zahl der Neutronen ist insbesondere auf den e-ten Teil gesunken bei $E_2 = 0{,}07$ eV. Die Neutronen in der Atmosphäre erreichen also nicht ganz das thermische Gleichgewicht; sie werden schon etwas oberhalb der thermischen Energien i. a. absorbiert. Für eine genäherte Beschreibung des Diffusionsvorganges genügt es, anzunehmen, daß alle Neutronen bei der gleichen Energie von 0,07 eV absorbiert werden, d. h. bei einer Geschwindigkeit von $v_2 = 3{,}7\cdot 10^5$ cm/sec.

Wir können an Hand der Bremstheorie die Zeit wenigstens ungefähr abschätzen, welche zwischen Entstehung und Absorption eines Neutrons vergeht. Aus den Gleichungen (3) und (8b) folgt nämlich

$$\tau = \int\limits_0^{v_2} dv\,\frac{h}{p}\,\frac{l(v)}{v(v)} = (M+1)\,h\int\limits_{v_2}^{v_0}\frac{l(v)}{p}\,\frac{dv}{v^2}.$$

Versteht man nun unter p den mittleren Druck innerhalb desjenigen Raumgebietes, welches das Neutron während der Bremsung durchläuft, so entsteht mit $v_2 \ll v_S \ll v_0$ in guter Näherung bei Benutzung von Gleichung (1):

$$\tau = (M + 1) \frac{h}{p} l(v_2) \frac{1}{v_2}.$$

oder in Zahlen

$$\tau = \frac{0{,}085}{p} \text{ sec.} \tag{12}$$

wenn p in Atmosphären gemessen wird.

Die Lebensdauer beträgt also im allgemeinen einige Zehntel Sekunden und wächst bei $p = 0{,}1$ at erst auf knapp 1 sec an. Gegenüber der Halbwertszeit des Neutronen-β-Zerfalls von etwa 1 Stunde ist das eine so kurze Zeit, daß irgendein merkbarer Einfluß der β-Labilität (etwa in Analogie zum Meson) für die Höhenstrahlungsneutronen nicht auftreten kann. Insbesondere folgt daraus, daß die in der Höhenstrahlung beobachteten Protonen sicher nicht durch β-Zerfall aus Neutronen entstanden sind, sondern entweder primären Ursprungs sind oder einem analogen Vorgang wie die Neutronen selbst ihre Entstehung verdanken.

e) Wir können die Frage der Diffusionsverteilung strenger fassen. Da alle Messungen von Neutronen mit Hilfe der $B(n, \alpha)$-Reaktion durchgeführt worden sind, beobachten wir die Neutronen erst, wenn sie das Absorptionsgebiet erreicht haben, d. h. Neutronen, die schon das Lebensalter τ besitzen. In Gleichung (9) können wir dann jedenfalls für die Endenergie $E = 0{,}07$ eV einsetzen. Der Wert von E_S ist schwierig anzugeben; er muß zwischen 10 und 150 keV liegen. Da eine genauere Angabe nicht möglich ist, werden weiterhin alle Rechnungen unter den beiden extremen Annahmen durchgeführt, wobei die mit a) bezeichneten Gleichungen jeweils zu $E_S = 10$ keV und die mit b) bezeichneten zu $E_S = 150$ keV gehören. Es ergibt sich insbesondere numerisch für die Exponentialfaktoren der Gleichung (6):

$$e^{-n^2\pi^2\cdot\frac{1}{3}\int_0^{\nu_2} l^2 d\nu} = E^{-0{,}00832\,n^2}\cdot 0{,}960^{n^2} \tag{13a}$$

bzw.

$$= E^{-0{,}00832\,n^2}\cdot 0{,}982^{n^2}, \tag{13b}$$

wobei wir jetzt für die Anfangsenergie kurz E statt bisher E_0 schreiben und in MeV messen.

4. Die Neutronenverteilung in der Atmosphäre.

Zur Berechnung der Fourier-Koeffizienten A_n müssen wir Aussagen machen über die Quellstärke, also über die Neutronen erzeugende Strahlung sowie den Erzeugungsprozeß selbst. Da in weiten Gebieten der Atmosphäre ein exponentieller Abfall der Neutronenintensität mit wachsendem Luftdruck beobachtet wird, liegt es nahe, der Primärstrahlung versuchsweise ein gleichfalls exponentielles Abklingen beim Eindringen in die Atmosphäre zuzuschreiben. Dann wird $\varrho_0 \sim e^{-\mu p}$ wobei wir $\mu \approx 7$ setzen dürfen.

Weiterhin müssen wir Annahmen machen über die Primärenergie der erzeugten Neutronen. Wir kennen nun einen Neutronenerzeugungsprozeß, der in der Atmosphäre beobachtet wird, nämlich eben jene BLAU-WAMBACHERschen „Sterne", von denen im vorigen Vortrag die Rede war. Dort hatten wir gesehen, daß ihre Zunahme mit der Höhe recht gut zu der von uns zugrunde gelegten Zunahme der überhaupt vorhandenen Neutronen paßt, da die Häufigkeit der Sterne ebenfalls etwa wie e^{-7p} nach oben anwächst.

Über die Energieverteilung in den Sternen wissen wir einiges. Es sind zwei Gruppen von emittierten Teilchen (Protonen oder Neutronen) zu unterscheiden, eine energiereiche, die solche Teilchen umfaßt, welche direkt vom Primärteilchen angestoßen und aus dem Kern herausgeschlagen sind, und eine energiearme von Teilchen, die nach einer Anregung des Gesamtkerns von diesem „abgedampft" worden sind. Man kann die experimentell beobachtete Verteilung[1] am besten darstellen durch folgende Überlagerung zweier solcher Verteilungsfunktionen:

$$N(E)\,dE \sim E(a \cdot e^{-\alpha E} + b \cdot e^{-\beta E})\,dE.$$

$N(E)\,dE$ ist die Zahl der mit Energien zwischen E und $E + dE$ erzeugten Neutronen; die Konstanten haben die Zahlenwerte: $a = 0{,}178$; $b = 6{,}16$ (beide in willkürlichen Intensitätseinheiten); $\alpha = 0{,}08\ \mathrm{MeV}^{-1}$ (entsprechend einer Halbwertsbreite der e-Funktion von 8,6 MeV) und $\beta = 0{,}35\ \mathrm{MeV}^{-1}$ (entsprechend einer Halbwertsbreite von 2,0 MeV). Wir können demnach den Ansatz zugrunde legen:

$$\varrho_0(p) = J_0 e^{-\mu p} E(a e^{-\alpha E} + b e^{-\beta E})\,dE\,, \tag{14}$$

falls wir die Hypothese machen: Alle Neutronen in der Atmosphäre werden durch BLAU-WAMBACHERsche Prozesse von einer Primärstrahlung erzeugt.

Geht man mit diesem Ansatz in Gleichung (7) ein, so ergibt die Integration über p zunächst:

$$2\int_0^1 dp\, e^{-\mu p} \sin n\pi p = \frac{2n\pi[1 - e^{-\mu}(-1)^n]}{\mu^2 + n^2\pi^2}\,.$$

[1] Diese Verteilung unterscheidet sich von der von BAGGE (B 1 b) angegebenen durch den Faktor E, der eingeführt wurde, da man aus theoretischen Gründen vermuten muß, daß die Verdampfungswahrscheinlichkeit für $E \to 0$ auch gegen Null strebt. Die experimentelle Verteilungsfunktion dürfte allerdings ihr Maximum bei einer kleineren Energie haben als hier angenommen.

Da $\mu \approx 7$ ist, kann das zweite Glied in der Klammer überall vernachlässigt werden. Es ergibt sich also am Ende:

$$\left.\begin{aligned}\varrho(p) = 2J_0 \sum_{1}^{\infty} \frac{n\pi}{\mu^2 + n^2\pi^2} \sin n\pi p \int_0^{\infty} E\,(a e^{-\alpha E} + b e^{-\beta E})\, dE \times \\ \times\, 0{,}960^{n^2} E^{-0{,}00832\, n^2}\,.\end{aligned}\right\} \quad (15\text{a})$$

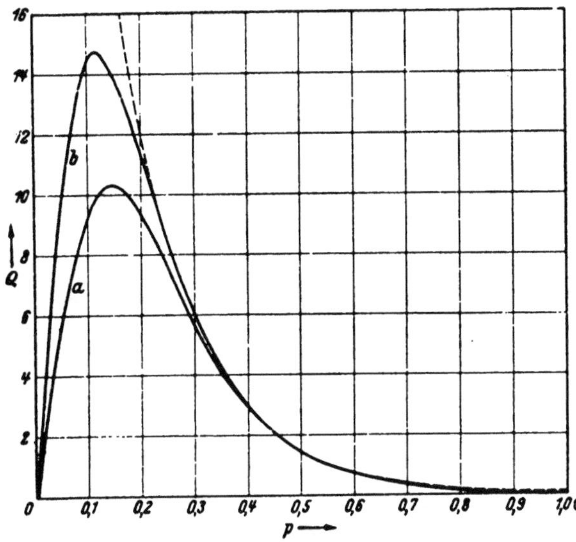

Abb. 1. Theoretische Verteilung der langsamen Neutronen in der Atmosphäre. a) $E_g = 10$ keV, b) $E_g = 150$ keV.

Setzt man statt 0,960 die Zahl 0,982, so geht die Formel in (15b) über. Die Integrale, die in diesen Gleichungen noch auftreten, lassen sich alle auf das Eulersche Integral zurückführen:

$$\int_0^{\infty} E^p e^{-\alpha E}\, dE = \frac{1}{\alpha^{p+1}} \int_0^{\infty} dx\, e^{-x} x^p = \frac{p!}{\alpha^{p+1}}\,. \quad (16)$$

Damit erhalten wir schließlich

$$\left.\begin{aligned}\varrho(p) = 2J_0 \sum_{1}^{\infty} \frac{n\pi}{\mu^2 + n^2\pi^2} \times \\ \times\, 0{,}960^{n^2} \left[\frac{a(1 - 0{,}00832\, n^2)!}{\alpha^{2 - 0{,}00832\, n^2}} + \frac{b(1 - 0{,}00832\, n^2)!}{\beta^{2 - 0{,}00832\, n^2}}\right] \sin n\pi p\end{aligned}\right\} \quad (17\text{a})$$

und bei Ersetzung von 0,960 durch 0,982 wiederum die entsprechende Gleichung (17b). Diese Fourier-Reihen sind übrigens semikonvergent; denn sobald $0{,}00832\, n^2 > 2$, also $n > 15$, wird, konvergieren die Integrale (16) nicht mehr. Der Faktor des 15. Gliedes ist aber schon sehr klein und braucht nicht mehr berücksichtigt zu werden. Numerisch ergeben sich folgende zwei FOURIER-Reihen:

für $E_S = 10$ keV:

$$\left.\begin{aligned}\varrho(p) = {} & 3{,}64 \sin\pi p + 4{,}10 \sin 2\pi p + 2{,}96 \sin 3\pi p + 1{,}791 \sin 4\pi p \\ & + 0{,}946 \sin 5\pi p + 0{,}455 \sin 6\pi p + 0{,}199 \sin 7\pi p + \\ & + 0{,}081 \sin 8\pi p + 0{,}031 \sin 9\pi p + 0{,}011 \sin 10\pi p + \\ & + 0{,}004 \sin 11\pi p + 0{,}001 \sin 12\pi p\end{aligned}\right\} \quad (18\text{a})$$

und für $E_S = 150$ keV:

$$\left.\begin{aligned}\varrho(p) = {} & 4{,}26 \sin\pi p + 5{,}15 \sin 2\pi p + 4{,}19 \sin 3\pi p + 2{,}96 \sin 4\pi p \\ & + 1{,}910 \sin 5\pi p + 1{,}185 \sin 6\pi p + 0{,}696 \sin 7\pi p + \\ & + 0{,}393 \sin 8\pi p + 0{,}220 \sin 9\pi p + 0{,}119 \sin 10\pi p + \\ & + 0{,}066 \sin 11\pi p + 0{,}037 \sin 12\pi p.\end{aligned}\right\} \quad (18\text{b})$$

Dabei ist die (willkürliche) Normierung so gewählt, daß für große Drucke beide Funktionen ungefähr in $50 \cdot e^{-\mu p}$ übergehen. Für μ ist der Wert 7,07 der Rechnung zugrunde gelegt.

Die beiden Funktionen sind in Abb. 1 dargestellt und mit den experimentellen Punkten verglichen.

5. Diskussion des Maximums der Neutronendichte.

Man sieht, daß beide theoretischen Kurven nach rechts hin sich gut mit dem beobachteten exponentiellen Abfall decken, wie es unserem Ansatz (14) entspricht. Die Ausbildung eines Maximums ist ebenfalls eine notwendige Folge aus der Tatsache, daß die Neutronen sekundär in der Atmosphäre erzeugt worden sind. Die Lage des Maximums paßt nun aber gar nicht zu den Beobachtungen bei den Stratosphärenaufstiegen. Es ergibt sich nämlich für $E_S = 10$ keV das Maximum bei einem Druck von 0,15 at und für $E_S = 150$ keV bei 0,12 at, wohingegen die Beobachtungen auch bei 0,08 at immer noch einen deutlichen exponentiellen Anstieg zeigen, so daß die Erreichung des Maximums erst bei erheblich geringerem Druck erwartet werden kann.

Diese Unstimmigkeit zwischen unseren theoretischen Betrachtungen und den Beobachtungen scheint ziemlich ernster Natur zu sein. Man könnte zunächst denken, daß sie lediglich dadurch bedingt ist, daß wir falsche Annahmen über die Neutronen erzeugende Primärstrahlung gemacht haben, und daß eine Primärstrahlung, die nicht exponentiell mit zunehmendem Drucke abklingt, sondern in den obersten Atmosphärenschichten noch viel stärker absorbiert wird, dort auch imstande sei, eine zusätzliche Neutronenintensität zu liefern, welche das Maximum zu kleineren Drucken hin verschöbe. Dies ist aber nicht der Fall. Die Lage des Maximums ist vielmehr im wesentlichen bestimmt durch den

Diffusionsweg, welchen die Neutronen vom Augenblick ihrer Ausstoßung aus einem Kern bis zum Wiedereinfang durch einen anderen Kern bzw. also bis zur Beobachtung zurücklegen. Denn selbst wenn wir annehmen würden, daß wir eine extrem „weiche" Primärstrahlung hätten, die schon in den alleroberten Atmosphärenschichten restlos absorbiert würde, so daß $\varrho_0(p)$ eine δ-Funktion wäre, so würde die Lösung der Diffusionsgleichung lauten:

$$\varrho \sim \frac{p}{\left(\int l^2 d\nu\right)^{3/2}} e^{-\frac{3p^2}{4\int l^2 d\nu}}. \tag{19}$$

Diese Verteilung hätte ein Maximum an der Stelle

$$p = \sqrt{\frac{2}{3}\int l^2 d\nu} = \sqrt{1690 \ln \frac{E_0}{E_S} + 35 \ln \frac{E_S}{E}} \cdot 10^{-3}\ \text{at},$$

wie sich unter Heranziehung von Gleichung (9) ergibt. Mit $E = 0{,}07$ eV erhält man dann folgende Zahlenwerte:

	mit $E_0 =$ 1 MeV	10 MeV
und (a) $E_S = 10$ keV:	$p = 0{,}091$ at	$p = 0{,}110$ at
und (b) $E_S = 150$ keV:	$p = 0{,}061$ at	$p = 0{,}087$ at.

Man sieht hieraus erstens, daß andere Annahmen über die Neutronen erzeugende Komponente der Höhenstrahlung nichts ändern an der Diskrepanz, und zweitens, daß eine Variation der Primärenergie der erzeugten Neutronen ebenfalls keine wesentliche Verbesserung der Situation bedeutet. Deshalb sind auch Änderungen in den kernphysikalischen Voraussetzungen oberhalb einer Energie von 1 MeV für diese Frage praktisch bedeutungslos.

Da die Neutronen, wenn ihre Energie kleiner als E_S geworden ist, infolge des vergrößerten Streuquerschnitts kaum noch ihren Ort verändern, rührt die Diffusionslänge größtenteils von dem Weg her, der während der Bremsung von E_0 auf E_S zurückgelegt wird. Eine merkbare Verkleinerung dieser Länge ist also nur möglich, indem man E_0 nahe an E_S heranrückt. Die obigen Zahlenwerte zeigen, daß man dabei mit der Anfangsenergie bis auf wenige 100 keV heruntergehen muß, was vom kernphysikalischen Gesichtspunkt aus sehr unwahrscheinlich klingt.

Wenn also die kernphysikalischen Daten, die wir benutzt haben, auch recht unsicher sein mögen, so gewinnt man doch den Eindruck, daß selbst beträchtliche Änderungen daran nicht zur Lösung der Schwierigkeit helfen können. Danach bleibt noch als letzte Möglichkeit zu diskutieren, ob unsere Annahmen über die chemische Zusammensetzung der atmosphärischen Luft zutreffen. In der Tat ist in einer Höhe von 20 km ($p = 0{,}055$ at) das Verhältnis zwischen N_2 und O_2 von seinem

Bodenwert 78,1:20,9 bereits auf etwa 85:15 verschoben[1]. Eine merkbare Anreicherung von H_2 und He dagegen dürfte noch nicht auftreten. Da die elastischen Streuquerschnitte von Stickstoff und Sauerstoff sich aber oberhalb von E_S wohl nicht wesentlich unterscheiden, kann diese Verschiebung auch nicht viel ändern; selbst unterhalb E_S bedeutet sie lediglich eine Erhöhung des mittleren Streuquerschnitts von $9{,}2 \cdot 10^{-24}\,\text{cm}^2$ je Luftatom am Boden auf $9{,}7 \cdot 10^{-24}\,\text{cm}^2$. (Unseren Rechnungen haben wir $9{,}4 \cdot 10^{-24}\,\text{cm}^2$ zugrunde gelegt.)

Die Anwesenheit von Wasserdampf in den unteren Atmosphärenschichten bedeutet dort eine Herabsetzung der Diffusionslänge infolge der viel rascheren Bremsung. Das ändert aber auch nichts an der Gestalt der Verteilungskurve, da der exponentielle Abfall in den unteren Schichten unabhängig von der Diffusionslänge lediglich durch die Absorption der Primärstrahlung bedingt ist, solange die Diffusionslänge nur so klein ist, daß keine sehr beträchtliche Änderung der Neutronendichte $\varrho(p)$ über eine Strecke von der Größenordnung der Diffusionslänge eintritt. Das ist schon bei den von uns durchgeführten Beispielen der Fall, und natürlich erst recht, wenn eine Beimischung von Wasserdampf die Diffusionslänge noch weiter verkürzt. Dort aber, wo diese Verkürzung uns etwas nützen könnte, in den oberen Atmosphärenschichten, haben wir wieder guten Grund, anzunehmen, daß gar kein Wasserdampf vorhanden ist.

[1] Das gilt bei Schichtung nach der barometrischen Höhenformel für jede Komponente. Die Meteorologen neigen jedoch zu der Annahme, daß in diesen Höhen noch vollständige Durchmischung herrscht und die Zusammensetzung der Luft die gleiche ist wie am Boden. Vgl. etwa R. Penndorf, Meteor. Z. **58** (1941) 1, 103.

Geomagnetische Effekte.

15. Kosmische Strahlung und Magnetfeld der Erde.

Von J. MEIXNER-Aachen.

Mit 9 Abbildungen.

1. Problemstellung.

Die Intensität der kosmischen Strahlung ist nicht auf der ganzen Erdoberfläche dieselbe. Sie zeigt, wie CLAY entdeckt hat, einen ausgeprägten Gang mit der geomagnetischen Breite; sie variiert nur wenig längs des geomagnetischen Äquators. Daraus ist zu schließen, daß das Magnetfeld der Erde die kosmische Strahlung beeinflußt, und das kann nur der Fall sein, wenn sie wenigstens zum Teil aus elektrisch geladenen Teilchen besteht.

Will man die Intensität der kosmischen Strahlung an verschiedenen Punkten der Erdoberfläche berechnen, so muß man über vier Dinge Bescheid wissen.

1. Das Magnetfeld der Erde.
2. Die Richtungsverteilung der kosmischen Strahlung im Weltenraum.
3. Die Zusammensetzung der kosmischen Strahlung im Weltenraum.
4. Die Energieverteilung der Komponenten der kosmischen Strahlung im Weltenraum.

Das Magnetfeld der Erde läßt sich in guter Näherung als Feld eines magnetischen Dipols mit dem Moment $M = 8{,}1 \cdot 10^{25}$ Gauß $\cdot$ cm^3 darstellen. Er ist etwa 340 km vom Erdmittelpunkt entfernt in 7° nördlicher geographischer Breite und 160° östlicher geographischer Länge anzunehmen. Seine Richtung geht vom magnetischen Südpol auf der nördlichen Halbkugel zum magnetischen Nordpol auf der südlichen Halbkugel.

Die Richtungsverteilung der kosmischen Strahlung im Weltenraum kann man als isotrop annehmen. Das ist nach den vorliegenden Erfahrungen jedenfalls eine brauchbare Arbeitshypothese.

Über die Zusammensetzung der kosmischen Strahlung und über die Energieverteilung ihrer Komponenten sollen zunächst keine besonderen Annahmen gemacht werden.

Unter diesen Voraussetzungen läßt sich nun das folgende mathematische Problem stellen. Wie groß sind bei gegebener Zusammensetzung und Energieverteilung im Weltenraum die Zusammensetzung und Energieverteilung (und damit die Intensität) für die kosmische Strahlung, wie sie an einem bestimmten Punkt der Erdoberfläche in bestimmter Richtung einfällt?

Aus einem Vergleich der Lösung dieses Problems mit Messungen der kosmischen Strahlung an der Erdoberfläche und in der Atmosphäre lassen sich dann Rückschlüsse auf die Eigenschaften der kosmischen Strahlung im Weltenraum ziehen.

2. Anwendung des LIOUVILLEschen Satzes.

Zunächst soll nur eine Komponente der kosmischen Strahlung und von dieser nur ein Ausschnitt zwischen den Energien E und $E + dE$ des Energiespektrums bzw. mit Geschwindigkeiten zwischen v und $v + dv$ betrachtet werden. Die Zahl der Teilchen in einem Volumelement $dx\,dy\,dz$ mit Geschwindigkeiten zwischen v und $v + dv$ und mit Bewegungsrichtungen im Raumwinkel $d\Omega$ ist

$$I \cdot dx\,dy\,dz\,dv\,d\Omega. \tag{1}$$

Der Faktor I ist ein Maß für die Intensität am Ort x, y, z im Raumwinkel $d\Omega$. Im Weltenraum ist sie nach Voraussetzung vom Ort und der Geschwindigkeitsrichtung unabhängig. Es läßt sich zeigen, daß dann auch im Bereich des Magnetfelds der Erde die Intensität an jedem Ort und in jeder Richtung, in die Teilchen der gegebenen Art und Geschwindigkeit überhaupt einfallen können, dieselbe ist. Der Beweis beruht auf einer kleinen Abänderung des LIOUVILLEschen Satzes der statistischen Mechanik [FERMI und ROSSI (F 2); SWANN (S 24)]. Die Bewegungsgleichungen für ein Teilchen der bewegten Masse m und der Ladung e (in elektrostatischen Einheiten) im Magnetfeld $\vec{H}$ (in Gauß) lauten

$$\frac{d}{dt}(m\vec{v}) = \frac{e}{c}[\vec{v}, \vec{H}]; \quad \vec{v} = \frac{d\vec{r}}{dt}. \tag{2}$$

$\vec{r}$ = Radiusvektor mit den Komponenten x, y, z. Der Betrag der Geschwindigkeit und damit die bewegte Masse bleiben bei der Bewegung im Magnetfeld konstant. Daher wird

$$\dot{\vec{v}} = \frac{d\vec{v}}{dt} = \frac{e}{mc}[\vec{v}, \vec{H}]; \quad \dot{\vec{r}} = \vec{v}. \tag{3}$$

Daraus folgt

$$\frac{\partial \dot{v}_x}{\partial v_x} + \frac{\partial \dot{v}_y}{\partial v_y} + \frac{\partial \dot{v}_z}{\partial v_z} + \frac{\partial \dot{x}}{\partial x} + \frac{\partial \dot{y}}{\partial y} + \frac{\partial \dot{z}}{\partial z} = 0. \tag{4}$$

Führen wir einen sechsdimensionalen Lagen-Geschwindigkeitsraum mit den Koordinaten x, y, z, v_x, v_y, v_z ein (beim eigentlichen LIOU-

VILLEschen Satz wird statt dessen der Phasenraum zugrunde gelegt), so bedeutet (4), daß die Divergenz des sechsdimensionalen Geschwindigkeitsvektors mit den Komponenten x, y, z, v_x, v_y, v_z verschwindet, daß also die durch die Bewegungsgleichungen (3) vermittelte Strömung im Lagen-Geschwindigkeitsraum inkompressibel ist. Da aber $dx\,dy\,dz\,dv\,d\Omega$, abgesehen von einem konstanten Faktor v^2, gerade die Zellengröße im Lagen-Geschwindigkeitsraum ist, diese jedoch bei der Strömung konstant bleibt, so ist auch die Intensität dort, wo die Strömung hinkommt, dieselbe.

Es bleibt nur zu untersuchen, wo diese Strömung hinkommt, d. h. in welchen Richtungen (bzw. mit welchen Komponenten v_x, v_y, v_z) Teilchen der Geschwindigkeit v an einem Beobachtungsort x, y, z aus dem Weltenraum, d. h. aus dem Unendlichen ankommen können. Es handelt sich also um die Bestimmung der Bahnen zur Bewegungsgleichung (3), die, aus dem Unendlichen kommend, im Beobachtungsort münden.

Im Zusammenhang mit der Theorie der Nordlichterscheinungen wurde dies Problem ausführlich von STÖRMER behandelt, für die besonderen Zwecke der Erforschung der kosmischen Strahlung wurden die Rechnungen von STÖRMER und insbesondere von LEMAÎTRE, VALLARTA und Mitarbeitern weitergeführt.

3. Die Bewegungsgleichungen im Magnetfeld der Erde.

Die Bewegungsgleichungen (3) lassen sich, nachdem das magnetische Dipolfeld eingesetzt ist, in eine Form überführen, in der die physikalischen Größen M, m, e, v und t nicht mehr explizit auftreten. Dazu führt man statt der Zeit die Bogenlänge $s = vt$ als unabhängige Veränderliche ein und wählt dann als Längeneinheit die Strecke

$$\sqrt{\frac{\pm eM}{mvc}}. \tag{5}$$

Sie wird als STÖRMERsche Längeneinheit oder als 1 Störmer bezeichnet. Für positive Teilchen ist das obere, für negative das untere Vorzeichen zu wählen. Diese Längeneinheit ist für jede Geschwindigkeit bzw. jede Energie eine andere; da es sich bei den Teilchen der kosmischen Strahlung im allgemeinen um Geschwindigkeiten nahe der Lichtgeschwindigkeit handelt, ist die Längeneinheit nahezu umgekehrt proportional zur Wurzel aus der bewegten Masse m, d. h. aus der Energie mc^2 des Teilchens.

Führt man räumliche Polarkoordinaten r_1, λ, φ (r_1 = Abstand vom magnetischen Mittelpunkt der Erde in Störmer gemessen; λ = geomagnetische Breite, positiv nördlich des geomagnetischen Äquators; φ = geomagnetische Länge, von Osten nach Westen wachsend) ein, so lauten die Bewegungsgleichungen auf die Bogenlänge s statt der Zeit und auf STÖRMERsche Längeneinheiten bezogen:

$$\frac{d^2 r_1}{d s^2} - r_1 \cos^2\lambda \left(\frac{d\varphi}{ds}\right)^2 - r_1 \left(\frac{d\lambda}{ds}\right)^2 = \mp \frac{\cos^2\lambda}{r_1^2}\frac{d\varphi}{ds}; \tag{6}$$

$$r_1 \frac{d^2\lambda}{ds^2} + 2\frac{d r_1}{ds}\frac{d\lambda}{ds} + r_1 \sin\lambda\cos\lambda\left(\frac{d\varphi}{ds}\right)^2 = \mp \frac{2\sin\lambda\cos\lambda}{r_1^2}\frac{d\varphi}{ds}; \tag{7}$$

$$\frac{d}{ds}\left(r_1^2 \cos^2\lambda \frac{d\varphi}{ds}\right) = \mp \frac{d}{ds}\left(\frac{\cos^2\lambda}{r_1}\right). \tag{8}$$

Zwei Integrale lassen sich sofort angeben. Aus (8) folgt

$$r_1^2 \cos^2\lambda \cdot \frac{d\varphi}{ds} = \mp\left(\frac{\cos^2\lambda}{r_1} - 2\gamma_1\right). \tag{9}$$

Die Integrationskonstante γ_1 gibt die Drehimpulskomponente parallel zum magnetischen Moment bei unendlicher Entfernung des Teilchens (abgesehen von einem Faktor). Sie kann alle Werte zwischen $-\infty$ und $+\infty$ annehmen. Der Energiesatz gibt das Integral

$$\left(\frac{d r_1}{ds}\right)^2 + r_1^2\left(\frac{d\lambda}{ds}\right)^2 + r_1^2\cos^2\lambda\left(\frac{d\varphi}{ds}\right)^2 = 1. \tag{10}$$

Rechts steht 1, da nicht nach der Zeit, sondern nach der Bogenlänge differenziert wird. Aus den Gleichungen (6), (7), (9) und (10) läßt sich $d\varphi/ds$ eliminieren. Dann entsteht ein System von zwei Bewegungsgleichungen und das zugehörige Energieintegral für die Koordinaten r_1 und λ. Ist dieses integriert, so folgt die φ-Bewegung aus (9). Damit ist die Bewegung im Feld eines magnetischen Dipols aufgespalten in die Bewegung in der Meridianebene und in die Bewegung der Meridianebene um die magnetische Erdachse.

Für numerische Rechnungen ist es zweckmäßig, die Meridianebene in eine Ebene mit den rechtwinkligen Koordinaten x, λ winkeltreu abzubilden, wobei x nach STÖRMER (S 20) für positive γ_1 so definiert ist:

$$2\gamma_1 r_1 = e^x. \tag{11}$$

Als neue unabhängige Veränderliche wählt man σ, definiert durch $(2\gamma_1)^3 ds = e^{2x} d\sigma$. Die Bewegungsgleichungen lauten dann in x und λ

$$\frac{d^2 x}{d\sigma^2} = \frac{1}{2}\frac{\partial P}{\partial x}; \quad \frac{\partial^2\lambda}{\partial\sigma^2} = \frac{1}{2}\frac{\partial P}{\partial\lambda}, \tag{12}$$

wo

$$P(x,\lambda) \equiv a e^{2x} - \left(e^{-x}\cos\lambda - \frac{1}{\cos\lambda}\right)^2; \quad a = (2\gamma_1)^{-4}. \tag{13}$$

Das Energieintegral lautet

$$\left(\frac{dx}{d\sigma}\right)^2 + \left(\frac{d\lambda}{d\sigma}\right)^2 - P(x,\lambda) = 0. \tag{14}$$

Die Gleichungen (12) kann man auch als Bewegungsgleichungen eines Teilchens der Masse 2 unter dem Einfluß einer konservativen

Kraft mit dem Potential $-P(x, \lambda)$ in einer Ebene mit den rechtwinkligen Koordinaten x und λ deuten. Die Gesamtenergie dieser Bewegung ist aber nach (14) nicht willkürlich, sie hat den festen Wert Null. Aus dem Niveaulinienbild der Funktion P kann man einen ungefähren Einblick in den Verlauf der Bewegung in der Meridianebene gewinnen (vgl. Abb. 2)[1].

Sind x und λ als Funktionen von σ bzw. s bekannt, so läßt sich auch die Richtung der Bahn im Raum angeben. Der Winkel der räumlichen Bahn mit der Meridianebene sei θ, positiv gerechnet, wenn die Bahn im Sinne wachsender φ durch die Meridianebene geht; d. h. $\sin\theta$ ist gleich der φ-Komponente eines Einheitsvektors in Richtung der Geschwindigkeit oder nach (9) und (11):

$$\pm\sin\theta = \pm r_1\cos\lambda\frac{d\varphi}{ds} = \frac{2\gamma_1}{r_1\cos\lambda} - \frac{\cos\lambda}{r_1^2} = \sqrt{1 - \frac{P}{a}e^{-2x}}. \tag{15}$$

Ist η der Winkel, den die Bahn in der Meridianebene mit der Richtung nach dem magnetischen Mittelpunkt der Erde einschließt, so gilt

$$\operatorname{tg}\eta = r\frac{d\lambda}{dr} = \frac{d\lambda}{dx}. \tag{16}$$

4. Der Störmersche Kegel.

Ein Bahnpunkt und seine Bahntangente sind durch die Koordinaten r_1, λ, φ und durch die Richtungsgrößen θ, η gegeben. Am Beobachtungsort auf der Erdoberfläche seien diese Größen mit $r_{10}, \lambda_0, \varphi_0; \theta_0\ \eta_0$ bezeichnet. Ist r_0 der Erdradius in cm, so gilt nach (5)

$$r_0 = r_{10}\cdot\sqrt{\frac{\pm eM}{mvc}}. \tag{17}$$

Da r_0, e, M und die Ruhmasse der betrachteten Teilchen vorgegebene Größen sind, so ist r_{10}, d. h. die Größe des Erdradius in Störmerschen Längeneinheiten, ein Maß für die Energie der Teilchen. Für Geschwindigkeiten nahe der Lichtgeschwindigkeit ist r_{10} annähernd proportional zur Wurzel aus der Teilchenenergie. Tabelle 1 gibt diesen Zusammenhang zwischen r_{10} und der Energie für Elektronen, Protonen und α-Teilchen wieder [nach Lemaître und Vallarta (L 6)].

Wir betrachten nun die Bahnen, die zu einem festen Wert von γ_1 gehören. Sie können nur den Teil der Meridianebene ausfüllen, für welchen $P \geqq 0$, d. h. $|\sin\theta| \leqq 1$. Abb. 1 zeigt die Kurven $P = 0$ in der x, λ-Ebene für verschiedene Werte von γ_1 zwischen 0,78854 und 1. Für negative λ ist die Abbildung an der Linie $\lambda = 0$ zu spiegeln. Für

[1] Auch die Bewegung in der Meridianebene erfolgt so, wie wenn in ihr eine konservative Kraft wirksam wäre. Niveaulinienbilder des zugehörigen Potentials für verschiedene Werte von γ_1 finden sich bei Störmer (S 20).

$\gamma_1 < 1$ hängt das für die Bahnen erlaubte Gebiet einfach zusammen, für $\gamma_1 > 1$ gibt es zwei getrennte erlaubte Bereiche. Für $\gamma_1 = 1$ haben

Tabelle 1.

r_{10}	Kinetische Energie in Milliarden e-Volt für		
	Elektronen	Protonen	α-Teilchen
0,1	0,596	0,172	0,184
0,2	2,38	1,62	2,31
0,3	5,36	4,49	7,60
0,4	9,54	8,61	15,64
0,5	14,9	14,0	26,25
0,6	21,5	20,5	39,28
0,7	29,1	28,2	54,6
0,8	38,2	37,2	72,5
0,9	48,3	47,3	92,7
1,0	59,6	58,5	115,2

die beiden Bereiche gerade noch einen Punkt gemeinsam (bei $x = 0{,}693$; $\lambda = 0$). Für den einen erlaubten Bereich ist $r_1 < 1$, für den anderen

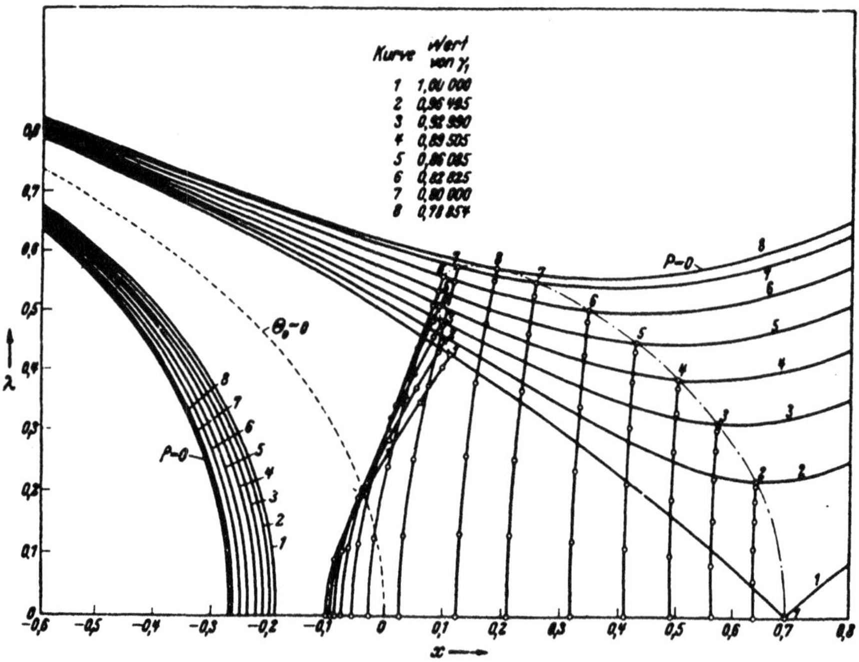

Abb. 1. Kurven $P = 0$, innere stabile und äußere instabile periodische Bahnen für verschiedene Werte von γ_1. [Nach Banos, Uribe und Lifschitz (B 5).]

$r_1 > 1$. Eine Bahn, die aus dem Unendlichen kommt, kann also für $\gamma_1 > 1$ keine Stellen mit $r_1 < 1$ erreichen, d. h. Teilchen, deren Energie einem $r_{10} < 1$ entspricht, können die Erdoberfläche nicht vom Unendlichen her erreichen. Der kritische Wert $\gamma_1 = 1$ entspricht nach (15) bei gegebenem Beobachtungsort r_{10}, λ_0 allen Richtungen mit einem kritischen Winkel θ_0, d. h. einem Kreiskegel, dessen Achse zur Meridianebene senkrecht steht. In diesen Kreiskegel, dessen Öffnungswinkel noch vom Beobachtungsort abhängt, können also keine Teilchen der entsprechenden Energie vom Unendlichen her hineingelangen. Er wird als STÖRMERscher Kegel bezeichnet [STÖRMER (S 20)]. Die verbotenen Richtungen kommen für positive Teilchen von Osten, für negative von Westen.

Der linke, den Äquator senkrecht schneidende Ast der Kurven $P = 0$ rückt in der x, λ-Ebene für abnehmendes γ_1 nach kleineren Werten von x, dagegen nach größeren Werten von r_1, wenn man nach (11) von x auf r_1 umrechnet. Der linke Ast der Kurve $P = 0$ für $\gamma_1 = 1$ bildet also eine absolute untere Grenze von r_1 für Teilchen, die aus dem Unendlichen kommen. Die entsprechenden Energien für Elektronen, Protonen und α-Teilchen sind in Tabelle 2 nach der Gleichung (17) berechnet. Danach können z. B. in der geomagnetischen Breite 30° keine Protonen aus dem Unendlichen auf die Erdoberfläche gelangen, deren Energie kleiner als 5,2 Milliarden eVolt ist. Diese unteren Grenzen lassen sich für bestimmte Beobachtungsrichtungen im allgemeinen noch verschärfen.

Tabelle 2.

λ_0	r_{10}	Untere Grenze der kinetischen Energie in 10^9 eVolt für		
		Elektronen	Protonen	α-Teilchen
0°	0,414	10,2	9,30	17,0
10°	0,404	9,73	8,81	16,0
20°	0,375	8,38	7,48	13,4
30°	0,328	6,41	5,23	9,60
40°	0,266	4,22	3,37	5,48
50°	0,194	2,24	1,49	2,10
60°	0,121	0,87	0,24	0,39
70°	0,058	0,20	0,021	0,021
80°	0,014	0,011	$0{,}72 \cdot 10^{-4}$	$0{,}73 \cdot 10^{-4}$
90°	0,000	0	0	0

5. Allgemeine Eigenschaften der Bahnen.

Alle folgenden Aussagen beziehen sich, wenn nichts anderes bemerkt, auf die Bewegung in der Meridianebene bzw. in der x, λ-Ebene. Die Bahnen können in beiden Richtungen durchlaufen werden (was für die räumlichen Bahnen nicht zutrifft), da die Bewegungsgleichungen (12) sich nicht ändern, wenn man σ durch $-\sigma$ ersetzt. Statt von Bahnen zu sprechen, die vom Unendlichen kommend durch den Beobachtungsort gehen, kann man daher auch von den Bahnen sprechen, die vom Beobachtungsort aus ins Unendliche gehen.

Die Bewegungsgleichungen (12) scheinen nicht geschlossen integrierbar zu sein. Zu ihrer Behandlung ist daher auf allgemeine Sätze [SCHREMP (S 13)], auf Reihenentwicklungen [BANOS (B 2, 4, 5); BOUCKAERT (B 31); GODART (G 5, 8); LEMAÎTRE (L 4); LEMAÎTRE und VALLARTA (L 7);

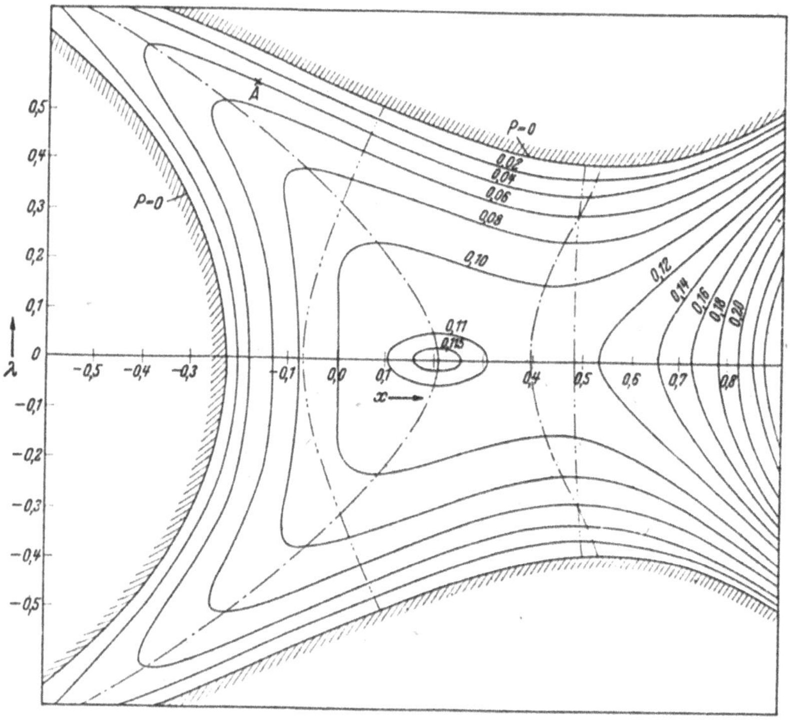

Abb. 2. Niveaulinienbild der Funktion $P(x, \lambda)$ für $\gamma_1 = 0{,}89$ ($a = 0{,}10$).
·· — ·· — ·· — innere stabile bzw. äußere instabile periodische Bahn. · — · — · Kurven $\partial P/\partial x = 0$.

SCHREMP (S14); STÖRMER (S 21); YONG-LI (Y 1)] und auf numerische Verfahren [HUTNER (H 14, 16); LEMAÎTRE und VALLARTA (L 8, 9); SCHREMP (S 14); STÖRMER (S 21)] zurückzugreifen.

Um einen Überblick über die möglichen Bahntypen zu bekommen, soll erst das Niveaulinienbild der Abb. 2 für $\gamma_1 = 0{,}89$ besprochen werden. Auf den Linien $P = \text{const.}$ ist die kinetische Energie der zweidimensionalen Bewegung in der Meridianebene gleich P. Das zu den Niveaulinien gehörige Relief der potentiellen Energie $-P$ ist in einem verhältnismäßig großen Bereich um $r_1 = 0{,}69$ ($x = 0{,}2$) sehr flach (die Funktion P hat ein flaches Maximum vom Betrag 0,1163 bei $x = 0{,}204$, $\lambda = 0$; das Maximum verschwindet für $\gamma_1 < 0{,}8774$). Für

$x < -0{,}23$ besteht das erlaubte Gebiet mit $P \geqq 0$ im Relief aus zwei nach links immer schmaler werdenden und nach rechts leicht abfallenden Rinnen, die mit abnehmendem x nach immer größeren Breiten wandern. Für größere x, etwa von 0,6 ab, setzt nach rechts ein exponentieller Abfall des Reliefs ein; für ihn ist der Summand $a\,e^{2x}$ in (13) maßgebend.

Da der Maßstab, in dem r_1 gemessen wird (bzw. der Nullpunkt der x-Koordinate) von der Teilchenenergie abhängt, so ist die Lage der

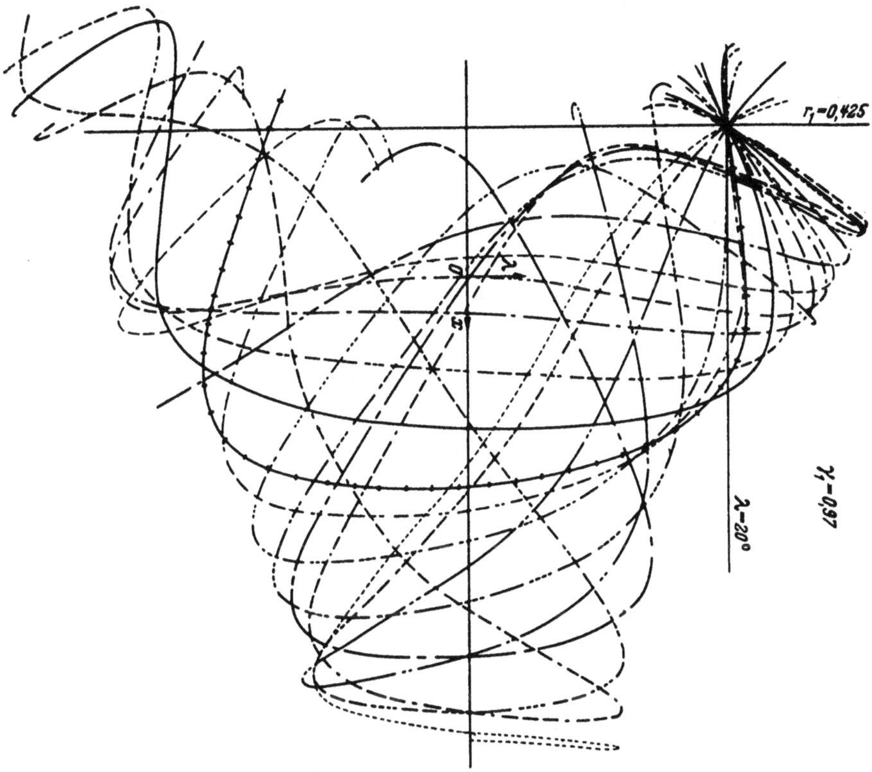

Abb. 3. Familie von Bahnen, die von einem Punkt ausgehen. [Nach HUTNER (H 14).]

Erdoberfläche in dieser Abbildung gemäß (17) von der Teilchenenergie abhängig. Die Erdoberfläche liegt bei $x_0 = -0{,}34$, $+0{,}065$, $+0{,}54$ (d. h. $r_{10} = 0{,}4$, $0{,}6$, $0{,}962$) für Elektronen der Energien 9,5; 21,5; 56 Milliarden eVolt. Eine Bahn, die von $x_0 = 0{,}54$ $\left(r_{10} = 0{,}962 = \sqrt{\gamma_1}\right)$ in beliebiger Richtung nach rechts geht, erfährt immer eine Beschleunigung nach rechts und kann daher nicht mehr zum Ausgangswert x_0, d. h. in keiner Breite mehr auf die Erdoberfläche zurückgelangen. Nur in dem Bereich zwischen den beiden strichpunktierten Kurven ist die

x-Komponente der Beschleunigung nach links gerichtet, d. h. $\partial P/\partial x < 0$. Alle Richtungen sind also für $r_{10} > 0{,}962 = \sqrt[4]{\gamma_1}$ erlaubt. Eine entsprechende Grenze gibt es auch für alle anderen positiven $\gamma_1 < 1$. — Eine Bahn, die in irgendeiner zulässigen Breite von $x_0 = 0{,}065$ aus nach rechts geht, kann je nach ihrer Anfangsrichtung mehr oder weniger lang in dem flachen Gebiet um $x = 0{,}2$ verlaufen und sowohl in der x- wie in der λ-Richtung oszillieren (vgl. Abb. 3) und unter Umständen auch nach kleineren Werten von x als dem Anfangswert x_0 kommen, bevor sie ins Unendliche gelangt. Eine solche Bahn wäre auszuschließen, da sie zum Teil innerhalb der Erde verlaufen, also im Erdschatten liegen würde. Bei größerer Zahl der Oszillationen können schon kleine Unterschiede in der Anfangsrichtung zu sehr verschiedenem Bahnverlauf führen. Das bedingt, wie eine nähere Untersuchung zeigt, daß es eine Reihe von Richtungsbereichen gibt, in denen die Bahnen ins Unendliche führen, ohne die Erde zu durchsetzen; zwischen ihnen liegen Richtungsbereiche, die durch den Schatteneffekt der Erde verboten sind. Es gibt auch Bahnen, die überhaupt nicht ins Unendliche führen; dazu gehören die periodischen Bahnen (vgl. Abb. 1) und solche Bahnen, die, vom Beobachtungsort ausgehend, sich einer periodischen Bahn asymptotisch annähern (vgl. Abb. 4). — Eine Bahn, die von $x_0 = -0{,}34$ aus nach rechts geht, wird zunächst der Rinne folgen und kann dann in dem flachen Gebiet um $x = 0{,}2$ eine Reihe von Oszillationen machen; aber hier wird es nur für wenige Anfangsrichtungen vorkommen, daß die Bahn in der Rinne wieder zurückfindet und nach $x < -0{,}34$ gelangt, d. h. die Erde durchsetzt, um dann wieder die Rinne hinabzulaufen, Im allgemeinen wird die Bahn vorher den Weg ins Unendliche finden. Je kleiner die Energie der Teilchen, desto weiter links ist die Erdoberfläche anzunehmen und um so seltener wird die Bahn zurückfinden; da mit abnehmendem x_0 die Rinne nach immer größeren Breiten wandert, so bedeutet dies, daß in großen Breiten fast alle Richtungen erlaubt sind (es sind praktisch nur die im einfachen Schattenkegel liegenden Richtungen verboten; s. unten).

Für kleinere γ_1 wird der Koeffizient a in (13) größer, d. h. das Gebiet steilen Abfalls des Reliefs erstreckt sich immer mehr nach links. Für $\gamma_1 < 0{,}78854$ gibt es keine Oszillationen[1] und daher auch keine periodischen Bahnen mehr. Trotzdem bleiben noch gewisse Richtungen verboten, z. B. vom Punkt A aus alle Bahnen, die in der Nähe des Horizonts nach Norden gehen. Sie werden, wie an dem Niveaulinienbild unmittelbar zu sehen ist, nach links gekrümmt und durchsetzen

[1] Für die allgemeine Diskussion der Bahnen unter topologischen Gesichtspunkten ist es zweckmäßig, den Begriff der Zahl der Oszillationen einzuführen. Ein Bahnabschnitt, an dessen beiden Enden die kinetische Energie ein Minimum ist, wird als Oszillation (re-entrant orbital section [Schremp (S 13)]) bezeichnet.

daher die Erde, bevor sie ins Unendliche gehen. Man spricht bei solchen Bahnen vom einfachen Schatteneffekt [SCHREMP (S 14)].

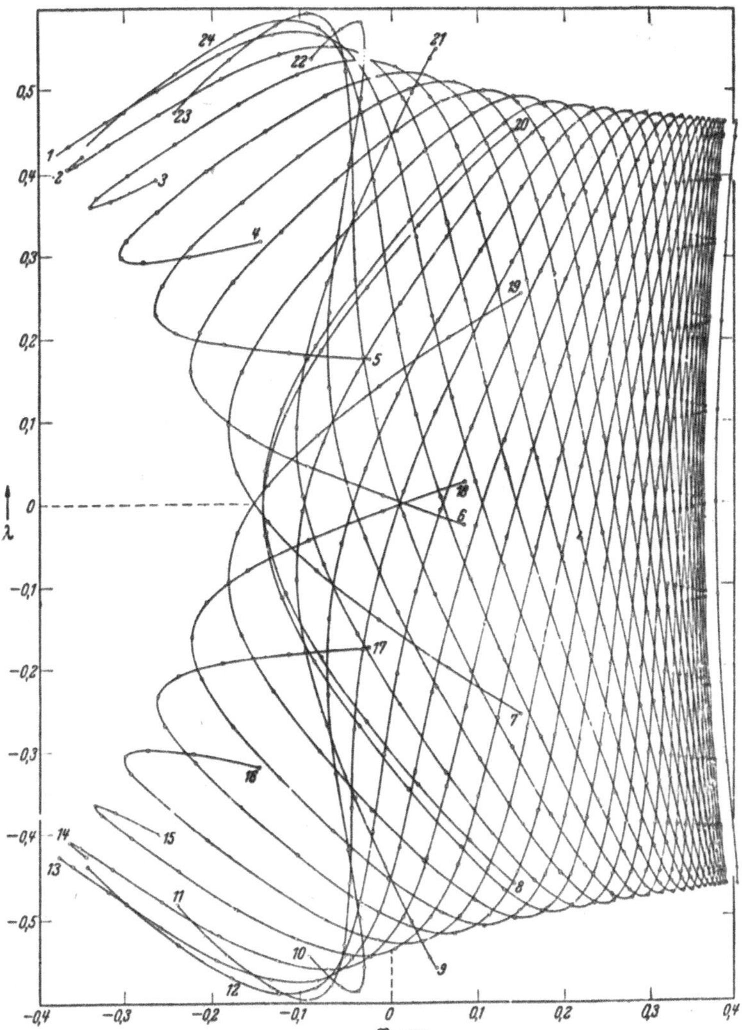

Abb. 4. Familie von asymptotischen Bahnen für $\gamma_1 = 0,85$. [Nach BANOS (B 2).]

Eine allgemeine Diskussion der Bahnen führt zu folgenden Ergebnissen [SCHREMP (S 13, 14)].

1. Für $r_{10} > 1$ sind alle Richtungen erlaubt bei beliebigem positiven oder negativen γ_1. Die Intensität der kosmischen Strahlung ist für die entsprechenden Energien (vgl. Tabelle 1) in allen Richtungen am Beobachtungsort dieselbe und gleich der im Weltenraum und daher feldunabhängig.

2. Für $r_{10} < 1$ sind alle Richtungen im STÖRMERschen Kegel, d. h. mit $\gamma_1 > 1$, verboten.

3. Für $r_{10} < 1$ sind alle Richtungen erlaubt mit $-\infty < \gamma_1 < r_{10}^3$ [das zugehörige θ_0 ist aus (15) zu berechnen].

4. Für $r_{10}^3 < \gamma_1 < 0{,}78854$ tritt nur der einfache Schattenkegel auf. Die durch ihn und durch den STÖRMERschen Kegel verbotenen Richtungen sind für alle Breiten und Energien von SCHREMP (S 14) angegeben worden.

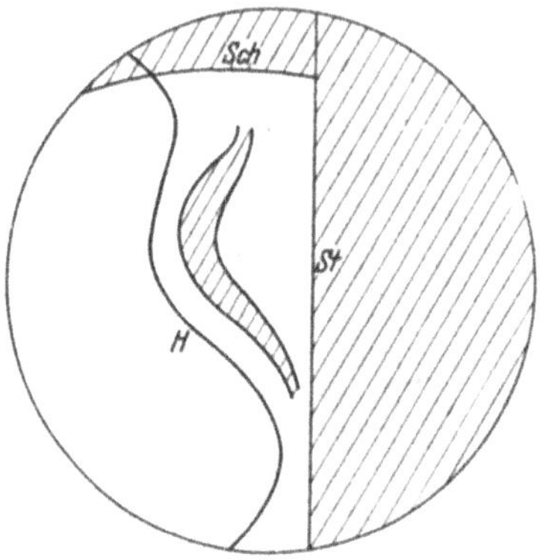

Abb. 5. Schematisches Diagramm der erlaubten und verbotenen Richtungen.

5. Das komplizierteste Verhalten liegt für $r_{10} < \sqrt[3]{\gamma_1}$ im Bereich $0{,}78854 < \gamma_1 < 1$ vor. Das zeigen schon die Abb. 1 und 3. Zwar führen alle Bahnen, mit Ausnahme einer Menge vom Maß Null, auch in diesem γ_1-Bereich vom Beobachtungsort ins Unendliche; während es aber für $\gamma_1 < 0{,}78854$ keine Oszillationen gibt, können solche für $0{,}78854 < \gamma_1 < 1$ in beliebig großer Zahl auftreten, und das bedingt komplizierte Schatteneffekte.

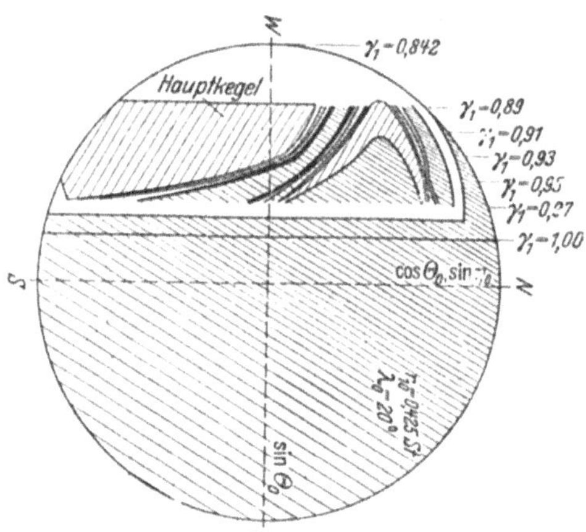

Abb. 6. Diagramm der erlaubten und verbotenen Richtungen. Positive Teilchen, nördliche Halbkugel. Weiße Flächen nicht durchgefechnet. [Nach HUTNER (H 14).]

Zur Veranschaulichung der erlaubten und verbotenen Richtungen für einen bestimmten Beobachtungsort kann man in einem rechtwinkligen Koordinatensystem für jede Richtung die Größen $\sin\theta_0$ und $\cos\theta_0 \sin\eta_0$ eintragen. Dieses Diagramm kann man auch so erzeugen, daß man jede Bahn mit einer Einheitskugel um den Beobachtungsort schneidet und den Schnittpunkt auf die Horizontalebene projiziert. Abb. 5 gibt ein schematisches Diagramm für die erlaubten und verbotenen Richtungsbereiche, Abb. 6 gibt für einen bestimmten Fall das berechnete Diagramm.

Die erlaubten und verbotenen Bereiche werden durch kritische Richtungen bzw. Bahnen getrennt; sie beruhen beide auf dem Schatteneffekt der Erde, sind aber von zweierlei Art. Die kritischen Bahnen erster Art gehen vom Beobachtungsort aus und nähern sich von innen her asymptotisch einer der äußeren periodischen Bahnen der Abb. 1 (vgl. Abb. 4); diese äußeren periodischen Bahnen existieren nur für $0{,}78854 < \gamma_1 < 1$ und sind im Gegensatz zu den inneren periodischen Bahnen, die für $0{,}78854 < \gamma_1 < \infty$ existieren, instabil[1]. Die kritischen Bahnen zweiter Art gehen vom Beobachtungspunkt aus, kehren noch mal zur Erdoberfläche zurück und berühren sie, um erst dann nach einer mehr oder minder großen Zahl von Oszillationen außerhalb der Erde ins Unendliche zu laufen [SCHREMP (S 14)]. Solche Bahnen gibt es für $r_{10}^3 < \gamma_1 < 1$.

Im schematischen Diagramm der Abb. 5 liegt rechts der verbotene STÖRMER-Kegel (Grenze *St*). Er geht bis zu dem θ_0, das sich für λ_0 und r_{10} des Beobachtungsortes nach der Gleichung (15) mit $\gamma_1 = 1$ ergibt. Links liegt ein zusammenhängender erlaubter Bereich. Er wird vom sog. Hauptkegel (Grenze *H*), vermindert um das in ihn hineinragende Stück des einfachen Schattenkegels (Grenze *Sch*) gebildet. Zwischen den Grenzen *H*, *Sch*, *St* liegt das sog. Halbschattengebiet (Penumbra). In diesem gibt es unendlich viele abwechselnd erlaubte und verbotene Streifen (vgl. Abb. 6); im schematischen Diagramm ist nur ein verbotener Streifen eingezeichnet.

Im Hauptkegel liegen alle Richtungen, für die die Bahn ohne Oszillationen vom Beobachtungsort ins Unendliche geht. Im gemeinsamen Gebiet von Hauptkegel und einfachem Schattenkegel durchsetzen die Bahnen die Erde, bevor sie ins Unendliche gehen. Die Grenze des Hauptkegels wird von kritischen Bahnen erster Art, die des einfachen Schattenkegels von kritischen Bahnen zweiter Art gebildet. Die Grenzen zwischen erlaubten und verbotenen Streifen im Halbschattengebiet werden von kritischen Bahnen erster bzw. zweiter Art gebildet. In jedem Streifen ist die Zahl der Oszillationen der zugehörigen Bahnen dieselbe. Daß es unendlich viele erlaubte und verbotene Streifen gibt, hängt unmittelbar damit zusammen, daß es Bahnen mit beliebig viel Oszillationen (unendlich viel im Fall der periodischen und der zu diesen asymptotischen Bahnen) gibt [SCHREMP (S 13)].

Die Berechnung des Halbschattengebiets ist für 20° Breite von HUTNER (H 16) und für den geomagnetischen Äquator von YONG-LI (Y 1) durchgeführt worden.

Allgemein kann man über die Struktur der erlaubten und verbotenen Richtungen folgende qualitativen Aussagen machen. Für geringe Breiten

[1] Neben diesen periodischen Bahnen gibt es auch noch andere komplizierteren Aussehens; Bilder von solchen finden sich bei STÖRMER (S20) und HUTNER (H 15). Wenn eine Bahn in der Meridianebene periodisch ist, so ist die räumliche Bahn im allgemeinen nicht geschlossen; im Raum geschlossene Bahnen untersucht GODART (G 8).

und Energien in der Nähe von $r_{10} = 1$ reduziert sich die Gesamtheit der erlaubten Richtungen im wesentlichen auf den Hauptkegel; das Halbschattengebiet ist fast dunkel; der Halbschattenkegel ist sehr klein. Für mittlere Breiten und mittlere Energien (r_{10} etwa zwischen 0,35 und 0,5) ist die Struktur am kompliziertesten; im Halbschattengebiet überwiegen weder die verbotenen noch die erlaubten Streifen; das kann zu großen Schwankungen in der Richtungsverteilung der kosmischen Strahlung führen (Feinstruktur). Für große Breiten und kleine Energien ist das Halbschattengebiet fast hell und der erlaubte Richtungsbereich wird praktisch durch den einfachen Schattenkegel begrenzt.

Die integrierten Öffnungswinkel des Hauptkegels und des Schattenkegels sind für alle Breiten und Energien bei Koenig (K 2) zusammengestellt.

6. Die geomagnetischen Effekte der kosmischen Strahlung.

Wenn man für einen bestimmten Beobachtungsort das Diagramm der erlaubten und verbotenen Richtungen für alle Energien berechnet hat, so kann man daraus entnehmen, welche Energien in einem be-

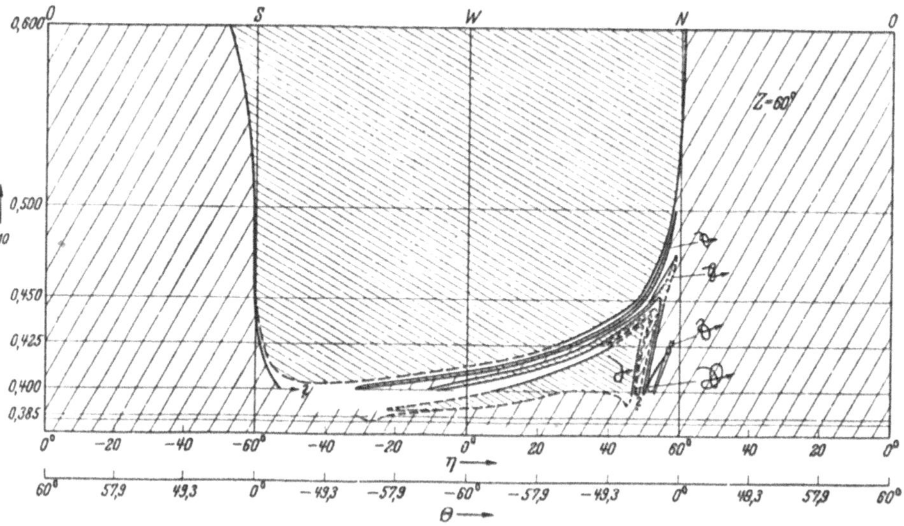

Abb. 7. Die erlaubten und verbotenen Energien (in r_{10} ausgedruckt) beim Zenitwinkel $z = 60°$ für verschiedenes Azimut. Der Bahntyp ist im bzw. rechts vom erlaubten Streifen angegeben. Positive Teilchen, nördliche Halbkugel. [Nach Hutner (H 16).

stimmten Punkt des Diagramms, d.h. in einer bestimmten Beobachtungsrichtung, erlaubt sind. In Abb. 7 sind die erlaubten Energien für $\lambda_0 = 20°$ in allen Richtungen, die um 60° gegen die Zenitrichtung geneigt sind, angegeben; sie gilt für positive Teilchen; für negative Teilchen ist θ_0

durch $-\theta_0$ zu ersetzen. Die untere Grenze der erlaubten Energien liegt, wie es nach Tabelle 2 in dieser Breite sein muß, oberhalb von $r_{10} = 0{,}375$. Für Richtungen von Norden bis Westen und darüber hinaus äußert sich das Halbschattengebiet in einer Reihe von erlaubten und verbotenen Energiebereichen, an die schließlich, von der Grenze des dem Hauptkegel entsprechenden Gebietes ab, ein ununterbrochenes erlaubtes Energiespektrum anschließt.

Um die einfallende Intensität für positive Teilchen in einer bestimmten Richtung zu bekommen, muß man das Energiespektrum $j^+(E)$ dieser Teilchen im Weltenraum über alle erlaubten Energien integrieren. Das Ergebnis dieser Integration zeigt Abb. 8 für drei verschiedene Annahmen über das Energiespektrum. Für den Ansatz $j^+(E) \sim E^{-2,8}$, der durch das Verhalten der harten Komponente in der Atmosphäre nahegelegt wird, ergeben sich ausgeprägte Schwankungen der Intensität bei verschiedenem Azimut und gleichem Zenitwinkel im Bereich von Norden bis Westen. Sie sind eine unmittelbare Folge der Existenz des Halbschattengebiets. Man bezeichnet solche Schwankungen als Feinstruktur der Intensität der kosmischen Strahlung. Ihr Vorhandensein ist durch eine Reihe von Beobachtungen bestätigt [COOPER (C 8,9); RIBNER (R 3, 4); SCHREMP (S 15) SCHREMP und RIBNER (S 16)]. Magnetische Störungen scheinen sie stark zu beeinflussen [SCHREMP (S 15)]. Wegen der großen Abhängigkeit der Feinstruktur vom zugrunde gelegten Energiespektrum, die in Abb. 8 zum Ausdruck kommt, dürften Feinstrukturuntersuchungen besonders geeignet zur Ermittlung des Energiespektrums der primären Teilchen der kosmischen Strahlung sein; in erster Linie kommen Untersuchungen bei gleichem Zenitwinkel und veränderlichem Azimut in Frage, weil dann die Beeinflussung der primären Teilchen durch die Atmosphäre infolge des annähernd gleichen Absorptionsweges für alle Richtungen dieselbe ist [VALLARTA (V 4)][1].

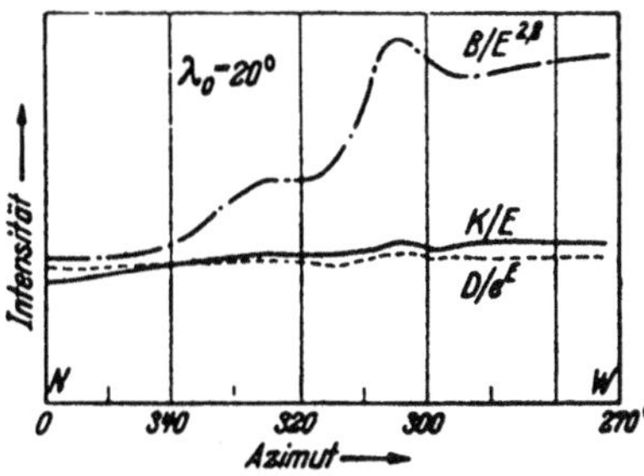

Abb. 8. Azimutaleffekt, für die angegebenen Energiespektren aus den erlaubten und verbotenen Energiebereichen der Abb. 7 berechnet. Positive Teilchen, nördliche Halbkugel. [Nach HUTNER (H 16).]

Außer dem besprochenen Azimuthaleffekt sind noch folgende geomagnetischen Effekte der kosmischen Strahlung von Interesse: Der

[1] Das stimmt nicht genau, da die Bahnen im Magnetfeld gekrümmt sind. Für Protonen und Elektronen von 10 Milliarden eV, deren Bahn in der Äquatorebene liegt, ist der Krümmungsradius an der Erdoberfläche etwa 1000 km, und das gibt bei 100 km Dicke der Atmosphäre Unterschiede des Absorptionsweges von 14 km bei 45°, von 30 km bei 60° Zenitwinkel.

Breiteneffekt, die Nord-Süd-Asymmetrie, die Ost-West-Asymmetrie, der Längeneffekt und der Effekt magnetischer Störungen.

Für eine qualitative Diskussion kann man sich, wenigstens in geringen Breiten, wo das Halbschattengebiet fast dunkel ist, auf den Hauptkegel, vermindert um das in ihn hineinragende Stück des einfachen Schattenkegels, beschränken [Hauptkegel für $\lambda_0 = 0°$, $20°$, $30°$ und alle Energien, kritische Energien in diesen Breiten für den Zenitwinkel $45°$ sowie kritische Energien in der Zenitrichtung für alle Breiten sind bei LEMAÎTRE und VALLARTA (L 9) angegeben]. Dann gibt es zu jedem Beobachtungsort und zu jeder Richtung einen kritischen Wert $r_k(\lambda_0, \theta_0, \eta_0)$ von r_{10} und dazu eine kritische Energie E_k. Oberhalb davon sind alle Energien erlaubt, unterhalb davon verboten. Für die Richtungen in der Nord-Süd- bzw. Ost-West-Ebene sind die kritischen Werte r_k im Falle positiver Teilchen für die geomagnetische Breite $30°$ in Abb. 9 wiedergegeben. Für negative Teilchen sind die Kurven O und W, für $-30°$ geomagnetische Breite die Kurven N und S zu vertauschen. Wenn die Geschwindigkeit v nahe an der Lichtgeschwindigkeit liegt, so folgt aus (17) für die kritische Energie in eVolt:

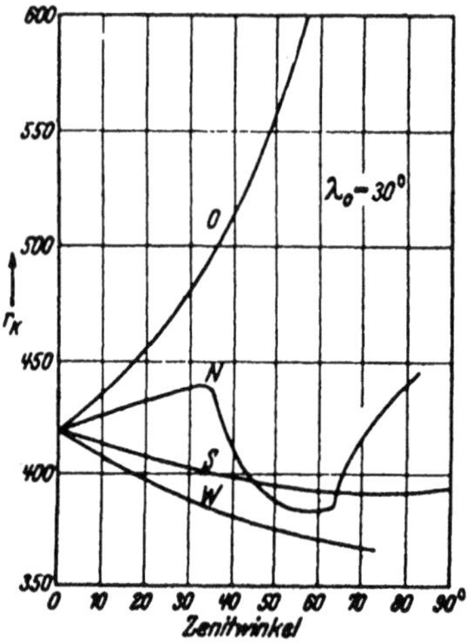

Abb. 9. Kritische Energien (in r_{10} ausgedrückt) zur Nord-Süd- und Ost-West-Asymmetrie. Positive Teilchen, nördliche Halbkugel. Der Anstieg der Kurve N für große Zenitwinkel rührt vom einfachen Schattenkegel her. [Nach LEMAÎTRE und VALLARTA (L 9).]

$$E_k^{\pm} = 300 M \frac{r_k^{\pm 2}}{r_0^2}. \tag{18}$$

Das obere Zeichen bezieht sich auf positive, das untere auf negative Teilchen. Die kritische Energie hängt also außer von $\lambda_0, \theta_0, \eta_0$ auch vom magnetischen Moment M (in Gauß · cm³) und vom Abstand r_0 (in cm) des Beobachtungsorts vom magnetischen Mittelpunkt der Erde ab. Besteht nun die kosmische Strahlung im Weltenraum aus positiven Teilchen mit dem Energiespektrum $j^+(E)$, aus negativen mit $j^-(E)$ und aus einer neutralen Komponente mit der Gesamtintensität K, so ist die Intensität am Beobachtungsort in einer bestimmten Richtung gegeben durch

$$j = \int_{E_k^+}^{\infty} j(E)\, dE + \int_{E_k^-}^{\infty} j(E)\, dE + K. \tag{19}$$

Die geomagnetischen Effekte beruhen auf einer Änderung der unteren Grenzen dieser Integrale bei Änderung der Parameter $r_0, \lambda_0, \theta_0, \eta_0, M$.

Längs des geomagnetischen Äquators ändert sich $E_k^{\pm}$ nur durch die Längenabhängigkeit von r_0; der geographische und der geomagnetische Mittelpunkt der Erde fallen ja nicht zusammen. j sollte also dort ein Maximum haben, wo r_0 am größten ist; das ist westlich von Afrika. Die beobachtete Intensität hat längs des geomagnetischen Äquators eine Periode von 360°, deren Amplitude qualitativ mit der Theorie übereinstimmt [VALLARTA (V 2)]. Das Maximum liegt jedoch westlich von Südamerika [VALLARTA (V 3)]. Die Ursache für diese Diskrepanz liegt zum Teil am Unterschied zwischen der geographischen und der geomagnetischen Zenitrichtung [LEMAÎTRE (L 5)]; der bleibende Rest mag vielleicht dadurch eine Erklärung finden, daß die Messungen des Längeneffekts in vielen Fällen nur von kurzer Dauer waren und durch kurzzeitige magnetische Störungen beeinflußt gewesen sein können.

Ein merkliches Quadrupolmoment scheint neben dem magnetischen Dipolmoment der Erde nicht vorhanden zu sein. Ein solches würde eine veränderliche Intensität längs des geomagnetischen Äquators mit einer Periode von 180° verursachen, die von der Symmetrieebene des Quadrupols herrührt. Eine harmonische Analyse des Intensitätsverlaufs gibt eine ausgeprägte 360°-Periode (den oben besprochenen Längeneffekt) von etwa 4%, daneben schwache höhere harmonische Funktionen mit Amplituden von 0,1 bis 0,3%, aber keine ausgeprägte 180°-Periode [VALLARTA (V 6)].

Die verschiedenen geomagnetischen Effekte lassen sich besonders einfach für die Zenitrichtung darstellen. Z. B. folgt für den Breiteneffekt nach (18) und (19):

$$\frac{\partial j}{\partial \lambda_0} = -600 \frac{M}{r_0^2} [j^+(E_k^+) + j^-(E_k^-)] r_k^\pm \frac{\partial r_k^\pm}{\partial \lambda}.$$

Auch in den anderen Effekten geht die Summe $j^+ + j^-$ ein, nur im Ost-West-Effekt, der ja von der Ladung der Teilchen abhängt, kommt es auf $j^+ - j^-$ an. Indem man in

$$\beta = \frac{j^+(E_k^+) + j^-(E_k^-)}{j^+(E_k^+) - j^-(E_k^-)} \tag{20}$$

für $j^+ + j^-$ der Reihe nach die Werte einsetzt, die sich aus der beobachteten Nord-Süd-Asymmetrie, dem Breiteneffekt, dem Längeneffekt und dem Effekt des magnetischen Moments ergeben, während für $j^+ - j^-$

Tabelle 3.

$j^+ + j^-$ aus	β	Breite	Höhe der Atmosphäre in m Wasseräquivalent
Nord-Süd-Asymmetrie . . .	$0{,}8 \pm 0{,}3$	30°	6 m H_2O
Breiteneffekt	$1{,}16 \pm 0{,}5$	30°	10 m H_2O
Längeneffekt	4,6	0°	10 m H_2O
$\partial j/\partial M$	170	0°	10 m H_2O

der aus dem beobachteten Ost-West-Effekt folgende Wert eingesetzt wird, erhält man für β für jede Breite vier unabhängige Bestimmungen. Tabelle 3 enthält die Ergebnisse nach Johnson (J 9, 10, 11).

Die ersten beiden Angaben sind durchaus verträglich. Nach ihnen muß j^+ wesentlich größer als j^- sein, so daß die an der Erdoberfläche beobachtete kosmische Strahlung (hinter 6 bis 10 m Wasseräquivalent) in der Hauptsache von positiven primären Teilchen herrührt. Der Zahl $\beta = 4{,}6$, die aus dem Längeneffekt folgt, darf man wohl keine zu große Bedeutung beimessen, da beim Längeneffekt, wie schon erwähnt, auch noch andere Diskrepanzen nicht klarer Ursache auftreten. Der Wert $\beta = 170$, der sich aus den Intensitätsschwankungen während magnetischer Störungen ergibt, hat nur formale Bedeutung; bei seiner Herleitung ist angenommen, daß man diese Störungen durch ein zeitlich veränderliches Dipolfeld beschreiben kann, und diese Annahme ist sicher nicht richtig.

Während also die Primärteilchen, die für die geomagnetischen Effekte in Meereshöhe verantwortlich sind, im wesentlichen positive Ladung tragen, ergibt sich aus Messungen der geomagnetischen Effekte in großen Höhen (bis 0,33 m H_2O) auf dieselbe Weise $j^- = 44\%$, $j^+ = 56\%$; d. h. die Primärteilchen, die die Effekte in großen Höhen verursachen, sind mit etwa gleicher Häufigkeit positiv und negativ [Johnson (J 10)].

Johnson zieht aus seinen Ergebnissen unter Heranziehung weiterer Überlegungen folgende Schlüsse [Johnson (J 8, 10, 12)].

1. Die harte Komponente der kosmischen Strahlung in der Atmosphäre, die aus Mesonen besteht, wird von primären Protonen erzeugt.

2. Die weiche Komponente, welche den Hauptbeitrag zur Intensität in der oberen Atmosphäre liefert, wird durch Elektronen erzeugt, welche mit etwa gleicher Häufigkeit positiv und negativ geladen sind. Sie erzeugen Kaskadenschauer. Der feldabhängige Anteil dieser Elektronen mit Energien unter 60 Milliarden eVolt wird in der Atmosphäre vollständig absorbiert; daher kann diese Komponente in Meereshöhe keine geomagnetischen Effekte haben.

3. Die kosmische Strahlung im Weltenraum ist im Mittel elektrisch neutral. Das ist insofern verständlich, als sich nach Swann (S 25) zwischen verhältnismäßig benachbarten Punkten des interstellaren Raums ungeheure Potentialdifferenzen ergeben würden, wenn ein merklicher Bruchteil der kosmischen Strahlung nicht im Mittel neutralisiert wäre und diese wären unvereinbar mit dem beobachteten Durchgang geladener Teilchen durch den Weltenraum.

Bemerkenswert sind die Beobachtungen über den Breiteneffekt der großen Schauer. Jesse und Gill (J 6) und Schein und Gill (S 2) finden eine beträchtliche Breitenabhängigkeit der großen Schauer mit

Energien bis $4 \cdot 10^{11}$ eVolt, die hinter 12 cm Blei beobachtet werden. Da einfach geladene Teilchen mit Energien über $60 \cdot 10^9$ eVolt keinen Breiteneffekt haben können, muß man schließen, daß entweder die primären Teilchen dieser großen Schauer mehrfach geladen sind [nach (17) und nach (S. 157) ist eine Feldempfindlichkeit der Intensität für n-fach geladene Teilchen nicht für $r_{10} > 1$, d. h. für Energien über $n \cdot 60 \cdot 10^9$ e Volt zu erwarten], oder daß die Energie des Schauers nicht mit der Energie des primären Teilchens übereinstimmt, sondern ihren Ursprung anderswo hat [VALLARTA (V 5)]. Im Hinblick auf die prinzipielle Bedeutung dieser Folgerung muß man wünschen, daß der Breiteneffekt der großen Schauer noch in größerem Umfang systematisch experimentell untersucht werde.

7. Die weltweiten Schwankungen der Intensität der kosmischen Strahlung.

Weltweite Schwankungen sind solche, die sich auf die ganze Erdoberfläche erstrecken. Sie sind zum Teil periodisch, zum Teil nichtperiodisch. Man unterscheidet im wesentlichen:

1. Nichtperiodische Schwankungen, die mit magnetischen Störungen (magnetische Stürme) zusammenhängen.
2. Schwankungen mit der Periode eines Sonnentages.
3. Schwankungen mit einer Periode von 27 Tagen.
4. Schwankungen mit einer jährlichen Periode.
5. Schwankungen mit der Periode eines Sterntages.

Für die magnetischen Störungen scheinen Ringströme auf räumlich geschlossenen, instabilen, periodischen Bahnen eine Rolle zu spielen [GODART (G 7, 8); STÖRMER (S 20)].

Für die Schwankungen mit den Perioden von einem Sonnentag, von 27 Tagen und von einem Jahr liegt es nahe, als Ursache ein Magnetfeld der Sonne anzunehmen. Diese Schwankungen kämen dann so zustande, daß sich die Lage des Magnetfeldes der Sonne gegenüber der Erde mit den angegebenen Perioden ändert. Insbesondere dürfte die Periode von 27 Tagen auf der Eigendrehung der Sonne beruhen. Über das Magnetfeld der Sonne weiß man heute noch kaum Bescheid. Die Größenordnung dürfte um 10 bis 30 Gauß an der Sonnenoberfläche liegen, wenn man die ZEEMANN-Effektmessungen der Sonnenspektrallinien von HALE, SEARES, MAANEN und ELLERMAN (H 17), zugrunde legt Allerdings scheint dieses Magnetfeld mit der Höhe sehr rasch abzunehmen, es läßt sich nur bis zu einigen hundert km Höhe nachweisen. Es ist daher fraglich, ob man mit magnetischen Wirkungen in großen Abständen rechnen kann. (Vgl. z. B. Handbuch der Astrophys. IV, Kap. 2, d 20). Trotzdem kann man als Arbeitshypothese zunächst den einfachsten Fall wählen, nämlich einen magnetischen Dipol vom

Moment M_S. Aus der Existenz der Periode von 27 Tagen muß man dann schließen, daß die Richtung dieses Dipolmoments nicht mit der Drehachse der Sonne zusammenfällt.

Für die Bewegung geladener Teilchen kann man in einer Wirkungssphäre von etwa 250000 km mit dem Magnetfeld der Erde rechnen, außerhalb davon wird man das Dipolfeld der Sonne ansetzen. Im Dipolfeld der Sonne gelten alle Überlegungen, die für das Dipolfeld der Erde angestellt wurden. Es tritt jedoch eine wesentliche Vereinfachung dadurch ein, daß der Raum zwischen Erde und Sonne leer ist, daß es also keinen Schatteneffekt im Dipolfeld der Sonne für einen Beobachter auf der Erde gibt. Daher sind nur die Richtungen im Störmer-Kegel, der dem Dipolfeld der Sonne zugeordnet ist, durch das Magnetfeld der Sonne verboten. In erster Näherung kann man dann für jeden Beobachtungsort zu den durch das Erdfeld verbotenen Richtungen noch die durch den Störmer-Kegel des Sonnenfeldes verbotenen hinzufügen. Damit hat man die Gesamtheit der erlaubten und verbotenen Richtungen. In zweiter Näherung hat man zu berücksichtigen, daß die verbotenen Bahnen, deren Richtungen im Störmer-Kegel des Sonnendipols liegen, in der Wirkungssphäre der Erde abgelenkt werden. Die Ablenkung $\Delta\varphi$ ist durch Integration von (15) über die Wirkungssphäre zu berechnen.

Die tägliche Änderung der Intensität der kosmischen Strahlung rührt dann von der täglichen Drehung des Störmer-Kegels des Sonnendipols gegenüber einem im Beobachtungsort festen Koordinatensystem her. Die Schwankung mit der Periode von 27 Tagen beruht auf der Schwankung der heliomagnetischen Breite der Erde und auf der entsprechenden Schwankung des Störmer-Kegels des Sonnendipols. Die Periode von einem Jahr hat verschiedene Ursachen: die eine ist die jährliche Schwankung im Abstand Erde—Sonne; die andere die jährliche Schwankung der heliomagnetischen Breite der Erde, falls der Sonnendipol nicht senkrecht auf der Ekliptik steht, und schließlich kommt als dritte Ursache die Änderung der geometrischen Lage des Störmer-Kegels des Sonnendipols bezüglich eines gegebenen Beobachtungspunktes.

Die Durchrechnung dieser Schwankungen unter der Annahme, daß das Magnetfeld der Sonne durch einen Dipol beschrieben werden kann, liefert nach Vallarta und Godart (V 9) im allgemeinen qualitative Übereinstimmung mit den beobachteten Schwankungen. Gewisse größere Abweichungen können vielleicht durch Einflüsse der Ionosphäre und durch Temperatureffekte erklärt werden.

Auf eine wichtige Folgerung aus der Annahme eines magnetischen Dipolfeldes der Sonne hat zuerst Jánossy (J 1) hingewiesen. Ein solches Feld würde alle Teilchen von der Erde abhalten, deren Energie unter einer gewissen Mindestenergie liegt. Liegt die Bahn der Erde nicht weit vom heliomagnetischen Äquator entfernt, so können nach Tabelle 2 Teilchen mit Energien unter $r_{1S} = 0{,}414$ nicht auf die Erde gelangen. Dabei ist r_{1S} aus (17) zu berechnen, wo nun r_1 den Abstand Erde—Sonne, M das magnetische Moment des Sonnendipols bedeutet. Es würde also auch kein Breiteneffekt in solchen Breiten auftreten können, in denen für einen solchen Effekt primäre Teilchen mit kleineren Energien als 0,414 maßgebend sind. Tatsächlich ist ein Breiteneffekt nur zwischen +40 und $-40°$ geomagnetischer Breite vorhanden [vgl. z. B. GILL (G 4)]. Nach Tabelle 2 könnte man daraus schließen, daß die auf die Erde gelangenden Teilchen mindestens eine Energie von etwa 4 Milliarden eVolt haben müßten, und wenn man in (17) diesen Wert für die Energie und $r_{1S} = 0{,}414$ einsetzt, so ergibt sich ein magnetisches Dipolmoment der Sonne, das an der Sonnenoberfläche Feldstärken in der Größenordnung der beobachteten liefert. Indessen gibt es für das Verschwinden des Breiteneffekts noch eine andere Deutung, die darauf beruht, daß die energieärmeren Teilchen, die in größeren Breiten noch einfallen können, nicht die ganze Atmosphäre durchdringen können und auf diese Weise für einen Breiteneffekt ausscheiden. Für diese Deutung spricht auch, daß die Grenze (das sog. Knie) des Breiteneffekts in großen Höhen nach größeren Breiten verschoben ist.

Die Schwankungen in der Intensität der kosmischen Strahlung mit der Periode eines Sterntags werden von COMPTON und GETTING (C 6) und VALLARTA, GRAEF und KUSAKA (V 8) durch eine Rotation des Milchstraßensystems und eine daraus folgende Bewegung der Erde mit etwa ein Tausendstel der Lichtgeschwindigkeit gedeutet. Eine weitere Möglichkeit für solche Schwankungen würden magnetische Felder im System der Milchstraße geben; falls die magnetischen Momente der einzelnen Sterne des Milchstraßensystems jedoch vollkommen ungeordnet sind, ist nach VALLARTA und FEYNMAN (V 7) ein solcher Einfluß nicht zu erwarten.

Literaturverzeichnis.

A 1 AGENO, M., G. BERNARDINI, B. N. CACCIAPUOTI, B. FERRETTI und G. C. WICK: Physic. Rev. **57**, 945 (1940).

A 2 ALEXEEVA, K. I.: C. r. Acad. Sci. URSS **26**, 28 (1940).

A 3 ANDERSON, C. D.: Physic. Rev. **44**, 406 (1933).

A 4 ANDERSON, C. D., u. S. H. NEDDERMEYER: Physic. Rev. **50**, 263 (1936).

A 5 ARLEY, N.: Proc. roy. Soc. Lond. A **168**, 519 (1938).

A 6 ARLEY, N., u. W. HEITLER: Nature (Lond.) **142**, 158 (1938).

A 7 AUGER, P.: Kernphysik. (Züricher Vorträge.) Hrsg. v. BRETSCHER. 1936.

A 8 AUGER, P., L. LEPRINCE RINGUET u. P. EHRENFEST: J. Physique et Radium **7**, 58 (1936).

A 9 AUGER, P., R. MAZE u. J. ROBLEY: C. r. Acad. Sci. Paris **208**, 1641 (1939).

A 10 AUGER, P., R. MAZE u. T. GRIVET-MEYER: C. r. Acad. Sci. Paris **206**, 1721 (1938).

A 11 AUGER, P., R. MAZE, P. EHRENFEST u. A. FRÉON: J. Physique et Radium **1**, 39 (1939).

A 12 AUGER, P., u. A. ROSENBERG: C. r. Acad. Sci. Paris **201**, 1116 (1935).

B 1 BAGGE, E.: Ann. Physik **39**, 512 (1941).

B 1a BAGGE, E.; Ann. Phys. **39**, 535 (1941).

B 1b BAGGE, E.: Ann. Phys. **35**, 118 (1939).

B 2 BAÑOS, A.: J. Math. Physics **18**, 211 (1939).

B 3 BAÑOS, A.: J. Franklin Inst. **227**, 623 (1939).

B 4 BAÑOS, A.: Physic. Rev. **55**, 621 (1939).

B 5 BAÑOS, A., H. URIBE u. J. LIFSHITZ: Rev. Modern Physics **11**, 137 (1939).

B 6 BARNÓTHY, J.: Z. Physik **115**, 140 (1940).

B 7 BELENKY, S.: C. r. Acad. Sci. URSS, N. s. **30**, 608 (1941).

B 8 BERNARDINI, G., B. N. CACCIAPUOTI u. B. FERRETTI: Ric. Scient. **10**, 731 (1939).

B 9 BERNARDINI, G., B. N. CACCIAPUOTI, B. FERRETTI, O. PICCIONI u. G. C. WICK: Physic. Rev. **58**, 1017 (1940).

B 10 BETHE, H.: Ann. Physik **5**, 325 (1930).

B 11 BETHE, H.: Handb. d. Physik **24**/1, 273 (1933).

B 12 BETHE, H. A.: Physic. Rev. **55**, 1130 (1938).

B 13 BETHE, H. A.: Physic. Rev. **57**, 260 (1940).

B 14 BETHE, H. A.: Physic. Rev. **57**, 390 (1940).

B 15 BETHE, H. A.: Physic. Rev. **59**, 684 (1941).

B 16 BETHE, H., u. W. HEITLER: Proc. roy. Soc. Lond. **146**, 83 (1934).

B 17 BETHE, H. A., S. A. KORFF u. G. PLACZEK: Physic. Rev. **57**, 573 (1940)

B 18 BETHE, H. A., u. L. W. NORDHEIM: Physic. Rev. **57**, 998 (1940).

B 19 BHABHA, H. J.: Proc. roy. Soc. Lond. **164**, 257 (1937).

B 20 BHABHA, H. J.: Proc. roy. Soc. Lond. A **166**, 501 (1938).

B 21 BHABHA, H. J.: Nature (Lond.) **143**, 276 (1939).

B 22 BLACKETT, P. M. S.: Proc. roy. Soc. Lond. A **159**, 1 (1937).

B 23 BLACKETT, P. M. S.: Nature (Lond.) **142**, 992 (1938).

B 24 BLACKETT, P. M. S.: Proc. roy. Soc. Lond. **165**, 11 (1938).

B 25 BLAU, M., u. H. WAMBACHER: Nature (Lond.) **140**, 585 (1937).

B 26 BLOCH, F.: Z. Physik **81**, 363 (1933).

B 27 Bloch, F., u. A. Nordsieck: Physic. Rev. **52**, 54 (1937).
B 28 Bohr, N.: Philosophic. Mag. **25**, 10 (1913); **30**, 581 (1915).
B 29 Booth, F., u. A. H. Wilson: Proc. roy. Soc. Lond. A **175**, 483 (1940).
B 30 Bopp, F.: Im Erscheinen.
B 30a Bothe, W.: Kernphysik, Zürich. Vorträge. 112, (1936).
B 31 Bouckaert, L.: Ann. Soc. Sci. Bruxelles A **54**, 174 (1934).
B 32 Bowen, J. S., R. A. Millikan u. H. V. Neher: Physic. Rev. **52**, 80 (1937).
B 33 Bowen, J. S., R. A. Millikan u. H. V. Neher: Physic. Rev. **53**, 217 (1938).
B 34 Bowen, J. S., R. A. Millikan u. H. V. Neher: Physic. Rev. **53**, 855 (1938).
B 35 Braddick, J. J., u. G. S. Hensby: Nature (Lond.) **144**, 1012 (1939).
C 1 Cacciapuoti, B. N.: Ric. Scient. **10**, 1082 (1939).
C 2 Cerenkov, P.: C. r. Acad. Sci. URSS **14**, 101 (1937).
C 3 Christy, R. F., u. S. Kusaka: Physic. Rev. **59**, 414 (1941).
C 4 Clay, J., u. A. van Gemert: Physica **6**, 497 (1939).
C 5 Cocconi, G., u. V. Tongiorgi: Z. Physik **118**, 88 (1941).
C 5a Cocconi. G., A. Loverdo u. V. Tongiorgi: Naturwiss. **31**, 135 (1943).
C 6 Compton, A. H., u. I. A. Getting: Physic. Rev. **47**, 817 (1935).
C 7 Compton, A. H., u. R. N. Turner: Physic. Rev. **52**, 799 (1937).
C 8 Cooper, D. M.: Physic. Rev. **55**, 1272 (1939).
C 9 Cooper, D. M.: Physic. Rev. **57**, 68; **58**, 288 (1940).
C 10 Curran, S. C., u. J. E. Strothers: Nature (Lond.) **145**, 224 (1940), Nr 3667 — Proc. roy. Soc. Lond. A **172**, 72 (1939). Nr. 948.
D 1 Daudin, J.: Etudes sur les gerbes de rayons cosmiques. Paris 1942.
E 1 Ehmert, A.: Z. Physik **106**, 751 (1937).
E 2 Ehmert, A.: Z. Physik **115**, 326 (1940).
E 3 Euler, H.: Z. Physik **110**, 450, 692 (1938).
E 4 Euler, H.: Naturwiss. **26**, 382 (1938).
E 5 Euler, H.: Z. Physik **116**, 73 (1940).
E 6 Euler, H., u. B. Kockel: Naturwiss. **23**, 246 (1935).
E 7 Euler, H., u. W. Heisenberg: Erg. exakt. Naturwiss. **17**, 1 (1938).
E 8 Euler, H., u. H. Wergeland: Astrophysica Norwegica **3**, 165 (1940).
F 1 Fermi, E.: Physic. Rev. **57**, 485 (1940).
F 2 Fermi, E., u. B. Rossi: Rend. R. Accad. Naz. Lincei **17**, 346 (1933).
F 3 Filippov, A., I. Gurevich u. A. Zhdanov (A. Gdanov): J. Physic. Sowj.-Union **1**, 51 (1939).
F 4 Fröhlich, H., W. Heitler u. N. Kemmer: Proc. roy. Soc. Lond. **166**, 154 (1939).
F 5 Fünfer, E.: Naturwiss. **25**, 235 (1937).
F 6 Fünfer, E.: Z. Physik **111**, 351 (1938).
F 7 Fussell, L.: Physic. Rev. **51**, 1005 (1936).
G 1 Gamow, G., u. E. Teller: Physic. Rev. **49**, 895 (1936).
G 2 Geiger, H., u. M. Heyden: Z. Physik **93**, 543 (1934).
G 3 Geiger, H., u. W. Stubbe: Abh. preuß. Akad. Wiss., **1941**, 3, Nr 10.
G 4 Gill, P. A.: Physic. Rev. **55**, 1151 (1939).
G 5 Godart, O.: Ann. Soc. Sci. Bruxelles A **58**, 27 (1938).
G 6 Godart, O.: Physic. Rev. **55**, 875 (1939).
G 7 Godart, O.: Physic. Rev. **56**, 1074 (1939).
G 8 Godart, O.: J. Math. Physics **20**, 207 (1941).
G 9 Grivet-Meyer, T.: C. r. Acad. Sci. Paris **206**, 833 (1938).
G 10 Grönblom, B. O.: Physic. Rev. **56**, 508 (1939).
G 11 Gross, B.: Z. Physik **83**, 214 (1933).
H 1 Heisenberg, W.: Z. Physik **101**, 533 (1936).

H 1a HEISENBERG, W.: Ber. Sächs. Akad.; Abh. math. phys. Kl. **89**, 369 (1937).
H 2 HEISENBERG, W.: Z. Physik **110**, 251 (1938).
H 3 HEISENBERG, W.: Z. Physik **113**, 61 (1939).
H 4 HEITLER, W.: Quantum-Theory of Radiation. Oxford: Clarendon-Press 1936.
H 5 HEITLER, W.: Proc. roy. Soc. Lond. **161**, 261 (1937).
H 6 HEITLER, W.: Proc. roy. Soc. Lond. A **166**, 529 (1938).
H 7 HERZOG, G.: Physic. Rev. **59**, 117 (1941).
H 8 HERZOG, G., u. W. H. BOSTICK: Physic. Rev. **58**, 278 (1940).
H 9 HERZOG, G., u. W. H. BOSTICK: Physic. Rev. **59**, 122 (1941).
H 10 HERZOG, G., u. P. SCHERRER: Helvet. phys. Acta **8**, 514 (1935).
H 11 HESS, V. F.: Physik. Z. **14**, 610 (1913).
H 12 HOFFMANN, G., u. W. S. PFORTE: Physik. Z. **31**, 347 (1930).
H 13 HUGHES, D. J.: Physic. Rev. **57**, 592 (1940).
H 14 HUTNER, R. A.: Physic. Rev. **55**, 15 (1939).
H 15 HUTNER, R. A.: Physic. Rev. **55**, 109 (1939).
H 16 HUTNER, R. A.: Physic. Rev. **55**, 614 (1939).
H 17 HALE, G. E., F. H. SEARES, A. v. MAANEN u. F. ELLERMANN: J. Astrophys. **47**, 206 (1918).
J 1 JÁNOSSY, L.: Z. Physik **104**, 430 (1937).
J 2 JÁNOSSY, L.: Proc. roy. Soc. Lond. A **179**, 361 (1942).
J 3 JÁNOSSY, L., u. P. INGLEBY: Nature (Lond.) **145**, 511 (1940); **147**, 56 (1941).
J 4 JÁNOSSY, L., u. B. C. LOVELL: Nature (Lond.) **142**, 716 (1938).
J 5 JENSEN, H.: Verh. dtsch. physik. Ges. (3) **20**, 113 (1939).
J 6 JESSE, W. P., u. P. S. GILL: Physic. Rev. **55**, 414 (1939).
J 7 JOHNSON, T. H.: Physic. Rev. **47**, 318 (1934).
J 8 JOHNSON, T. H.: Physic. Rev. **54**, 385 (1938).
J 9 JOHNSON, T. H.: Rev. Modern Physics **10**, 193 (1938).
J 10 JOHNSON, T. H.: Physic. Rev. **56**, 226 (1939).
J 11 JOHNSON, T. H.: J. Franklin Inst. **227**, 37 (1939).
J 12 JOHNSON, T. H.: Rev. Modern Physics **11**, 208 (1939).
J 13 JOHNSON, T. H., u. J. G. BARRY: Physic. Rev. **56**, 219 (1939).
J 14 JONES, H.: Rev. Modern Physics **11**, 235 (1939).
J 15 JORDAN, B. G.: Erg. exakt. Naturwiss. **16**, 47 (1937).
J 16 JUILFS, J.: Naturwiss. (im Erscheinen).
K 1 KEMMER, N.: Proc. Cambridge philos. Soc. **34**, 354 (1938).
K 2 KOENIG, H. P.: Physic. Rev. **58**, 385 (1940).
K 3 KOLHÖRSTER, W.: Physik. Z. **14**, 1153 (1913).
K 4 KOLHÖRSTER, W., J. MATTHES u. E. WEBER: Naturwiss. **26**, 576 (1938).
K 5 KOLHÖRSTER, W., u. J. MATTHES: Physik. Z. **40**, 142, 617 (1939).
K 6 KORFF, S. A.: Physic. Rev. **56**, 210 (1939) — Rev. Modern Physics **11**, 211 (1939).
K 6a KULENKAMPFF, H.: Verh. dtsch. phys. Ges. (3), **19**, 92 (1938).
K 7 KUNZE, P.: Z. Physik **80**, 559 (1933).
K 8 KUNZE, P.: Z. Physik **83**, 1 (1939).
L 1 LANDAU, L.: J. of Physics **3**, 237 (1940).
L 2 LANDAU, L., u. G. RUMER: Proc. roy. Soc. Lond. **166**, 213 (1938).
L 3 LEISEGANG, S.: Z. Physik **116**, 515 (1940).
L 4 LEMAÎTRE, G.: Ann. Soc. Sci. Bruxelles A **54**, 162 u. 194 (1934).
L 5 LEMAÎTRE, G.: Nature (Lond.) **140**, 23 (1937).
L 6 LEMAÎTRE, G., u. M. S. VALLARTA: Physic. Rev. **43**, 87 (1933).
L 7 LEMAÎTRE, G., u. M. S. VALLARTA: Ann. Soc. Sci. Bruxelles A **56**, 102 (1936).

L 8 LEMAÎTRE, G., u. M. S. VALLARTA: Physic. Rev. **49**, 719 (1936).
L 9 LEMAÎTRE, G., u. M. S. VALLARTA: Physic. Rev. **50**, 493 (1936).
L 10 LEMAÎTRE, G., M. S. VALLARTA u. L. BOUCKAERT: Physic. Rev. **47**, 434 (1935).
L 11 LEPRINCE-RINGUET, L., S. GORODETZKY, E. NAGEOTTE u. R. RICHARD-FOY: CR **211**, 382 (1940).
L 12 LYONS, D.: Physik. Z. **42**, 166 (1941).
M 1 MAASS, H.: Physik. Z. **35**, 858 (1934).
M 2 MAASS, H.: Ann. Physik (5) **27**, 507 (1936).
M 3 MATTAUCH, J., u. S. FLÜGGE: Kernphysikal. Tabellen. Berlin: Springer 1942.
M 3a MIEHLNICKEL, E.: Höhenstrahlung 1933.
M 4 MOLIÈRE, G.: Naturwiss. **30**, 87 (1942); ausführlich in Z. Physik.
M 5 MÖLLER, CHR., u. L. ROSENFELD: Danske Vid. Selsk., Math. Fys. Medd. **17**, 8 (1940).
M 6 MONTGOMERY, C. G., u. D. D. MONTGOMERY: Rev. Modern Physics **11**, 255 (1939).
N 2 NEDDERMEYER, S. H., u. C. D. ANDERSON: Rev. Modern Physics **11**, 191 (1939).
N 3 NIE, H.: Z. Physik **99**, 453 u. 776 (1936).
N 4 NIELSEN, W. M., u. K. Z. MORGAN: Physic. Rev. **54**, 245 (1938).
N 5 NIELSEN, W. M., C. M. RYERSON, L. W. NORDHEIM u. K. Z. MORGAN: Physic. Rev. **57**, 158 (1940).
N 6 NIELSEN, W. M., C. M. RYERSON, L. W. NORDHEIM u. K. Z. MORGAN: Physic. Rev. **59**, 547 (1941).
N 7 NORDHEIM, L. W.: Physic. Rev. **53**, 694 (1938).
N 8 NORDHEIM, L. W.: Physic. Rev. **56**, 502 (1939).
N 9 NORDHEIM, L. W., u. M. H. HEBB: Physic. Rev. **56**, 494 (1939).
N 10 NORDSIECK, A.: Physic. Rev. **52**, 59 (1937).
O 1 OPPENHEIMER, J. R.: Rev. Modern Physics **11**, 264 (1939).
O 2 OPPENHEIMER, J. R., H. SNYDER u. R. SERBER: Physic. Rev. **57**, 75 (1940).
P 1 PAULI, W., u. W. WEISSKOPF: Helvet. phys. Acta **7**, 709 (1934).
P 2 PFOTZER, G.: Z. Physik **102**, 23 (1936).
P 3 PFOTZER, G.: Z. Physik **102**, 41 (1936).
P 4 POMERANTZ, M. A.: Physic. Rev. **57**, 3 (1940).
P 5 POMERANTZ, M. A., u. H. JOHNSON: Physic. Rev. **55**, 104, 600, 1112 (1939).
P 6 POWELL, W. M.: Physic. Rev. **60**, 413 (1941).
P 7 PROCA, J.: J. of Physics A **7**, 347 (1936).
P 8 PRIMAKOFF, H., u. T. HOLSTEIN: Phys. Rev. **55**, 1218 (1939).
R 1 RASETTI, F.: Physic. Rev. **60**, 198 (1941).
R 2 REGENER, E., u. A. EHMERT: Z. Physik **111**, 501 (1939).
R 3 RIBNER, H. S.: Physic. Rev. **55**, 1271 (1939).
R 4 RIBNER, H. S.: Physic. Rev. **56**, 1069 (1939).
R 5 ROSSI, B.: Nature (Lond.) **132**, 173 (1933).
R 6 ROSSI, B.: Rev. Modern Physics **11**, 296 (1939).
R 7 ROSSI, B., u. D. B. HALL: Physic. Rev. **59**, 223 (1941).
R 8 ROSSI, B., N. HILBERRY u. J. B. HOAG: Physic. Rev. **56**, 837 (1939).
R 9 ROSSI, B., N. HILBERRY u. J. B. HOAG: Physic. Rev. **57**, 461 (1940).
R 10 ROSSI, B., u. V. H. REGENER: Physic. Rev. **58**, 837 (1940).
R 11 ROZENTAL, S.: Physic. Rev. **60**, 612 (1941).
R 12 RUMBAUGH, G. H., u. G. L. LOCHER: Physic. Rev. **49**, 855 (1936).
S 1 SANTAGELO, M., u. E. SCROCCO: Ric. Scient. **11**, 601 (1940).
S 1a SAUTER, F.: Ann. d. Phys. (5) **18**, 486 (1933); **20**, 404 (1934).

S 2 SCHEIN, M., u. P. S. GILL: Rev. Modern Physics **11**, 267 (1939).
S 3 SCHEIN, M., u. P. S. GILL: Physic. Rev. **55**, 1111 (1939).
S 4 SCHEIN, M., W. P. JESSE u. E. O. WOLLAN: Physic. Rev. **57**, 847 (1940.)
S 5 SCHEIN, M., W. P. JESSE u. E. O. WOLLAN: Physic. Rev. **59**, 615 (1941.)
S 6 SCHEIN, M., W. P. JESSE u. E. O. WOLLAN: Physic. Rev. **59**, 930 (1941.)
S 7 SCHEIN, M., u. V. C. WILSON: Rev. Modern Physics **11**, 292 (1939).
S 8 SCHEIN, M., E. O. WOLLAN u. G. GROETZINGER: Physic. Rev. **58**, 1027 (1940).
S 9 SCHMEISER, K., u. W. BOTHE: Ann. Physik **32**, 161 (1938) — SCHMEISER, K. Z. Physik **112**, 501 (1939).
S 10 SCHÖNBERG, M.: Ann. Acad. Brasil. Sci. **12**, 281 (1940).
S 11 SCHOPPER, E.: Naturwiss. **25**, 557 (1937).
S 12 SCHOPPER, E. M., u. E. SCHOPPER: Physik. Z. **40**, 22 (1939).
S 13 SCHREMP, E. J.: Physic. Rev. **54**, 153 (1938).
S 14 SCHREMP, E. J.: Physic. Rev. **54**, 158 (1939).
S 15 SCHREMP, E. J.: Physic. Rev. **57**, 1061 (1940).
S 16 SCHREMP, E. J., u. H. S. RIBNER: Rev. Modern Physics **11**, 149 (1939).
S 17 SIEGERT, B.: Z. Physik **118**, 217 (1941).
S 18 SITTKUS, A.: Z. Physik **112**, 626 (1939).
S 18a STEINKE, E. G.: Ergebn. exakt. Naturwiss. **13**, 89 (1934).
S 18b STEINMAURER, R.: Ergebn. d. kosm. Physik **3**, 38 (1938).
S 19 STETTER, G., u. H. WAMBACHER: Physik. Z. **40**, 702 (1939).
S 20 STÖRMER, C.: Z. Astrophys. **1**, 237 (1930).
S 21 STÖRMER, C.: Univ. Publ. Univ. Obs. Oslo **1934**, Nr 10, Nr 12 — Astrophysica Norvegica **1**, 115 (1936); **2**, 193 (1937).
S 22 STREET, J. C., u. R. H. WOODWARD: Physic. Rev. **49**, 198 (1936).
S 23 STUHLINGER, E.: Z. Physik **116**, 281 (1939).
S 24 SWANN, W. F. G.: Physic. Rev. **44**, 224 (1933).
S 25 SWANN, W. F. G.: Physic. Rev. **44**, 124 (1933).
S 26 SWANN, W. F. G.: Rev. Modern Physics **11**, 251 (1939).
S 27 SWANN, W. F. G.: Physic. Rev. **59**, 770 (1941); **58**, 200 (1940).
S 28 SWANN, W. F. G.: Physic. Rev. **60**, 470 (1941).
T 1 TAKEUCHI, T., T. INAI, T. SUGITA u. M. HUZISAWA: Proc. Phys.-Math. Soc. Jap. **19**, 88 (1937).
T 2 TOMONAGA, S., u. G. ARAKI: Physic. Rev. **58**, 90 (1940).
V 1 VALLARTA, M. S.: Physic. Rev. **44**, 1 (1933).
V 2 VALLARTA, M. S.: Physic. Rev. **47**, 647 (1935).
V 3 VALLARTA, M. S.: Nature (Lond.) **139**, 24 (1937).
V 4 VALLARTA, M. S.: Rev. Modern Physics **11**, 239 (1939).
V 5 VALLARTA, M. S.: Physic. Rev. **55**, 583 (1939).
V 6 VALLARTA, M. S.: J. Franklin Inst. **227**, 1 (1939).
V 7 VALLARTA, M. S., u. R. P. FEYNMAN: Physic. Rev. **55**, 506 (1939).
V 8 VALLARTA, M. S., C. GRAEF u. S. KUSAKA: Physic. Rev. **55**, 1 (1939).
V 9 VALLARTA, M. S., u. O. GODART: Rev. Modern Physics **11**, 180 (1939).
W 1 WAMBACHER, H.: Wiener Ber. **149**, 157 (1940).
W 2 WATAGHIN, G., M. D. SANTOS u. P. H. POMPEJA: Physic Rev. **57**, 61 (1940).
W 3 WEISZ, P.: Physic. Rev. **59**, 845 (1941).
W 4 WENTZEL, G.: Naturwiss. **26**, 273 (1938).
W 5 WENTZEL, G.: Helvet. phys. Acta **13**, 269 (1940).
W 6 WICK, G. C.: Unveröffentlichte Mitteilung an W. HEISENBERG.
W 7 WIDHALM, A.: Z. Physik **115**, 481 (1940).
W 8 WIGNER, E. P., C. L. CRITCHFIELD u. E. TELLER: Physic. Rev. **56**, 530 (1939).

W 9 WILLIAMS, E. J.: Proc. roy. Soc. Lond. A **169**, 531 (1939).
W 10 WILLIAMS, E. J.: Proc. roy. Soc. Lond. **172**, 194 (1939).
W 11 WILLIAMS, E. J., u. G. R. EVANS: Nature (Lond.) **145**, 818 (1940).
W 12 WILLIAMS, E. J., u. G. E. ROBERTS: Nature (Lond.) **145**, 102 (1940).
W 13 WILSON, V. C.: Physic. Rev. **53**, 337 (1938).
W 14 WILSON, V. C.: Physic. Rev. **55**, 6 (1939).
W 15 WILSON, J. G.: Proc. roy. Soc. Lond. A **172**, 517 (1939).
W 16 WOLLAN, E.: Physic. Rev. **60**, 532 (1941).
Y 1 YONG-LI, TSCHANG: Ann. Soc. Sci. Bruxelles A **59**, 285 (1939).
Y 2 YUKAWA, H.: Proc. Phys.-Math. Soc. Jap **17**, 48 (1935).
Y 3 YUKAWA, H.: Proc. Phys.-Math. Soc. Jap. **19**, 712 (1937).
Y 4 YUKAWA, H., u. S. SAKATA: Proc. Phys.-Math. Soc. Jap. **19**, 1084 (1937).
Y 5 YUKAWA, H., M. TAKETANI u. S. SAKATA: Proc. Phys.-Math. Soc. Jap. **20**, 319 (1938).
Y 6 YUKAWA, H., S. SAKATA, M. KOBAYASI u. M. TAKETANI: Proc. Phys.-Math. Soc. Jap. **20**, 720 (1938).

GPSR Compliance

The European Union's (EU) General Product Safety Regulation (GPSR) is a set of rules that requires consumer products to be safe and our obligations to ensure this.

If you have any concerns about our products, you can contact us on ProductSafety@springernature.com

In case Publisher is established outside the EU, the EU authorized representative is:

Springer Nature Customer Service Center GmbH
Europaplatz 3
69115 Heidelberg, Germany

Batch number: 10682323

Printed by Printforce, the Netherlands